本书受西北农林科技大学经济管理学院资助出版

风险认知、环境规制与养殖户病死猪无害化处理行为研究

Risk Perception, Environmental Regulation and Research on Farmers' Dead Pig Harmless Disposal Behavior

司瑞石 陆 迁 著

中国农业出版社

北 京

中国是世界主要生猪养殖和猪肉消费国家，生猪饲养量和出栏量占全球总量50%以上。近年来，随着国家强农惠农政策落地实施，生猪规模化养殖步伐加快、区域布局优势凸显、产品质量稳步提升，生猪产业为保障畜禽产品有效供给和肉源性食品安全发挥了重要作用。与此同时，我国生猪标准化养殖程度较低，疫情疫病防控能力较弱，各类疾病导致生猪死亡率较高，病死猪淘汰量高达6 000万头/年。2013年原农业部在全国19个省、212个县（区）启动实施病死猪无害化处理试点工作，中央1号文件多次要求推进病死猪无害化处理进程。为此，政府主要采取监管处罚、补贴补助、宣传引导和契约承诺等规制措施推动生产环节养殖户实施无害化处理。然而，我国无害化处理设施覆盖面较窄、处理程序不规范、监管水平不够高、长效机制不健全等问题依然严峻，病死猪丢弃、浅埋、出售等不当处理行为时有发生。病死猪不当处理不仅危害地域生态和生产安全，还可能危及食品和公共卫生安全。因此，如何推动养殖户实施病死猪无害化处理行为成为本研究的主要目的。

农户行为是内部因素和外部因素共同作用的结果，风险认知与环境规制为养殖户病死猪无害化处理行为研究提供全新视角。按照无害化处理过程，养殖户无害化处理行为包括无害化报告行为、无害化决策行为、无害化实施行为和无害化处理效果四个序次部分。本研究基于河北、河南和湖北514户生猪养殖户数据，在总结与分析养殖户无害化处理行为特征及存在问题的基础上，从生态、生产、食品和公共卫生安全四个方面刻画风险认知，从命令型、激励型、引导型和自愿型规制四个方面测度环境规制工具，构建风险认知和环境规制指标体系，在对风险认知和环境规制测度的基础上，运用数理模型和实证研究方法，重点探讨风险认知、环境规制对养殖户无害化报告行为、无害化决策行为、无害化实施行为和无害化处理效果的影响，最后根据研究结论提出促进养殖户无害化处理的对策建议，并为政府推进无害化处理工作提供理论与实证支撑。研究得出如下结论。

（1）对养殖户无害化处理行为现状分析，研究发现：在无害化报告行为中，各省份报告户占比序次为：河南＞河北＞湖北，不同规模养殖户报告占比序次为：规模养殖户＞专业养殖户＞散养户；48.25％的养殖户能够及时报告病死猪信息。在无害化决策行为中，各省份选择无害化处理的养殖户占比序次为：湖北＞河北＞河南；不同规模养殖户占比序次为：规模养殖户＞专业养殖户＞散养户。在无害化实施行为中，各省份委托处理户占比序次为：河北＞河南＞湖北；委托处理率均值次序为：河北＞河南＞湖北；各省份资源化处理率均值序次为：河北＞河南＞湖北；不同规模养殖户占比序次为：规模养殖户＞专业养殖户＞散养户。在无害化处理效果中，客观处理效果（无害化处理率），指标均值为0.722 4。主观处理效果（生态、生产、食品、公共卫生安全）的指标均值分别为3.131 8、4.465 0、4.396 9和3.544 8。总体上看，各省份无害化处理率的序次为：湖北＞河南＞河北；湖北养殖户的主观处理效果同样较好；专业和规模养殖户的客观处理效果较好，但不同规模养殖户的主观处理效果差异较大。

（2）对风险认知与环境规制测度与解析，研究发现：不同省份养殖户风险认知水平异质性较强，湖北养殖户风险认知水平最高，河南养殖户次之，河北养殖户最低。不同规模养殖户的风险认知水平存在显著差异，专业养殖户的风险认知水平最高，散养户次之，规模养殖户最低。不同省份环境规制强度具有明显的异质性，河南养殖户受环境规制强度最高，湖北强度次之，河北强度最低。不同规模养殖户受环境规制强度存在显著差异，规模养殖户受环境规制强度最高，专业养殖户次之，散养殖户最低。

（3）分析风险认知、环境规制对养殖户无害化报告行为的影响，研究发现：生产和公共卫生安全风险认知对养殖户报告决策存在正向激励作用，生态和食品安全风险认知对报告时效发挥积极促进作用。环境规制能够约束养殖户做出无害化报告决策，但对报告时效的影响效应较弱。激励型和引导型规制正向调节风险认知对养殖户无害化报告行为的影响。同时，现代通信设备的普及对养殖户无害化报告行为发挥积极促进作用；风险认知和环境规制对不同规模养殖户无害化报告行为的影响效应具有较强异质性。

（4）分析风险认知、环境规制对养殖户无害化决策行为的影响，研究发现：生产安全风险认知能够推动养殖户做出无害化处理决策。命令型和引导型规制能够约束养殖户做出无害化处理决策。同时，自愿型规制正向调节风险认知对养殖户无害化决策行为的影响。风险规避在风险认知影响养殖户无害化决策行为中发挥中介效应，且中介效应占总效应的比重为 26.75%；命令型和激励型规制对风险规避程度高组养殖户无害化决策行为具有显著促进作用。风险认知和环境规制对不同规模养殖户无害化决策行为的影响效应具有较强异质性。

（5）分析风险认知、环境规制对养殖户无害化实施行为的影响，研究发现：生态和公共卫生安全风险认知能够推动养殖户实施委托处理行为；命令型和自愿型规制能够约束养殖户实施委托处理行为，同时自愿型规制能够增强风险认知对养殖户委托处理行为的影响效应。风险认知和环境规制对组织参与和不同规模养殖户委托处理行为的影响效应具有较强异质性。生产和公共卫生安全风险认知积极促进养殖户实施资源化处理行为；环境规制对养殖户资源化处理行为存在正向约束作用。同时，命令型、引导型和自愿型规制在风险认知对养殖户资源化处理行为的影响中起到增强性的调节作用。在考虑养殖规模和技术属性异质性时，风险认知和环境规制的影响效应存在较大差异。

（6）分析风险认知、环境规制对养殖户无害化处理效果的影响，研究发现：生态、生产和公共卫生安全风险认知水平越高，养殖户越倾向于提高病死猪无害化处理率。环境规制能够显著提高养殖户无害化处理率，但不同维度影响效应存在较大差异。环境规制在风险认知对养殖户无害化处理率的影响中并未发挥"增强剂"作用。然而，这种调节效应存在遮蔽效应，引导型规制正向调节风险认知对养殖户无害化处理率的影响。风险认知高组比低组养殖户无害化处理率提高了17.86%，环境规制高组比低组养殖户无害化处理率提高了16.22%。风险认知和环境规制对无害化主观处理效果（生态、生产、食品和公共卫生安全）的影响具有较强异质性。

（7）根据实证研究结论，提出如下对策建议：加强养殖户安全风险教育，提高风险认知水平；完善病死猪信息报告体系，提高报告的时效性；强化无害化处理监管制度，增强监管的持续性；完善无害化处理激励制度，激发处理的自觉性；优化无害化处理引导制度，提高技术的适用性；完善无害化处理自治制度，增强契约治理效果。

司瑞石

2021 年 10 月

CONTENTS **目　录**

第一章 导 论

一、研究背景

（一）现实背景

1. 病死猪不当处理问题现实严峻

畜禽业是我国农业发展的支柱产业，也是调结构、保供给、惠民生、促稳定的基础产业和战略产业。新时期，生态文明建设和乡村振兴战略叠加实施背景下，促进畜禽业绿色发展、转型升级已成为我国农业供给侧机构改革的一项重要命题（司瑞石等，2018）。作为世界生猪养殖和猪肉消费主要国家，生猪产业已成为畜禽产业中最为重要的组成部分，也是畜禽业改革的重要着力点和支撑点。近年来，随着国家强农惠农政策落地实施，生猪规模化养殖步伐加快、区域布局优势凸显、产品质量稳步提升，生猪产业为保障畜禽产品有效供给和肉源性食品安全发挥了重要作用。数据显示（表 1-1）：2012—2016 年，我国生猪饲养量 116 877 万头/年，其中出栏量 70 837 万头/年，年底存量 46 041 万头/年。与此同时，我国生猪标准化养殖程度普遍较低，养殖户建设标准化养殖场的积极性不高（王欢等，2019），疫情疫病防控能力较弱，各类疾病导致生猪死亡率维持在 8%～12%（远德龙等，2013）。以最为保守的死亡率 8% 计算，生猪病死淘汰量为 9 350 万头/年。5 年间，虽然我国病死猪无害化处理量从 659 万头增长至 3 355 万头，增长了近 5 倍，但是病死猪不当处理量依然高达 7 325 万头/年（农业部，2017）。2013 年原农业部在全国 19 个省、212 个县（区）启动实施病死猪无害化处理试点工作，但无害化处理设施覆盖面较窄、处理程序不规范、监管水平不够高、长效机制不健全等问题依然严峻（周红彬，2017），病死猪丢弃、浅埋、出售等不当处理行为时有发生。因此，病死猪不当处理问题成为我国农村环境卫生治理的难点。

表 1-1 2012—2016 年全国生猪饲养量、死亡量和处理量数据描述统计

单位：万头

年份	饲养量	出栏量	年底存量	死亡量	无害化处理量	不当处理量
2012	117 382	69 790	47 592	9 391	659	8 732
2013	118 969	71 557	47 411	9 518	1 383	8 135
2014	120 093	73 510	46 583	9 608	2 057	7 551
2015	115 938	70 825	45 113	9 275	2 670	6 605
2016	112 006	68 502	43 504	8 961	3 355	5 606
均值	116 877	70 837	46 041	9 350	2 025	7 325

注：数据来源于国家统计局 2012—2016 年统计年鉴。饲养量＝出栏量＋年底存量；不当处理量＝死亡量－无害化处理量。2016 年农业部公布的我国每年生猪病死淘汰量约 6 000 万头。

运用物理和化学等方法处理病死猪及相关制品，消灭其所携带的病原体，即实施无害化处理是病死猪处理的技术路径。但是，处理主体与监管主体之间的信息不对称以及养殖主体本身存在的道德风险促使病死猪被丢弃、出售、贩卖等不当处理问题愈加严重。丢弃、出售、浅埋等不当处理病死猪严重危害地域生态、食品、公共卫生和生产安全（周开锋，2014）。

一是生态安全问题。不当处理病死猪首先冲击的是水体、空气和土壤等生态安全。病死猪可能携带大量的病原体，将病死猪丢弃至河湖势必降低水体质量；将病死猪浅埋地下也可能造成地下水体污染，严重威胁周围群众饮用水安全。典型事件表明，丢弃病死猪已成为不当处理的普遍形式，腐烂恶臭气体直接造成空气污染；尽管露天焚烧病死猪是消灭病原体最有力的措施，但处理过程产生的废气、粉尘等污染物也会降低空气质量（石磊等，2012）。此外，畜禽兽药抗生素使用量不断增加，丢弃和浅埋等处理方式势必造成水体或土壤抗生素含量增加（李智等，2018）。此外，病死猪本身携带大量的重金属也是土壤重金属超标的重要来源（沈生泉等，2015）。

二是食品安全问题。病死猪引致的食品安全问题主要源于养殖户自食病死猪和病死猪地下交易市场隐蔽存在。从自食行为来说，虽然病死猪经过高温高压处理，但沙门氏菌具有中等程度的抗热能力；若加热温度不高、时间

不长或肉块较大，往往灭菌不够彻底，从而引起沙门氏菌中毒（何正光，1982）。从交易行为来说，信息不对称与市场监管薄弱并存，道德风险与逆向选择同在，病死猪地下交易市场收售链条紧固且隐匿性较强。病死猪在市场上公开出售，消费者可能感染炭疽、丹毒、布氏杆菌病、结核病等人畜共患传染病（郭锡铎，2001；沈生泉等，2014）。

三是公共卫生安全问题。病死猪是人畜共患传染病的播种机，生猪疫情更是动物疫情的晴雨表（蒙旭辉，2011）。病死猪不当处理可能产生公共安全问题，主要表现为病原体在生猪之间横向传播和病原体在猪与人之间纵向传播。前者导致疫情疫病扩散、蔓延，甚至在省际大范围传播；后者严重危害人类生命财产安全。可见，病死猪无害化处理并非仅仅是畜禽产业的疫情防控问题，更是人类社会公共卫生领域的重大问题。

四是生产安全问题。行为主体不当处理病死猪可能面临行政罚款、停业整顿或吊销营业执照等行政处罚，造成家庭生产停滞，出栏量逐渐降低，甚至完全退出生猪养殖。此外，生猪产能的不稳定性也会波及母猪繁育、仔猪育种、兽医药、饲料及其他与生猪产业密切相关的产业发展（张海明等，2014）。

2. 养殖户行为是病死猪不当处理问题产生的根源

病死猪处理主体主要包括养殖户、运输经营者、屠宰主体，分别负责对生产环节、运输环节和屠宰环节疑似或发现的病死猪实施无害化处理（乔娟等，2017），病死猪不当处理行为同样集中在这些环节。通过动物产品质量检验检疫程序，我国基本上建立了屠宰环节病死猪质量监管体系，不当处理行为鲜有发生；运输环节病死猪发生多为外力挤压所致，加之运输时间较短，病死猪产生较小，尚未构成病死猪不当处理的主要来源。然而，生猪生产环节时间较长和风险较高，经营者（养殖户）实施的不当处理行为是病死猪安全问题的主要诱因。养殖户不当处理行为主要有自食、丢弃、出售、浅埋等处理方式。

部分散养户认为突发疾病致死或自然原因致死的生猪猪肉经过高温煮熟后可以食用，散养户通常选择家庭屠杀和自食。无害化处理程序涉及设施购买或建造、猪尸体运输、处理标准达标等诸多程序，需要养殖户承担处理成本，在信息不对称和道德风险并存情境下，养殖户向江河、路边、山沟等地域丢弃病死猪较为普遍。养殖户病死猪处理行为隐蔽性较强，政府监管难度较大，存在追求利益最大化、逆向选择、机会主义等行为偏差，进而催生病死猪地下交易市场。养殖户在处理病死猪时必然考虑投入成本，浅埋病死猪成本较低、操作简单，但不规范处理问题严重。因此，养殖户不规范处理行为是病死猪不当处理问题产生的根源。

3. 养殖户是病死猪无害化处理的主要责任主体

病死猪属于畜禽养殖废弃物，病死猪处理行为属于养殖户环境行为选择范畴。养殖户是生猪养殖的经营主体，是病死猪不当处理的违法主体，也是病死猪无害化处理的责任主体（许国艳，2016）。法律法规对病死畜禽无害化处理做出了明确界定，主要包括政府、养殖户、运输经营主体和屠宰经营主体的无害化处理责任。运输经营主体和屠宰主体仅负责运输环节和屠宰环节的病死猪无害化处理。政府无害化处理责任主要局限于一、二类动物疫情疫病暴发或呈现流行状态。《动物防疫法》明确规定养殖环节的一、二类传染病致死畜禽由县级以上政府负责强制扑杀和无害化处理，并给予养殖户补偿。随着我国动物防疫免疫体系不断完善，畜禽动物疫情疫病得到有效控制。尽管 2018 年以来我国多省份暴发非洲猪瘟疫情，但通过"管、查、灭、限、禁、责"六个方面防控措施，疫区疫情逐渐缓解。三类疫情和非疫情疫病（其他病原体感染、自然灾害或外力等致死）由政府组织或监管、养殖户具体负责无害化处理。母猪躁动、仔猪先天畸形和腹泻、普通病原体感染、自然原因和意外事件等原因致死的生猪是养殖环节病死猪的主要诱因（王珍等，2013）。因此，生猪养殖过程中的常态病死猪（三类疫情和非疫情疫病）是病死猪无害化处理的重点（表1-2和图1-1）。

表 1-2 我国生猪疫病等级划分

疫病等级	疫病种类
一类疫病	口蹄疫、猪水泡病、猪瘟、非洲猪瘟、牛海绵状脑病、痒病、蓝舌病、小反刍兽疫等
二类疫病	猪乙型脑炎、猪细小病毒病、猪繁殖与呼吸综合症、猪丹毒、猪肺疫、猪链球菌病、猪传染性萎缩性鼻炎、猪支原体肺炎、旋毛虫病、猪囊尾蚴病等
三类疫病	猪乙型脑炎、猪繁殖与呼吸综合症、猪丹毒、猪肺疫、猪链球菌病、猪传染性萎缩性鼻炎、猪支原体肺炎、旋毛虫病、猪囊尾蚴病等

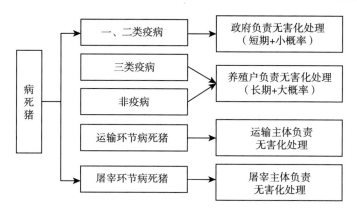

图 1-1 病死猪无害化处理责任划分

（二）理论背景

1. 现有理论分析框架不足以对养殖户无害化处理行为做出合理解释

养殖户作为畜禽业最基本的经济单元，其生存和发展直接影响到产业结构调整和畜禽产品稳定供给。已有关于农户环境行为的研究主要以计划行为理论作为分析框架，主要分析行为态度、主观规范和知觉行为控制对行为意向和实际行为的影响，即通过权衡行为潜在决定因素预测并解释主体行为（Ajzen，1991）。具体而言，个体意愿是执行行为的倾向性，是行为的前置变量；主体行为意愿能够通过行为态度、主观规范和知觉行为控制预测。计划行为理论已成功解释一系列农户环境行为。Shu 等（1999）和 Harland 等（2010）分别运用计划行为理论探讨了居民废纸循环利用行为和农户水土保持行为的影响因素。此外，部分学者将计划行为理论应用于农户技术采用行为研究（Lynne et al.，1995；Beedell and Rehman，1999；Fielding et al.，2008）。已有关于养殖户无害化处理行为研究也基本上遵循计划行为理论的分析框架，认为生态环境认知、疫情疫病认知、个体特征、家庭特征、经营特征和政策条件等对养殖户病死猪无害化处理行为产生重要影响（王建华等，2018；孔凡斌等，2018）。

然而，计划行为理论并没有固守原有的理论分析框架，部分学者根据研究需要对理论模型进行不断拓展。Han 等（2015）研究发现，计划行为理论或规范激活理论的拓展模型有利于提高对农户环境行为的预测力和解释力。崔亚飞等（2018）在行为态度、主观规范和知觉行为控制的基础上，引入习惯性启发因素，认为习惯性启发因素和便利条件均能更好地解释和预测农户生活垃圾处理行为。王丽丽等（2017）根据计划行为理论和规范激活理论构建居民参与环境治理行为影响因素的理论模型，认为行为态度、主观规范、个体规范对城市居民参与环境治理行为意向存在正向显著影响。

可见，无论是传统的计划理论还是拓展的理论分析框架均从主观层面或心理因素层面进行考察和拓展，而农户行为是内部因素和外部因素共同作用的结果（唐林等，2019），单纯从主观层面分析养殖户无害化处理行为并不符合理性行为人的基本假设。养殖户实施无害化处理行为的直接动因是主体所面临的客观情境，根源在于其内心约束。因此，养殖户无害化处理行为是主客观因素综合影响的结果，而现有理论分析框架不足以对养殖户病死猪无害化处理行为做出合理解释。

2. 风险认知与环境规制为研究养殖户无害化处理行为提供全新视角

从主观因素来看，风险认知是行为主体对自身面临或可能面临的风险进行感知和识别（Bauer，1960），也是主体行为决策最为重要的解释性变量（Mitchell，1999）。养殖户无害化处理行为具有明显的公共物品属性，属于农户环境行为选择范畴。与其他公共物品供给行为相比，养殖户无害化处理行为受到规范性法律文件刚性约束，行为背离必然带来不利的法律后果。因此，随着认知心理学的发展，如何提高主体损害认知水平，激活主体自治能力成为公共物品有效供给的另一条路径（张凤琴等，2006）。风险认知理论为行为主体提供更多可预测性信息，对不确定性行为做出科学引导，从而增强正外部效应，如刘雪芬等（2013）研究发现，生态认知对养殖户环境行为决策具有重要影响。风险认识也能够提供有效信息、降低不确定性，促使行为主体做出合理决策。病死猪不当处理危害生态、食品、公共卫生和生产安全，内化为养殖户的风险认知，能够促使养殖户充分预测自身行为风险发生的概率，即对具有概率性而被转化为记号或符号的不利后果做出明确判断（何冉娅，2015）。

从客观因素来看，环境规制是在环境经济学和规制经济学基础上形成和发展起来的交叉理论，主要指政府对微观主体行为的负外部性采取干预和管理的规制手段，通过影响市场资源配置和经济活动决策将环境成本内部化，最终实现社会福利帕累托最优（赵敏，2013）。作为法律法规强制实施的无害化处理行为，命令型规制为行为主体提供确定性指引，行为背离必然带来不利的法律后果（吴林海等，2017）。此外，在经典经济学分析框架下，农户作为有限理性人，养殖无害化处理行为不可避免受到补贴激励、政策引导和自我承诺等因素的影响，尤其是近年来国家加大农村生态环境治理力度，养殖户行为选择同时受到激励型规制、引导型规制和自愿型规制的影响（林丽梅等，2018）。具体而言，病死猪属于畜禽养殖"特殊"废弃物。从废弃物治理角度来说，我国《环境保护法》明确规定"谁污染、谁治理"主体责任，养殖户是无害化处理的责任主体；从环境外部性角度来看，不当处理病死猪会造成外部不经济，政府对无害化处理给予适当补贴、加强技术培训是必要的。此外，养殖户无害化处理行为不可避免受到组织内部制度和其他养殖户评价的影响，而由政府、组织和其他个体形成的多维情境约束构成了环境规制的基本内容。因此，环境规制是从客观层面对养殖户无害化行为实施的一种社会规制。

综上所述，风险认知与环境规制为养殖户无害化处理行为提供新的理论视角。那么，风险认知和环境规制对养殖户无害化处理行为的影响效应和影响路径如何？这是推动养殖户实施无害化处理行为必须面对的现实问题，而理论和实证对此研究甚为不足。基于以上研究背景，本书在农户行为理论、风险认知理论、环境规制理论、计划行为理论与态度—情境—行为理论等多维理论的指导下，深入研究风险认知和环境规制如何影响养殖户无害化处理行为的科学问题，以期为提高无害化处理率提供决策参考。

二、研究目的和意义

（一）研究目的

本书利用养殖户微观调研数据，依据多维理论分析框架，采用多种数理模型和方法，探讨风险认知和环境规制与养殖户病死猪无害化处理行为之间的关联关系和作用机理，以期实现以下目的。

（1）基于病死猪不当处理问题的严峻现实以及养殖户是病死猪不当处理

问题产生的根源，在梳理文献基础上提出科学问题，并依据农户行为理论、风险认知理论、环境规制理论、计划行为理论及态度—情境—行为理论等理论基础，构建基于风险认知和环境规制的养殖户无害化处理行为理论分析框架，探讨风险认知、环境规制对养殖户病死猪无害化处理行为的影响机理，为推动养殖户实施无害化处理行为提供理论支撑。

（2）对养殖户无害化处理行为现状进行描述性统计分析，并对养殖户的风险认知水平和环境规制强度进行测度。首先对不同省份和不同规模养殖户的风险认知水平和环境规制强度的差异进行比较分析；然后进一步比较分析风险认知和环境规制不同维度的水平或强度差异，初步考察风险认知与环境规制之间的互动关系，为实证检验提供基本经验。

（3）探讨风险认知、环境规制对养殖户无害化报告行为的影响效应以及信息报告渠道和养殖户规模异质的考察；阐释风险认知、环境规制对养殖户无害化决策行为的影响效应以及风险规避的作用路径和养殖规模异质的考察；分析风险认知、环境规制对养殖户无害化实施行为的影响效应以及组织参与、技术属性和养殖规模异质的考察，厘清风险认知、环境规制对养殖户无害化处理行为的作用机制，并以此为基础，对养殖户无害化处理效果（主观和客观处理效果）进行综合评价。

（4）在实证研究的基础上，总结研究成果，提出推动养殖户无害化处理的对策和建议。具体而言，主观上优化风险认知结构，着力提升养殖户生态、食品、公共卫生和生产安全风险的认知水平；客观上强化环境规制强度，完善病死猪信息报告体系，提高报告的时效性；强化无害化处理监管制度，增强监管的持续性；完善无害化处理激励制度，激发处理的自觉性；优化无害化处理引导强度，提高技术的适用性；完善无害化处理自治制度，增强契约治理效果。

（二）研究意义

1. 现实意义

（1）在病死猪不当处理问题严峻的现实背景下，从风险认知和环境规制主客观两个层面研究养殖户无害化处理行为，探讨风险认知、环境规制与养殖户无害化处理行为之间的关联关系和作用机理，约束、激励和引导养殖户实施无害化处理行为，解决病死猪不当处理引致的安全风险问题，实现畜禽养殖业绿色发展和转型升级，最终能够为各级政府及农业、环保、卫生等部门完善法律法规和配套相关制度提供经验参考。

（2）通过研究养殖户无害化处理行为，探析不同规模养殖户在实施无害化处理行为过程中的风险认知状况、可能的有利条件和环境约束，识别促进养殖户实施无害化处理行为的影响因素，并以无害化处理主客观效果为基准，进一步提出差异化的政策建议，从源头上控制养殖户不当处理行为，维护地域生态、食品、公共卫生和生产安全，促进生猪产业绿色健康发展。

2. 理论意义

（1）运用跨学科的研究方法，从社会心理学、环境经济学和规制经济学等方面对养殖户无害化处理行为进行分析，构建基于风险认知与环境规制的养殖户无害化处理行为理论分析框架，通过农户问卷调查，并使用定量与定性相结合的方法深入研究养殖户无害化处理行为，力图为养殖户无害化处理行为提供新的研究思路，弥补已有研究存在的缺陷和不足。

（2）探讨风险认知、环境规制对养殖户无害化报告行为、无害化决策行为、无害化实施行为和无害化处理效果的影响效应和影响路径，从主客观两个层面考察个体行为发生过程中的影响机制，厘清风险认知、环境规制与养殖户无害化处理行为之间的逻辑关系，以丰富和拓展风险认知和环境规制理论内涵，将该领域的研究向前推进。此外，本研究将风险认知与环境规制纳入畜禽养殖废弃物环境治理中，重新划分了风险认知维度，优化了环境规制结构，进一步拓宽了基础理论的维度空间和适用范围。

三、国内外研究动态

（一）国外研究动态

1. 病死畜禽无害化处理研究

国外研究较早将病死畜禽列入生态环境、食品安全、公共卫生安全的危险源，并以此为问题导向开展动物福利保护、法律制度完善和技术创新等方面的研究。同时，针对畜禽养殖废弃物，国外研究对病死畜禽处理从单纯强调消灭其可能携带的病原体向资源化利用转变（Berge et al.，2009）。

（1）从动物福利保护来看，养殖户的福利意识水平在某种程度上影响动物死亡率，较低的福利意识水平造成动物死亡率较高，从而引发生态环境和食品安全问题（Velde et al.，2002；Peter，2009；Hennessy and Wolf，2015）。另有学者从动物福利视角对病死畜禽的尊严（Dignity）处理做了探讨，考虑到动物也有像人一样死亡后应受到最基本尊重的权利，病死畜禽不应被随意丢弃、掩埋，而应给予其应有的福利安排（Hein etal.，2002；Li，2009）。

（2）从法律制度完善来看，美国的法律、联邦法规及各州宪法、法律、行政规章及普通法对动物及动物制品无害化处理、卫生行政执法均做了较为详尽的规定。欧盟则由委员会和理事会共同制定动物及动物制品无害化处理的条约、条例和指令；欧盟各国则通过农业部门编纂的专门法律，详细规定本国在疫情防控、卫生综合执法及病死畜禽无害化处理等方面的详细内容（Wang，2006）。此外，随着口蹄疫疫情蔓延，西方畜禽业发达国家不断强化病死畜禽无害化处理，通过制定动物无害化处理操作技术规范、程序手册和评估报告以弥补规范性法律文件的不足（Animal and plant Health Inspection Service，2007）。

（3）从技术创新来看，国外学者侧重激励养殖户以资源化利用方式实施无害化处理。病死畜禽处理技术先后经历了掩埋和焚烧、提取工业油脂和生物工程处理三个阶段。地下掩埋和锅炉焚烧病死畜禽，操作简单且成本较低，但在消除动物可能携带病原体的同时，对水体和空气造成严重污染（Glanvile，2000）。工业油脂提取法降低了潜在的环境风险，但养殖户修建冷库成本和炼油厂收集病死畜禽的成本较大，远远超过工业油脂提取所获得的收益（Linton et al.，2006）。化制法和微生物发酵法作为生物工程技术方法是理想的环保替代法（Cartwright，2006）。好氧发酵（Composting）技术作为新型生物工程技术，安全性高且符合环保理念（Keener et al.，2000），被认为是优良的病死畜禽处理技术，并在国外得到较好的推广和应用。

2. 养殖户病死畜禽无害化处理行为研究

国外学者普遍将养殖户病死畜禽无害化处理行为纳入环境保护行为，对无害化处理的研究主要集中在影响因素层面。

（1）从个体特征来看，养殖户特征和家庭特征对养殖户实施环保行为具有显著影响（Vanslelembrouck et al.，2010）。男性户主比女性户主更容易获取新技术和信息，倾向于选择环保行为（Asfaw and Admassie，2004；Burton，2014）。教育程度对养殖户病死畜禽处理行为具有正向影响，受教育程度越高，养殖户能够清晰识别不当处理病死畜禽引致的生态损害或食品安全风险，造成疫情传播，甚至威胁畜禽业生产安全（Mcmahon，2011），从而积极主动实施无害化处理行为。此外，养殖户病死畜禽处理行为也受到风险偏好程度影响。风险规避型养殖户通常选择深埋、焚烧病死畜禽；风险中立型养殖户病死畜禽处理行为与政府公共服务供给程度正相关；风险偏好型养殖户更倾向追求经济利益而实施不当处理行为（Andeade et al.，2014）。

（2）从经营特征来看，经营模式对养殖户病死畜禽处理行为的影响存在较大争议。Pter（2009）利用农户调查数据分析发现，集约式经营方式产生动物福利危机，促使养殖户选择出售病死畜禽，严重危害肉源性食品安全。但是 Mcmahon（2011）通过与养殖户深入访谈，发现粗放型养殖模式分散病死畜禽损失的风险较弱，不当处理病死畜禽风险程度较高。此外，经营收入较高的养殖户能够承担病死畜禽贮藏、运输成本，实施无害化处理的意愿较为强烈（Hendrickson et al.，2005）。

（3）从环境特征来看，配套政策与外部环境是影响养殖户无害化处理行为的重要因素（Launio et al.，2014）。加强市场监管和动物福利意识培育能够有效控制病死畜禽出售行为，从生产环节维护食品质量安全（Kim et al.，2010）。

3. 风险认知对农户环境行为影响研究

环境问题与人类行为密切相关（Larson et al.，2013；Price and Leviston，2014）。影响农户环境行为意愿和行为最重要的心理因素是风险认知（Chakravorty et al.，2007），风险认知是良好决策的基本前提（Slovic，1987）。人类在适应、选择和改造环境中，是以损害环境为代价谋求经济发展，还是在保护环境中协同经济发展，引致的风险程度和后果不同，而这种不确定性或损害对行为具有重要指引作用（Dohmen and Falk，2008）。学术界普遍采用多维社会风险分类法，从生态安全风险、食品安全风险、公共卫生安全风险和生产安全风险等方面探讨风险认知对农户环境行为的影响（Yeung and Morris，2001）。

（1）生态安全风险认知对农户环境行为的影响。Arezes 和 Miguel（2007）通过对 516 名农业产业工人调查，发现噪音风险认知负向显著影响其实施噪音减量化行为，从而减少职业噪音暴露。Kaida（2016）利用日本农户问卷数据，证实了农户对主观幸福感的悲观预期能够提升其环境风险认知水平，促使其增加环保设施或农资投入。

（2）生产安全风险认知对农户环境行为的影响。Just 和 Zilberman（1983）研究发现，风险态度、生产技术和农场规模等因素对农产品质量安全控制存在正向显著影响。农场主会根据生产风险主动适应环境或改变生产条件以提高农作物产量。Atreya（2007）对尼泊尔农户调查发现，女性户主文化程度较低，尚未认识到过量施药产生的降低作物产量和质量以及对人体健康损害的风险，农作物农药残留问题严重。Dasgupta 等（2010）通过孟加拉国 820 户农户的调查数据，研究发现 47% 的农户存在农药过量施用行为，提高作物产量认知对农户农药过量施用行为存在正向显著影响。

（3）食品安全风险认知对农户环境行为的影响。Isin 和 Ismet（2007）通过土耳其农户调查数据，研究发现受教育年限越长的农户越能够清晰识别农药施用引致的食品安全风险，约束其实施农药减量化施用行为。Abhilash 和 Singh（2009）利用印度农户调查数据，研究发现农户受教育水平较低，对农药施用损害的预测能力有限，食品安全认知水平较低，农药施用的效果较差。

（4）公共卫生安全风险认知对农户环境行为的影响。部分学者认为，粪污废弃物不仅造成水体和土壤污染，还会造成疫情传播及威胁人畜健康，增加公共卫生安全风险。养殖户的公共卫生风险认知水平对养殖户参与粪污废弃物治理行为存在正向显著影响（Bryan and Kandulu，2011）。另有学者认为，畜禽粪便携带大量的病原体和抗生素耐药细菌，畜禽污染会造成疫病传播，危害公众健康（Chadwick et al.，2015），而依据农户政策偏好加强畜禽粪便污染治理是解决问题的重要基础（Ruto and Garrod，2009）。

4. 环境规制对农户环境行为影响研究

环境污染负外部效应、环境治理正外部良效以及资源公共产品属性使得环境产权处于不确定状态。环境规制是为了实现环境公益对市场资源配置机制进行干预而形成的措施总和（Stigler，1996）。由于传统命令型规制政策乏力，组合型环境规制成为约束农户环境行为最为重要的外部条件。

（1）命令型规制对农户环境行为的影响。Abhilash 和 Singh（2009）认为严格实施法律法规能够起到规范农药生产、分配及施用的效果，从农药供给和需求端约束主体过量施用农药行为。

（2）激励型规制对农户环境行为的影响。Zheng 等（2014）研究发现，补贴补助政策在激励养殖户选择粪污减量化、无害化和资源化的环境友好行为中具有重要作用。Pagiola（2010）认为生产补贴、出口补贴等农业扶持政策促使不适合耕作的土地被开垦出来，造成土壤侵蚀范围不断扩大。

（3）引导型规制对农户环境行为的影响。政策宣传、技术培训及示范指导能够改善信息供给质量，并对农户环境行为选择起着决定性作用（O'Fallon and Butterfield，2005）。

（4）自愿型规制对农户环境行为的影响。Stern 等（1999）认为生态价值观、利他价值观和利己价值观是增强主体自愿实施环境行为的内驱动力。Barr（2003）通过对英国 Exeter 市问卷调查，研究发现环境价值观正向显著影响回收、再利用和减量化等家庭废弃物管理行为。

（二）国内研究动态

1. 病死畜禽无害化处理研究

自食、丢弃、出售、浅埋、露天焚烧病死畜禽属于不当处理行为（许荣等，2017；吴林海等，2015；张跃华、邬晓撑，2012），而采用深埋、焚烧、化制、高温、化学处理及干尸井、生物发酵等方法处理病死畜禽属于无害化处理行为（乔娟、舒畅，2017）。我国关于病死畜禽无害化处理的研究主要集中在病死猪的无害化处理，即以消灭尸体可能携带的病原体为重点，并从处理现状、技术选择和机制构建等方面展开理论和实证分析。

（1）从处理现状来看，病死猪无害化处理呈现处理比例低、选址不合理、技术不规范、处理不彻底等诸多问题（周红彬，2014）。养殖户不当处理病死猪的主要动因是减少经济损失，规模养殖户通常将病死猪出售或贩卖以分散疫情疫病损失，而中小规模养殖户和散养户因缺乏无害化处理设备而选择随意丢弃病死猪（薛瑞芳，2012；陈佩文等，2013；郑金文，2013）。随着各地无害化处理监管力度加强，部分养殖户选择掩埋、焚烧等方式处理病死猪，但处理过程并未达到无害化处理标准，生态安全风险较大（余学荣、李峨，2010）。养殖户作为无害化处理的责任主体，必然存在与畜牧监管部门之间的策略博弈，加之损失补贴标准较低，养殖户随意丢弃病死猪等不当处理行为时有发生（费威，2015）。随着国家病死猪无害化集中处理试点范围扩大，病死猪无害化处理比例逐步提高，病死猪被随意丢弃、销售或食用问题明显减轻（李燕凌等，2014）。

（2）从技术选择来看，病死畜禽无害化处理技术从简易处理向资源处理技术转变，从单纯强调消灭病原体向实现病死畜禽资源化利用转变。农业部印发的《病死动物无害化处理技术规范》（农业部，2013），首次对病死动物无害化处理技术给予推荐性指引，主要包括焚烧法、化制法、掩埋法、发酵法四种方法。为进一步规范病死及病害动物及动物产品无害化处理工作，结合生态环境和动物防疫要求，农业部修订了《病死及病害动物无害化处理技术规范》（农业部，2017），囊括焚烧法、化制法、高温法、深埋法及硫酸分解法，对每种无害化处理技术的适用对象、技术工艺和操作事项做出明确界定。同时，明确对于该规范未列举的处理方法，在符合环境保护、安全生产和危化品管理规定前提下，能够确认消灭病死动物及相关制品所携带病原体的方法也可继续使用，如干尸井、堆肥发酵法等。病死畜禽无害化处理技术的研究方向是资源化处理，即在清除病死畜禽废弃物同时，实现资源高效利用，这也是畜禽业绿色可持续发展的基本要求（舒畅、乔娟，2016）。

（3）从机制构建来看，部分学者根据无害化处理实践，从模式探索和体系建设两个方面对病死猪无害化处理机制进行研究，其中较为成熟的是网络化治理机制（扈映，2017）。具体而言：一是多主体协同治理。政府部门与保险公司合作开展病死畜禽回收保险，实现治理主体的多元化、治理方式合作化与网络治理结构（贾康、孙洁，2014）。浙江龙游县以政策性农业保险为杠杆，不断完善病死猪收集体系和三方制衡的保险理赔机制，实现畜禽部门、保险公司和无害化处理中心共同参与，推进病死猪无害化集中处理。二是治理合作化与博弈性。多主体之间并没有隶属关系，而是相互制衡、探索形成信息、资源和利益共享的扁平化网络治理结构。病死猪报告、处理和利用等信息通过系统实现多主体信息传输和共享。三是专业化治理和有偿服务。无害化处理中心负责集中收集和处理病死猪，政府在土地、技术、税费和信贷等方面给予优惠支持，养殖户委托无害化处理病死猪需要缴纳费用，实现真正意义上的"养治分离"（陈剩勇等，2012）。

2. 养殖户病死畜禽无害化处理行为研究

国内对养殖户病死畜禽无害化处理行为进行大量探讨，并主要集中在影响因素分析上，即从养殖户的基本特征、经营特征、认知特征和政策条件四个方面探讨病死猪无害化处理行为的影响因素。

（1）从基本特征来看，户主年龄与养殖户病死猪无害化处理行为呈负相关，年龄越大，思想较为保守，接受新技术的意愿较低，实施无害化处理的程度较低（张雅燕，2013）。受教育程度对养殖户病死猪无害化处理行为具有正向显著影响，高中及以上学历的养殖户实施无害化处理的概率较高，而小学以下学历的养殖户通常选择不当处理行为（李燕凌等，2014）。但另有学者得出相反结论，认为受教育程度越高的养殖户更符合理性经济人基本假设，更容易出售或贩卖病死猪；同时养殖户收入结构对无害化处理决策具有重要影响，养殖收入占家庭收入比重越大，养殖户越倾向于实施病死猪报告行为，并通过无害化处理补贴和保险赔偿等渠道分散经营损失（张跃华、邬晓撑，2012）。此外，病死猪处理行为属于安全生产行为，部分学者研究发现，家庭人口对农户安全生产行为决策具有促进作用，家庭人口数越多，劳动力资源充足与集体理性智慧表达越充分，其越倾向于实施安全生产行为（江激宇等，2012）。

（2）从经营特征来看，经营规模与病死猪无害化处理率呈正比例关系，经营规模越大，养殖户实施病死猪无害化处理越规范（乔娟、刘金增，2015）；而小型散养户无害化处理意识较为淡薄，随意丢弃病死猪问题突出（万雪等，2013；展玉琴，2013）。但是，另有学者认为经营规模与养殖户病死猪无害化处理行为之间关系并非正相关，经营规模越大的养殖户往往病死猪数量较多，但无害化处理设施未能及时跟进，病死猪无害化处理能力不足；散养户配给无害化处理设施或措施不足，无害化处理率较低（黄高明等，2010）。养殖年限对养殖户病死猪无害化处理行为的影响也存在争议。虞炜等（2012）实证研究发现，养殖年限较长的养殖户无法衡量环保收益，环保设施或设备投入意愿较低；但另有学者认为，养殖年限越长，养殖户经验较为丰富，更偏好于实施无害化处理行为。此外，经营成本和收益的比较是养殖户无害化处理决策的根本动因，由于无害化处理成本较高，养殖户不愿意报告病死猪情况，进而不会配合实施病死猪无害化处理行为（孙世民等，2008）。

（3）从认知特征来看，法律意识淡薄和法律认知程度较低是养殖户随意丢弃和出售病死猪的重要原因（王瑜、应瑞瑶，2009；陈晓贵等，2010；黄琴，2013）。王建华等（2016）运用贝叶斯推理方法探究了生猪养殖户在现有无害化处理政策认知水平下病死猪不当处理的风险，研究发现养殖户对无害化处理政策的满意度越低，病死猪不当处理的风险概率越高。吴林海等（2017）运用决策实验分析法，通过养殖户对无害化处理政策（补贴与赔偿型、设施与技术型、监管与处罚型政策）的认知与评价，分析无害化处理政策对养殖户无害化处理行为的影响，研究发现监管与处罚型政策是组合性政策中最具影响效应的政策，补贴与赔偿型政策是亟须完善的政策。刘雪芬等（2013）实证研究发现生态认知（粪污环境污染认知和排泄物转化利用认知）对养殖户生态行为决策具有正向显著影响。此外，无害化处理行为是养殖户疫情防控行为的重要组成部分，疫病和防疫效果认知对养殖户疫情防控行为具有正向激励作用（刘军弟等，2009；张桂新、张淑霞，2013）。

（4）从政策条件来看，法律法规对养殖户病死猪随意丢弃等不当处理行为处罚较轻，规范性法律文件威慑力不足，从某种程度上助长了乱扔乱丢病死猪现象（连俊雅，2013）。通过对"黄浦江死猪事件"研究发现，养殖户随意丢弃病死猪与政府监管漏洞密切相关，动物监督执法部门执法不力是养殖户实施不当处理行为的重要原因（徐卫青、雷胜辉，2013）。无害化处理与生猪保险补贴政策实施范围较窄以及政府监管体系不完善使得养殖户随意丢弃和非法出售病死猪问题严重（舒畅、乔娟，2016）。而刘殿友（2012）研究发现，生猪保险政策对养殖户病死猪无害化处理行为具有显著影响，在生猪养殖保险未能分散养殖户经济损失时，养殖户会选择出售病死猪以减轻经济损失。无害化处理设施的健全性和便捷性以及技术培训对养殖户无害化处理行为具有显著促进作用；而离城镇较远和病死猪地下交易市场对养殖户无害化处理行为具有显著抑制作用（李立清、许荣，2014）。同时，养殖户无害化处理行为也受到其他养殖户和非养殖户的影响，社会规范通过个人规范对养殖户无害化处理行为发挥约束作用（方焕森，2012）。

3. 风险认知对农户环境行为影响研究

随着认知心理学的发展，国内学者在风险认知的内部结构、影响因素和研究方法上进行了本土化的研究，并将其引入经济学、管理学和环境科学等学科。然而，无论是客观实在风险还是主观构建的风险，主体对风险的认知与评价将不同程度影响其行为决策，表现为不同风险认知的作用强度不同。

（1）生态安全风险认知对农户环境行为的影响。刘雪芬等（2013）研究发现，生态安全风险认知对养殖户生态行为决策具有正向显著影响，即养殖户的生态认知水平直接影响其生态行为决策。宋燕平和腾瀚（2016）分析了农业组织中农户的环境认知、环境态度、环境能力、环境支持与农户环境行为之间的关系。研究发现，环境态度和环境能力与农户环境行为直接相关，而环境认知和农业组织的环境支持与农户的环境态度和环境能力显著相关，间接地作用于农户环境行为。但王常伟和顾海英（2012）利用江苏 206 个农户样本数据，研讨了环境认知和农户环境行为决策关系，并对其一致性进行检验，研究发现环境认知与农户环境决策行为之间并不存在显著因果关系。

（2）生产安全风险认知对农户环境行为的影响。仇焕广等（2014）测算了化肥（农药）过量施用的程度，并通过计量经济模型实证分析了农户过量施肥（农药）行为的影响因素，研究发现风险规避是导致化肥（农药）过量施用的重要原因，即农户风险规避程度越高，越倾向于过量施用化肥（农药）以减少潜在的产量损失。

（3）食品安全风险认知对农户环境行为的影响。孙新章和张新民（2010）

通过分析农业产业化对农户施用化肥和农药行为的影响，研究发现产业化程度较高的龙口和寿光市，龙头企业能够有效引导和提高农户环保和食品安全的意识，农户按照"作物需求"和"低毒高效"的原则施用化肥和农药。王建华等（2015）研究发现，让农户充分获悉农药残留所引发的产品质量安全风险和合理使用农药带来的收益，才能有效引导农户实施亲环境行为。肖阳等（2017）基于河南驻马店281份农户问卷，采用结构方程模型分析了农户施肥行为的影响因素，研究发现过量施用化肥的认识（人体健康和产品质量）对农户选择施用农家肥具有促进作用。

（4）公共卫生安全风险认知对农户环境行为的影响。规模畜禽养殖场未经过无害化处理将大量粪污直接排入生态环境中，严重威胁畜禽和人体健康（孙铁珩、宋雪英，2008），而增强养殖户疫情疫病传播等卫生安全风险认知是加强畜禽污染治理的重要途径（仇焕广等，2012）。潘丹和孔凡斌（2015）实证分析了养殖户环境友好型粪便处理行为的影响因素，发现风险偏好型养殖户更倾向于选择环境友好型粪便处理方式。

4. 环境规制对农户环境行为影响研究

为从源头上减少农业污染，政府出台多项规制政策，但农业污染具有分散性、隐蔽性和滞后性特点，政府农业污染防治监管难度较大，传统命令型或激励型政策实效不明显（罗小娟等，2014），农业环境问题为"政府失灵"所困扰（李宾、周向阳，2013）。如何强化组合型环境规制政策的实效成为解决农村环境污染问题的重要路径。

（1）命令型规制对农户环境行为的影响。莫海霞等（2011）研究发现，养殖户粪便处理方式选择受环境污染治理政策（垃圾管理制度和垃圾投放监督）影响。丁焕峰和孙小哲（2017）通过建立农户与政府的演化博弈模型，研究发现在农户与政府处理秸秆露天焚烧问题的演化博弈中，露天秸秆焚烧罚款和禁烧政策成本对动态演化有重要影响，但禁烧政策无法杜绝秸秆露天焚烧。

（2）激励型规制对农户环境行为的影响。连海明（2010）认为小规模养殖场粪污处理设备短缺、处理方式单一，环境污染较为严重；大中型养殖场能够获取政府设施资金支持，粪污处理方式科学和处理效果良好。但潘丹（2016）研究发现，由于补贴力度较低和结构不合理，政府补贴对养殖户粪污处理方式选择并不存在显著影响。周力和郑旭媛（2012）研究发现，在沼气池建设中，养殖户支付意愿与补贴政策下的支出存在差距，补贴政策存在结构不合理和补贴力度低的问题。

（3）引导型规制对农户环境行为的影响。舒朗山（2011）认为缺少技术支持是中小规模养殖场产生环境污染的重要因素。冯淑怡等（2013）研究发现，宣传、培训和指导等措施对养殖户选择环境友好型粪便处理方式的影响不显著。

（4）自愿型规制对农户环境行为的影响。已有文献关于自愿型规制对农户环境行为的影响研究较少，主要表现为农户加入社会组织（合作社和行业协会），通过参与规章制度制定和运营管理等路径自愿接受组织规章或制度的规制，如彭新宇（2007）实证研究了养殖户沼气技术采纳行为的影响因素，发现养殖户加入养殖协会对其沼气技术采纳行为具有正向激励作用。

（三）国内外研究述评

国内外学者对病死畜禽不当处理及养殖户病死畜禽无害化处理行为进行了理论和实践探讨，其研究成果对本书的研究具有重要的启示和借鉴意义，但是尚存在以下不足之处。

（1）已有关于养殖户无害化处理行为的研究尚未形成系统的理论分析框架。养殖户作为畜禽生产主体，约束其履行无害化处理义务、实施无害化处理行为对分散病死畜禽安全风险尤为重要。对此，国内外研究已达成共识。然而，现有文献多是在计划行为理论框架下实证研究养殖户无害化处理行为。养殖户无害化处理行为是多种因素共同影响的结果，单一理论无法对养殖户病死猪无害化处理行为做出合理解释，并且对养殖户无害化处理行为机理也缺乏深入探讨。

（2）虽然已有文献探讨风险认知和环境规制对个体行为的影响，但风险认知主要用于分析消费者食品安全领域或其他市场消费行为，环境规制多用于研究企业环境污染防治，将风险认知与环境规制引入养殖户无害化处理行为的研究比较罕见。养殖户病死猪处理行为隐蔽性较强，单纯依赖命令型规制难以形成内生驱动机制。因此，优化环境规制组合并提升养殖户风险认知水平是推动养殖户实施无害化处理行为的关键。

（3）已有研究主要从风险认知和环境规制的某一个或两个维度进行研究，而遗漏了风险认知和环境规制多维度中的部分关键变量，即并未从多维整体上探讨风险认知与环境规制对养殖户无害化处理行为的影响。此外，已有研究尚未构建风险认知和环境规制的指标体系，也未对不同规模养殖户的风险认知水平与环境规制强度进行测度，这是研究结论存在差异的重要原因。

（4）养殖户无害化处理行为是主客观因素综合作用的结果。已有研究主要对风险认知和环境规制的影响效应分别进行研究，而未将其纳入养殖户无害化处理行为统一分析框架。此外，已有研究将养殖户无害化处理行为等同于无害化实施行为，尚未科学构建无害化处理行为基本框架，即养殖户无害化报告行为、无害化决策行为、无害化实施行为和无害化处理效果，风险认知、环境规制对养殖户无害化处理行为的影响路径分析也鲜有研究，这构成了本研究的重点内容。

基于此，在前述研究的基础上，本书将风险认知和环境规制引入养殖户无害化处理行为分析框架，重新构建风险认知和环境规制的维度空间，重点探讨风险认知、环境规制对养殖户病死猪无害化报告行为、无害化决策行为、无害化实施行为和无害化处理效果的影响效应，最终为政府决策及提高病死猪无害化处理效率提供理论和实证支撑。

四、研究思路和研究内容

（一）研究思路

按照养殖户无害化处理过程，沿着"无害化报告行为——无害化决策行为——无害化实施行为——无害化处理效果"这条内主轴展开，研究风险认知、环境规制对养殖户无害化处理行为的影响（图1-2）。本研究的实践起点是无害化处理现实，落脚点是无害化处理政策优化。第一，通过整理文献资料，着眼病死猪不当处理问题的严峻现实，引入风险认知和环境规制基本概念，从理论上阐释风险认知与环境规制对养殖户病死猪无害化处理行为影响的内在机理；第二，在梳理病死猪无害化处理政策演进的基础上，分析养殖户无害化处理的现状和存在的现实问题；第三，从生态、生产、食品和公共卫生安全风险认知四个维度刻画风险认知，从命令型、激励型、引导型和自愿型规制四个维度表征环境规制工具，科学构建风险认知和环境规制指标体系，并测度风险认知水平与环境规制强度；第四，分别探讨风险认知、环境规制对养殖户无害化报告行为、无害化决策行为、无害化实施行为和无害化处理效果的影响效应；第五，在前述分析的基础上，从提高风险认知水平与强化环境规制强度两个方面，提出推动养殖户无害化处理的制度创新和政策主张。

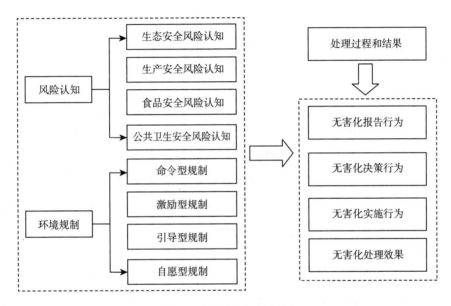

图 1-2 研究思路框架图

（二）研究内容

本研究总共分九章内容，各章节详细内容安排如下：

第一章，导论。首先，阐述本书的研究背景、研究目的和研究意义；其次，对国内外病死畜禽无害化处理研究以及风险认知、环境规制对农户环境行为相关研究文献进行述评，为本书研究提供研究基础和经验借鉴；再次，阐述研究思路和研究内容，总结研究方法、计量模型以及技术路线；最后，凝练本研究的创新之处。

第二章，概念界定和理论分析。首先，对养殖户、无害化处理、无害化处理行为、风险认知和环境规制等概念进行界定；其次，梳理和归纳农户行为理论、风险认知理论、环境规制理论、计划行为理论和态度—情景—行为理论等基础理论，为实证研究提供理论支撑；最后，分别探讨风险认知、环境规制对养殖户病死猪无害化报告行为、无害化决策行为、无害化实施行为和无害化处理效果的影响机理，丰富本研究的理论内涵。

第三章，养殖户病死猪无害化处理行为现状分析。首先，对国内外病死猪无害化处理政策历史沿革进行梳理，总结病死猪无害化处理政策演进的趋向；其次，利用生猪养殖户数据，采用描述性统计分析法，对养殖户病死猪无害化处理行为（无害化报告行为、无害化决策行为、无害化实施行为与无害化处理效果）现状进行分析；最后，得出病死猪无害化处理中存在的现实问题。

第四章，风险认知与环境规制的测度与特征分析。从生态、生产、食品和公共卫生安全风险认知四个维度刻画风险认知，从命令型、激励型、引导型和自愿型规制四个维度刻画环境规制，并在构建表征风险认知与环境规制的指标体系基础上，运用探索性因子分析方法对风险认知与环境规制的指数进行测度，进而分析养殖户的风险认知水平及受到的环境规制强度。同时，探讨不同地区和不同养殖规模下的风险认知水平与环境规制强度特征。

第五章，风险认知、环境规制对养殖户无害化报告行为的影响。在阐释风险认知、环境规制对养殖户无害化报告行为的影响机理的基础上，从是否报告和报告时效两个方面，并采用样本选择模型，考察风险认知、环境规制对养殖户报告决策和报告时效的影响效应。同时，检验信息报告渠道在风险认知、环境规制对养殖户无害化报告行为影响中的调节效应以及讨论风险认知和环境规制对不同规模养殖户的影响效应。

第六章，风险认知、环境规制对养殖户无害化决策行为的影响。在阐释风险认知、环境规制对养殖户无害化决策行为的影响机理的基础上，采用Logit模型探讨风险认知、环境规制对养殖户病死猪无害化决策行为的影响效应。同时，检验风险规避在风险认知影响养殖户无害化决策行为中的中介效应及其在环境规制影响养殖户无害化决策行为中的调节效应以及考察风险认知、环境规制对不同规模养殖户影响效应。

第七章，风险认知、环境规制对养殖户无害化实施行为的影响。将无害化实施行为分为委托处理行为和资源化处理行为。在阐释风险认知、环境规制对养殖户委托和资源化处理行为影响机理的基础上，采用实证模型分别探讨风险认知对养殖户委托和资源化处理行为的影响。同时，基于组织参与和养殖规模异质性，探讨风险认知、环境规制对养殖户委托处理行为的影响；基于养殖规模和技术属性异质，探讨风险认知、环境规制对养殖户资源化处理行为的影响。

第八章，风险认知、环境规制对养殖户无害化处理的效果的影响。从主观效果（生态、生产、食品和公共卫生安全）和客观效果（无害化处理率）两个层面对养殖户病死猪无害化处理效果进行测度，采用实证模型分别探讨风险认知、环境规制对养殖户病死猪无害化处理效果的影响。

第九章，研究结论、政策建议和未来展望。首先，对研究成果进行归纳和总结，凝练本书得出的主要结论；其次，提出对策建议；最后提出本研究存在的不足以及未来需要进一步深化研究的方向。

五、研究方法和技术路线图

（一）研究方法

1. 文献研究法

本研究在阅读国内外关于病死畜禽无害化处理以及农户行为理论、风险认知理论、环境规制理论和态度—情境—行为理论相关文献和图书的基础上，归纳梳理病死畜禽无害化处理政策演进历程，寻求病死猪无害化处理的基础理论，界定养殖户、无害化处理、养殖户无害化处理行为、风险认知和环境规制等基本概念，构建风险认知和环境规制指标体系，并将养殖户无害化处理行为划分为无害化报告行为、无害化决策行为、无害化实施行为和无害化处理效果，最终探讨风险认知、环境规制对养殖户病死猪无害化处理行为的影响机理。

2. 统计分析方法

首先，利用宏观统计数据对我国病死猪无害化处理情况进行统计分析；其次，利用样本区农户调研微观数据，对调研区域养殖户无害化报告行为、无害化决策行为、无害化实施行为和无害化处理效果进行描述性统计分析，并归纳和总结养殖户无害化处理行为实施中存在的现实问题；最后，对养殖户个体特征以及无害化处理不同阶段的基本特征进行描述性统计分析，为实证研究提供基础数据。

3. 计量分析方法

本书属于理论与实证相结合的研究，在理论上分析风险认知、环境规制与养殖户无害化处理行为的作用机理，构建本书理论分析框架和模型，然后运用不同方法从实证方面对本书提出的假设进行验证。具体方法安排如下：

（1）量表得分法

借鉴国外学者的研究成果，拟采用李克特五点量表得分法对风险认知水平和环境规制强度进行测度，量表赋值区间为1～5，其中风险认知主要评估养殖户对风险实现的感知程度，1表示完全没可能、5表示完全有可能；环境规制主要评估无害化处理行为受环境规制措施影响的强度，1表示完全无影响、5表示影响很大。

（2）探索性因子分析法

由于风险认知和环境规制具有多维表征指标，因此在构建科学的、系统的表征指标体系基础上，采用探索性因子分析法，通过 KMO 值和 LR 似然比检验值显著性水平，判断因子分析模型的整体适用性，然后按照特征值大于1的原则，采用主成分分析法提取公因子，最后计算出风险认知与环境规制的整体表征指数。

（3）Heckprobit 样本选择模型

养殖户无害化报告决策（是否报告）和报告的时效（是否及时报告）是两个连续决策的过程。如果养殖户未实施无害化报告，报告时效无法直接观测到；只有当养殖户做出实施无害化报告决策，才能观测到报告时效。因此，养殖户的无害化报告行为存在样本选择偏误，本书采用 Heckprobit 样本选择模型实证分析风险认知、环境规制对养殖户无害化报告行为的影响效应。

（4）二元 Logit 模型

养殖户无害化决策行为属于二元离散变量，如果养殖户做出无害化处理决策，则赋值为1，如果养殖户选择实施不当处理行为，则赋值为0。因此，本书假设样本数据服从 Logistic 分布，并采用 Logit 模型实证分析风险认知、环境规制对养殖户无害化决策行为的影响。

（5）中介效应和调节效应模型

借鉴温忠麟等（2005）提出的中介效应检验程序，对自变量、中介变量和因变量进行层级回归，通过回归系数比较与分析得出中介效应占比。同时，若自变量 X 对因变量 Y 的影响受到第三个变量 Z 取值的变化而变化，则称变量 Z 在 X 影响 Y 的关系中发挥调节作用。当 X 为连续型变量、M 为类别变量时，可采取分组回归方法检验变量 M 对 X 与 Y 之间路径关系的调节作用。本书在实证分析风险认知、环境规制对养殖户无害化报告行为、无害化决策行为、无害化实施行为影响的进一步讨论中采用调节效应模型进行分析。

（6）Probit 和 Tobit 模型

在实证分析风险认知、环境规制对养殖户委托处理行为影响中，由于养殖户委托处理决策属于二元离散变量，假设原始数据服从正态分布，故采用Probit 模型分析风险认知、环境规制对养殖户委托处理决策的影响；同时，考虑到养殖户并非将所有病死猪实施委托处理，需要进一步分析风险认知、环境规制对养殖户委托处理程度的影响。考虑到委托处理程度存在 0 到 1 之间，属于双向受限连续型归并数据。为此，采用 Tobit 模型探讨风险认知、环境规制对养殖户委托处理程度的影响。

（7）Double Hurdle 模型

养殖户资源化处理行为包括是否实施废弃物资源化处理（处理决策）及资源化处理程度（处理程度）两个阶段，资源化处理程度中存在大量 0 值。在经济学的实证分析中，当 0 观察值出现在因变量中时，通常采用 Tobit 模型等受限因变量模型。但是，Tobit 模型存在错误假设，即由于约束对因变量影响，容易忽略一些不可测量的因素，从而导致了因变量模型存在样本选择偏差。此外，因变量由处理决策和处理程度两个阶段组成，这两个阶段并不完全依赖，尽管养殖户选择实施资源化处理，但资源化处理程度可能无限接近于 0。因此，采用 Double Hurdle 模型探讨风险认知、环境规制对养殖户资源化处理行为的影响。

（8）CEM 模型

考虑到本章节被解释变量中无害化处理的客观效果是介于 0 到 1 之间的

受限归并数据，本书首先采用 Tobit 模型分析风险认知、环境规制对养殖户无害化处理客观效果的影响。同时，为了进一步分析风险认知和环境规制影响的净效应，采用粗略精确匹配法（Coarsened Exact Matching，CEM）对风险认知和环境规制影响的净效应进行测度。CEM 模型运算步骤：首先，对协变量进行理论分层为对照组和处理组。以风险认知和环境规制以及各维度的平均值作为中心点进行分组，可划分为高组和低组。其次，对每层的研究对象进行精确匹配，保证每层至少有一个处理组和一个对照组的研究对象匹配成功。再次，运用匹配后的数据库估算风险认知和环境规制对养殖户无害化处理客观效果的影响。最后，进行非平衡性检验。

（9）Oprobit 模型

养殖户无害化处理主观效果包括生态、生产、食品和公共卫生等四个方面，分别赋值 1～5，均属于离散次序变量。传统意义上的 OLS 回归无法实现无偏有效估计，因此采用 Oprobit 模型探讨风险认知、环境规制对养殖户无害化处理主观效果的影响。

（二）技术路线图

本研究按照"总体设计——理论研究——数据获取——现状分析——实证研究——结论建议"的思路设计本研究的技术路线图。第一，通过对病死猪不当处理现实问题等背景介绍，提出研究对象和研究问题，并设计整体思路框架；第二，通过文献梳理，对养殖户、病死猪、无害化处理行为、风险认知和环境规制的概念进行界定，并根据农户行为理论、风险认知理论、环境规制理论、计划行为理论和态度—情境—行为理论构建理论分析框架；第三，精心设计调查问卷，采用分层抽样与随机抽样相结合的方法开展实地调研，同时对重点对象进行深度访谈，建立研究需要的数据库；第四，梳理国内外病死畜禽无害化处理政策历史沿革，把握病死畜禽无害化处理走向，对我国养殖户病死猪无害化处理行为进行分析，并提炼养殖无害处理行为实施过程中存在的现实问题；第五，采用计量经济模型，探讨风险认知、环境规制对养殖户无害化报告行为、无害化决策行为、无害化实施行为和无害化处理效果的影响；第六，根据理论和实证研究结论，提出相关对策和建议。本书的技术路线如图 1-3 所示。

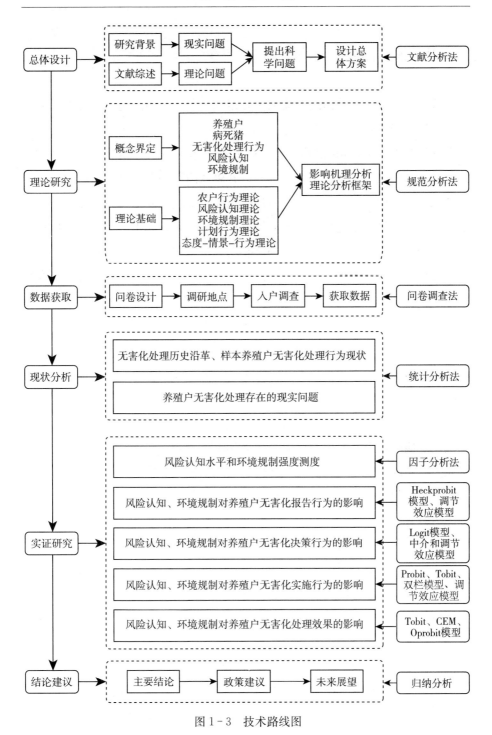

图1-3 技术路线图

六、本书创新之处

病死猪属于畜禽养殖废弃物的重要组成部分，养殖户是生产环节病死猪无害化处理的责任主体。本书按照无害化处理过程，将养殖户无害化处理行为划分为"无害化报告行为""无害化决策行为""无害化实施行为"和"无害化处理效果"序次递进的组成部分，并将风险认知和环境规制同时纳入养殖户无害化处理行为分析框架，对风险认知、环境规制与养殖户无害化处理行为之间的关联关系进行理论与实证研究。试图解答无害化报告时效性比较差、部分养殖户仍然选择不当处理、委托和资源化处理率比较低以及无害化处理效果有待增强等现实问题，以期为推动养殖户实施无害化处理、提高病死猪无害化处理效果及促进畜禽业绿色可持续发展提供理论依据和决策参考。具体创新之处有：

（1）将无害化报告行为分为报告决策和报告时效两个决策阶段，运用纠正样本选择偏差的 Hecprobit 模型考察了风险认知、环境规制对养殖户无害化报告行为的影响。研究结果表明：生产和公共卫生安全风险认知对报告决策存在正向激励作用，生态和食品安全风险认知对报告时效发挥促进作用。环境规制能够约束养殖户做出无害化报告决策。激励型和引导型规制能够增强风险认知的影响效应。同时，现代通信设备普及对养殖户无害化报告行为发挥促进作用；风险认知和环境规制对不同规模养殖户无害化报告行为的影响效应具有较强异质性。

（2）考察了风险认知、环境规制对养殖户无害化决策行为的影响。研究结果表明：生产安全风险认知、命令型和引导型规制是养殖户做出无害化处理决策行为的核心影响因素。自愿型规制正向调节风险认知对养殖户无害化决策行为的影响。风险规避在风险认知影响养殖户无害化决策行为中发挥中介效应，且中介效应占总效应的比重为 26.75%；命令型和激励型规制对风险规避程度高组养殖户无害化决策行为具有促进作用。风险认知和环境规制对不同规模养殖户无害化决策行为的影响效应具有较强异质性。

（3）依据病死猪处理方式和处理程度不同，将无害化实施行为分为委托处理行为（与自行处理行为对应）和资源化处理行为（与简易处理行为对应）。分别考察了风险认知、环境规制对养殖户委托处理行为和资源化处理行为的影响。研究结果表明：生态和公共卫生安全风险认知、命令型和自愿型规制能够推动养殖户实施委托处理行为。同时，自愿型规制能够增强风险认知对养殖户委托处理行为的影响效应。风险认知和环境规制对组织参与和不同规模养殖户委托处理行为影响效应具有较强异质性。生产和公共卫生安全风险认知、环境规制积极促进养殖户实施资源化处理行为；同时，命令型、引导型和自愿型规制在风险认知对养殖户资源化处理行为的影响中发挥着增强性的调节作用。在考虑养殖规模和技术属性异质时，风险认知和环境规制的影响效应存在较大差异。

（4）以"无害化处理率"表征无害化处理客观效果，以"生态、生产、食品和公共卫生安全"表征养殖户主观处理效果。分别考察了风险认知、环境规制对养殖户无害化处理客观和主观处理效果的影响。研究结果表明：生态、生产和公共卫生安全风险认知水平越高以及命令型、激励型和引导型规制强度越大，养殖户越倾向于提高无害化处理率。引导型规制正向调节风险认知对养殖户无害化处理率的影响。风险认知高组比低组养殖户无害化处理率提高了 17.86%，环境规制高组比低组养殖户无害化处理率提高了16.22%。风险认知和环境规制对养殖户生态、生产、食品和公共卫生安全的影响效应具有较强异质性。

第二章　概念界定与理论分析

本章首先对养殖户、病死猪、无害化处理行为、风险认知和环境规制基本概念的内涵和外延进行界定；其次，对农户行为理论、风险认知理论、环境规制理论、计划行为理论和态度—情景—行为理论进行梳理与分析，为研究养殖户无害化处理行为提供理论基础；再次，阐释风险认知、环境规制对养殖户病死猪无害化处理行为的作用机理，为实证研究提供理论分析框架。

一、概念界定

（一）养殖户

本研究的养殖户是指从事生猪养殖的生猪养殖经营主体。从经营目的来看，既存在以自给自足或补贴家用的养殖户，也存在以生猪养殖为主要经济来源的养殖户。前者主要以散养或小规模养殖为主，以家庭为生产经营单位；后者主要以专业养殖或规模养殖为主，以专业合作社、家庭农场或龙头企业等新型经营主体为依托，在养殖场或养殖小区内从事生猪养殖。学术界主要以养殖规模为标准对养殖户进行分类。《全国农产品成本收益资料汇编》（2005）对生猪养殖户划分标准为：年生猪存栏 30 头以下为散养户、30～100 头为小规模养殖户、100～1 000 头为中等规模养殖户、大于 1 000 头为大规模养殖户。孙世民等（2008）和吴林海等（2017）以生猪年出栏量为标准将养殖户划分为：年出栏 50 头以下的为散养户、50～500 头的为专业养殖户、500 头以上的为规模养殖户。周晶等（2015）按照《中国畜禽统计年鉴》（2013）将生猪年出栏 50 头以下的界定为小规模养殖户、50～500 头的为中等规模养殖户、500 头以上的为大规模养殖户。

可见，理论和实践上普遍以母猪存栏量或生猪出栏量作为养殖户划分的标准。本研究采用生猪出栏量作为养殖户的划分标准，将养殖户划分为三种类型，即年出栏 50 头以下的为散养户（零星养殖）、50～500 头的为专业养殖户（合作社、家庭农场、养殖小区养殖）、500 头以上的为规模养殖户（合作社、家庭农场、养殖小区、公司企业），主要考虑：第一，生猪出栏量能够表征不同规模养殖户的资本禀赋，这也是养殖户能否实施无害化处理的能力或物质基础；第二，病死猪主要发生在出栏猪的饲养过程，母猪存栏量难以反映或计算生猪淘汰量；第三，部分养殖户仅以母猪繁育和仔猪销售为主要经营目的。

（二）病死猪

本研究的病死猪是指由三类疫情引起的病猪、死猪以及非疫情引起的死猪。根据本书前文所述，三类疫情和非疫情导致生猪病死是病死猪的主要部分，养殖户负责对病死猪实施无害化处理。具体而言：第一，当养殖户发现染疫或疑似染疫的病猪以及不明原因出现生猪死亡时，需要立即报告当地畜牧主管部门，由畜牧主管部门判定生猪死亡原因，如果属于三类疫情或非疫情致死，则由养殖户组织实施无害化处理。《动物防疫法》明确县、乡政府在处理三类疫情时的防治和净化责任。如果三类疫情呈现暴发性流行时，按照一类疫情处理，即由县级以上政府负责实施无害化处理。第二，根据表 1－2 所示的猪乙型脑炎、猪细小病毒病、猪繁殖与呼吸综合症、猪丹毒等三类疫情传染性较弱、扩散能力有限、疫情可防可控的特点，如果尚未出现大范围流行或可以治疗时，仅对死猪进行无害化处理，对病猪实施保守治疗。第三，非疫情死猪是病死猪范畴的重要组成部分，主要包括受非疫病病原体感染致死、生产损伤致死、人工致死、自然灾害致死猪以及生猪副产品（胎盘等）（姚伟，2014）。

（三）无害化处理行为

《病死动物无害化处理技术规范》（2013）和《病死及病害动物无害化处理技术规范》（2017）界定了"无害化处理"概念，即用物理、化学等方法处理病死动物、病害动物和相关动物产品，消灭其所携带的病原体，消除病害过程。无害化处理最直接的目的是消灭病原体和消除病害。本研究所称的无害化处理行为主要是指养殖户在生产过程中用物理、化学等方法处理病死猪、病害猪以及相关生猪产品,消灭其所携带的病原体和消除病害的行为。实践和理论上普遍认为,养殖户在发现病死猪时,应立刻向畜牧部门报告情况,在排除第一、二类疫情疫病后由养殖户实施无害化处理,养殖户可以自行处理和委托处理,也可以简易处理和资源化处理(王冲等,2017;闫胜鸿等,2018;司瑞石等,2019)。因此,养殖户完成无害化处理过程主要包括无害化报告行为、无害化决策行为、无害化实施行为和无害化处理效果,这也构成了本研究实证章节的基本框架。

1. 无害化报告行为

无害化报告行为是养殖户无害化处理行为的基础,也是政府加强动物疫情疫病防控的关键,即养殖户向畜牧主管部门报告病死猪信息,由畜牧主管部门进行检测,排查是否感染疫病,并启动实施病死猪无害化处理。病死猪信息存在严重的非对称性,养殖户在信息传递和共享机制中占据主要角色,这也是政府持续加强疫情疫病报告体系的重要原因。具体而言,第一,养殖户是无害化报告的责任主体。《动物防疫法》《畜禽规模养殖污染防治条例》等法律法规明确规定,养殖户在饲养环节发现动物染疫或疑似染疫的,应立即向兽医主管部门、动物卫生监督机构或动物疫病防疫机构报告。第二,病死猪是无害化报告的主要客体。尽管法律法规明确报告的客体是染疫或疑似染疫生猪,但就非疫病致死生猪是否需要报告存在学术争议。周开锋(2014)认为非疫病致死、生产损伤致死、人工致死猪以及生产副产品不需要报告,养殖户可自行实施无害化处理。但本书并不采纳该观点,主要理由如下:一是病死猪发生时,养殖户不能准确判断是否属于疫病,自行判断和处理可能延误疫病防控最佳时机;二是即使病死猪没有携带染疫病原体,其他未经无害化消除的病原体仍可引发疫病传播;三是养殖户实施病死猪无害化处理需要在畜牧主管部门监督下实施,养殖户报告成为无害化处理的组成部分。第三,"立即"报告是无害化报告的时效。现行法律法规对无害化报告时效(养殖户从发现病死猪到向畜牧主管部门报告成功的时间间隔)并没有明确规定,仅要求养殖户"立即"报告。从调研区来看,畜牧主管部门普遍要求养殖户在 2 小时内完成信息报告。因此,本书将无害化报告行为分为是否报告和报告时效两部分。

2. 无害化决策行为

无害化决策行为是指养殖户能否按照无害化处理技术种类和标准对病死猪实施的处置行为。养殖户既可能采用深埋、焚烧、高温生物、化学处理、碳化、化制、堆肥和发酵等技术实施遵从处理行为，也可能通过自食、丢弃、出售等方式实施不当处理行为（吴林海等，2015；乔娟、舒畅，2017）。从与无害化报告行为关系来看，养殖户无害化决策行为既可能在未履行无害化报告情况下直接实施无害化处理，也可能经过无害化报告后实施无害化处理。可见，无害化报告后养殖户并不必然实施无害化处理，而依赖于养殖户的个体选择。具体而言：政府要求养殖户发现染疫或疑似染疫的病死猪时需要立刻报告，主要考虑到疫情疫病诊断和防控以及组织或监督养殖户实施无害化处理。实践上，我国实施无害化处理补贴政策以及无害化处理与生猪保险理赔挂钩政策，养殖户如果要获取这些补贴就必须经过畜牧部门无害化处理认定，无害化报告则是启动无害化处理的起始环节。然而，调研中发现部分养殖户并不会选择实施无害化报告，而是私下实施深埋或焚烧等无害化处理。因此，无害化决策行为属于二元离散变量，并且无害化报告行为并非是无害化决策行为的必经程序。

3. 无害化实施行为

养殖户做出无害化处理决策后面临选择何种方式实施无害化处理。一方面，从处理方式划分来看，养殖户既可以自行实施无害化处理，也可以委托养殖大户、合作社和龙头企业等新型经营主体及无害化集中处理中心实施无害化处理。社会化服务供给能够有效缓解无害化处理意愿较低、设施配给不足和处理过程不规范等问题。另一方面，从资源化利用程度来看，养殖户既可以实施深埋、焚烧（直接）、高温生物和化学处理等简易处理行为，也可以实施碳化、化制、堆肥和发酵等资源化处理行为。从实践经验来看，简易处理是病死畜禽无害化处理的基本方法（消灭尸体可能携带的病原体），资源化利用则是推进病死畜禽无害化处理的根本。本研究分别对养殖户委托处理和资源化行为进行研究。

4. 无害化处理效果

无害化处理效果主要是指养殖户实施无害化处理达到的主客观结果。病死猪无害化处理具有维护生态、生产、食品和公共卫生安全的作用。考虑到无害化处理效果很难精确测度，本书从主客观两个方面衡量无害化处理效果，即采用"无害化处理率"来衡量无害化处理的客观效果。同时，伴随着"伊斯特林悖论"出现，经济学界趋向重视个体对某种价值的主观判断。因此，主观上，通过向养殖户询问"您认为病死猪无害化处理对生态安全有影响吗？""您认为病死猪无害化处理对生产安全有影响吗？""您认为病死猪无害化处理对食品安全有影响吗？""您认为病死猪无害化处理对公共卫生安全有影响吗？"4项指标来衡量无害化处理主观效果。无害化处理行为的基本框架和表现形式如图2-1和表2-1所示。

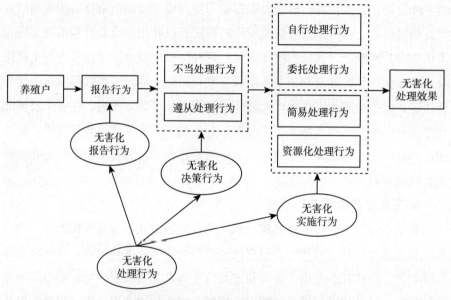

图2-1 养殖户无害化处理行为框架

表2-1 养殖户病死猪处理行为的表现形式

行为种类	表现形式	优缺点	适宜规模	排除事项
不当处理行为	自食	缺点：食品安全风险较大		
	出售	缺点：食品安全风险、公共卫生安全风险较大		
	丢弃	缺点：生态安全风险、公共卫生安全风险和生产安全风险较大		

（续）

行为种类	表现形式	优缺点	适宜规模	排除事项
简易处理行为	深埋	优点：常用、可靠、简便 缺点：处理地点难找、挖掘成本高、疫情扩散风险大	散养户 专业养殖户 规模养殖户	不适用于患有炭疽等芽孢杆菌类疾病以及牛海绵状脑病、痒病的染疫生猪及产品的处理
	焚烧（直接）	①小锅炉法： 优点：投资小、简便易行、燃烧效果好 缺点：处理量小；废气和异味处理难	散养猪 专业养殖户 集中处理中心	
		②大锅炉法： 优点：处理量大且彻底 缺点：尸体需要切割且防疫要求高、废气处理难、焚烧耗能大	规模养殖户 集中处理中心	
	高温生物	优点：处理简单、迅捷、彻底、环保 缺点：需要肢解、投资大、运营费高	专业养殖户 规模养殖户 集中处理中心	
	化学处理（硫酸分解）	优点：处理彻底 缺点：成本大、技术和容器要求高	规模养殖户 集中处理中心	
资源化处理行为	焚烧（碳化法）	优点：彻底、减量、资源化 缺点：投资大、废气和异味处理难	规模养殖户 集中处理中心	不适用于患有炭疽等芽孢杆菌类疾病以及牛海绵状脑病、痒病的染疫动物及产品的处理
	化制	优点：操作简单、投资小、成本低、处理能力强、周期较短和资源化等 缺点：产生废气、废水；对容器要求高	散养户 专业养殖户 规模养殖户 集中处理中心	
	堆肥	优点：成本较低、易操作；不产生废气和废水；处理彻底及资源化 缺点：锯末、秸秆等垫料不能重复使用、需求量大；未添加有益微生物，处理时间较长；处理能力有限	散养户 专业养殖户 集中处理中心	

（续）

行为种类	表现形式	优缺点	适宜规模	排除事项
资源化 处理行为	发酵	优点：成本低、易操作、处理彻底；添加有益微生物菌种且处理效率高；疫病扩散风险低；不产生废气和废水	散养户 专业养殖户 规模养殖户 集中处理中心	
	高温降解	优点：无需肢解、操作简单、环保节能、资源利用 缺点：处理周期长、处理量较小	散养户 专业养殖户 规模养殖户 集中处理中心	

（四）风险认知

风险（Risk）源于探险实践，与人类决策紧密相连（Piet，2002）。学术界关于风险内涵的研究形成了客观实在风险观与主观构建风险观。客观实在风险观认为风险具有客观存在性、不确定性和可以测量的基本属性，主要由风险因素、风险事故和风险损失要素构成，如佩费尔将风险界定为"可测度的客观概率大小"。可见，客观实体学派普遍认为风险是客观存在的，以风险事故为基础，且能够通过客观尺度进行测量（彭黎明，2011；卓志，2007）。主观构建风险观认为风险在历史进程中由社会和文化构建而成，由风险文化理论（Mary Douglas 等人为代表）、风险社会理论（Anthony Giddens 等人为代表）和风险规制理论（Ewald 等人为代表）三种范式构成。然而，随着风险适用范畴的拓展，两种学派观点呈现融通趋势，均将风险研究与现代问题紧密结合，并且在特定研究领域相互借鉴以解释复杂的社会行为。

风险认知由 Bauer 提出，指消费者在产品购买决策过程中感知到产品无法满足预期性能的可能性（Mitehell，1999）。风险认知用以描述人们对风险的直觉或判断，抑或是对风险的评估和反映。学术界关于"风险认知"的概念主要从个体和社会两个方面进行界定。从个体来看，风险认知是决策前主观上产生不良后果的可能性以及感知到的损失程度；风险认知由不确定性和损害后果组成。从社会来看，刘金平等（2006）认为经济、政治、文化因素影响着风险认知的维度空间和强烈程度；刘万利和胡培（2010）认为风险认知是一种文化和社会的重构，反映不同文化和思想背景下的价值观、符号和历史。本书借鉴已有研究成果，认为风险认知是指养殖户对病死猪不当处理引致的生态、生产、食品和公共卫生安全风险进行预测、判断与评价。需要说明的是，本研究从风险的对立面引入"安全"含义，主要考虑到"安全"更能体现规避危险源、风险、事故、伤害和隐患的实然效果。

学术界关于风险认知的结构并未严格依照不同学派严格划定，更多表现为实在风险与构建风险的融合，将基本结构划分为双因素模型和多维度模型。双因素模型将风险认知划分为结果不确定性和后果严重性两个维度（Oh et al.，2015），但对于这两个维度内部关系争议较大。多维模型利用要素分解法，从不同研究领域将风险认知划分多个维度（表2-2），并且这些维度划分具有一定共性：从风险源着手进行风险因素与损失判断，风险与行为主体的心理、健康和社会紧密相连，并依据研究内容进行维度修正与拓展。病死猪不当处理导致生态、生产、食品和公共卫生四个方面的安全风险。因此，本书将风险认知维度划分为：生态安全风险认知、生产安全风险认知、食品安全风险认知和公共卫生安全风险认知。

表2-2 风险认知维度划分

领域	学者	种类	维度
食品	于铁山（2015）	3	食品类型安全认知、食品经营者安全认知、生产者安全认知
	Roselius（1971）	4	自我损失认知、机会损失认知、金钱损失认知、时间损失认知
	Jacoby et al.（1972）	5	心理风险认知、财务风险认知、性能风险认知、身体风险认知、社会风险认知
	Stone et al.（1993）	6	心理风险认知、财务风险认知、性能风险认知、身体风险认知、社会风险认知、时间风险认知
	Yeung et al.（2001）	7	心理风险认知、财务风险认知、健康风险认知、生活方式风险认知、社会风险认知、时间风险认知、性能风险认知
土地	陈振等（2018）	3	经济风险认知、社会风险认知、生态风险认知
信贷	林建伟（2018）	5	信用风险认知、民生风险认知、市场风险认知、抵押品处置风险认知、法律政策风险认知
保险	高延雷（2017）	2	市场风险认知与自然风险认知
其他			风险认知单独使用，未进行维度划分

（五）环境规制

规制（Regulation）是按照规则进行管制或调控，是社会管理的约束范式。日本学者植草益（1992）将规制定义为社会公共部门按照规则对特定个人和经济主体的活动进行限制。规制可以分为私人规制和公共规制，后者主要是为了社会公益而对行为主体进行干预。公共规制按照性质可以分为经济型规制和社会型规制，其中经济型规制主要是对垄断部门或信息不对称行业进行规范或限制，而社会性规制则是对涉及公众安全和健康的产品质量、公共卫生或环境污染等特定行为进行规范和约束（胡威，2016）。因此，环境规制应属于社会性规制范畴（张红凤等，2012）。

学术界关于环境规制内涵的观点众多，且尚未形成一致性结论（表2-3）。环境规制促使生产者和消费者能够在考虑环境外部成本下做出最优的决策（傅京燕，2006）。赵玉民等（2009）将环境规制定义为以保护环境为目的，个体或组织为对象，有形制度或无形意识为存在形式的一种约束性力量。然而，社会性规制以规制对象"完全理性假设为前提"，主要关注产生外部性和信息不对称的主体活动。随着社会规制理论向"有限理性假设"转换，市场激励型环境规制工具得到普遍适用（张红凤，2005；张红凤、杨慧，2011）。因此，很难区分环境规制的社会性规制和经济性规制属性。

因此，环境规制是在环境经济学和规制经济学基础上形成和发展起来的交叉理论。从环境经济学角度来看，当环境资源恶化到不可逆转的质变时，不足以满足人类长期生存发展需要，从而表现出经济稀缺性（蔡宁、郭斌，1996）。环境资源稀缺性与人口数量增长、人类行为介入密切相关（Malthus，1959）。但是，市场机制不能很好地解决人类行为的负外部性问题。因此，政府干预微观主体生产行为使得社会福利实现帕累托最优成为可能。从规制经济学角度来看，规制是公众需要对市场行为的反映，即在资源环境配置不公正或低效率情况下，需要政府予以纠正。规制是由规制需求与供给因素共同决定，但供给者在规制过程中更为重要，因为供给者可以比需求者用更少的成本组织起来。在信息不对称条件下，激励型规制突破了传统命令型规制，融合了规制与竞争的优点，通过减少逆向选择与道德风险，更有利于实现环境资源优化配置（张红凤，2005）。随着社会治理体系多元化融合发展，德治与自治成为减轻法治负重的制度门阀，引导型规制和自愿型规制在驱动式和契约式社会治理中得到广泛应用。因此，学术界主要从命令型、激励型、引导型和自愿型规制表征环境规制工具（赵玉民等，2009；林丽梅等，2018）。

表 2 - 3　环境规制工具拓展

修正	目标	主体	对象	工具
原始内涵	保护环境	国家	个人和组织	命令控制型工具
第一次修正	保护环境	国家	个人和组织	命令控制型工具、市场激励型工具
第二次修正	保护环境	国家、企业、产业协会等	个人和组织	命令控制型工具、市场激励型工具、自愿型规制工具
第三次修正	保护环境	国家、企业、产业协会等	个人和组织	命令控制型工具、市场激励型工具、公众参与型规制工具
第四次修正	保护环境	国家、企业、产业协会等	个人和组织	命令控制型工具、市场激励型工具、自愿型规制工具、公众参与型规制工具
第五次修正	保护环境	国家、企业、产业协会等	个人和组织	命令控制型工具、市场激励型工具、自愿型规制工具、引导型规制工具
第六次修正	保护环境	国家、企业、产业协会等	个人和组织	命令控制型工具、市场激励型工具、自愿型规制工具、隐型规制工具

二、理论基础

（一）农户行为理论

从微观视角对农户行为进行研究是解决"三农"问题的一种思路（翁贞林，2008）。自农户行为进入学术界研究视角以来先后经历了原始农业、传统农业和现代农业三种生产模式，专业分工逐渐细化、产业结构不断优化、价值增值不断扩大，生产效率不断提高。目前关于农户行为理论的研究主要形成理性小农学派、道义经济学派和有限理性学派三个学派。各学派在回答和解释农户行为与市场经营主体行为的差别中提供了有力支撑。

1. 理性小农学派（舒尔茨为代表）

理性小农学派以舒尔茨为代表，认为农户和其他市场经营主体一样按照利益最大化原则配置农业生产要素并安排农业生产经营活动。因此，农户也符合"理性人"基本假设。在传统的农业中，小农经济表现的低效率和低增长是由农业生产要素边际投入递减规律决定的，同时现代化农业技术的经济效率能打破传统农业生产环境和条件。在完全竞争的环境和条件下，农户以经济利益最大化的理性原则与标准指导农业生产活动。因此，舒尔茨提出"理性小农"的论述，并在著作《改造传统农业》中对该论断和观点进行论证和阐述，他认为小农贫穷与资源配置效率不对等，还可能与资源存量匮乏、资源配置技术简陋和评价方法滞后等多种因素相关，与小农生存环境相适应的生产要素配置符合福利经济学帕累托最优的基本原则。

2. 道义经济学派（恰亚诺夫和斯科特为代表）

道义经济学派以恰亚诺夫和斯科特为代表。恰亚诺夫在《农民经济组织》中阐述农户并不是按照成本和收益原则实施生产决策行为，其对土地、劳动力和资本等要素组合的配置方式和机制与农场主存在较大差异，农户生产经营行为具有明显的家庭消费与自我满足的基本属性，同时他们也会在长时间农业生产中形成固定产业依赖和心里慰藉特征，当农户辛劳感与满足感均衡时，他们便不会增加农业生产投入。因此，农户并未通过精确核算农业生产的成本和收益而安排农业生产，进而表现出非理性特征。斯科特继承和发展了恰亚诺夫关于家庭农户和经营性农场区别的观点，认为农户家庭经济行为融入了较多的生存取向，囊括消费单位和生产单位于一体，满足家庭生存的最低需要是农民做出选择的关键标准。

3. 有限理性学派（西蒙为代表）

有限理性学派以西蒙为代表，西蒙通过运用"效用"模式对农户进行分析，研究发现，农户生产经营行为与企业家不同，有自己独特的行为逻辑和规则，而非通过利润与成本之间的计算，是在消费满足程度和艰辛程度之间的综合估量。西蒙认为农户行为中的理性与非理性并存，信息的局限性取决于人的有限理性，并可能导致整个决策中的非理性。可见，其并未对理性决策全盘否定，而是在此基础上进行发展、创新。因此，有限理性的基本思想是："人们信息加工的能力是有限的，无法按照充分理性的模式去行为，即没有能力考虑所面临的所有选择，无法在决策中实现效率最大化。"

4. 无害化处理与农户有限行为理论

在无害化处理成本较高而收益较低的情境下，养殖户实施病死猪不当处理行为表现为"理性"行为，养殖户通过丢弃、出售等行为分散家庭经营损失。与之对应，养殖户实施无害化处理行为表现为有限理性行为。病死猪不当处理危害公共卫生和畜禽业生产安全，养殖户对风险损害后果的预判会直接影响到无害化处理行为决策，从内在推动其实施深埋、焚烧、化制等无害化处理行为。与此同时，国家通过命令型、激励型、引导型和自愿型规制等规制工具约束养殖户实施无害化处理行为。因此，养殖户无害化处理行为表现为一种有限理性行为。

（二）风险认知理论

风险认知理论是在主观构建与客观实在风险观融通基础上发展起来的基础理论。风险认知理论形成了风险社会理论、风险文化理论和风险规避理论三个重要理论支点，由心理测量范式、跨文化研究范式、社会放大研究范式三个研究方法构成。

1. 风险社会理论

作为风险社会理论的倡导者，贝克认为风险社会是指源自局部的或是突发的事件可能导致或引发的社会灾难（Beck，1991）。贝克的风险社会观基于以下几个方面的判断：一是风险是现代性的结果。现代社会元素在一定程度上提高了人们的风险识别与风险规避能力，同时也产生了更大范围的风险，如技术风险、环境风险和安全风险等。这些风险与主体的防控能力相互调试，并不断强化或提高人们的风险认知水平。二是风险社会与人类行为紧密关联。无论是传统自然类风险灾害，还是社会风险因素孕育衍生，风险社会与人类行为密切相关和不可分割。自然灾害频发更多源自人类对自然资源的无限索取，而科学技术等现代手段在消除风险因素的过程中也创造出技术带来的社会新风险。三是风险社会阶段性特征明显。农耕社会的风险是原始的、基础的及可控的，制度性风险扮演着重要角色；工业社会的风险是耗能的、滞后的及难以修复的，环境风险则成为主体；现代社会的风险是多面体、难预测及不可控的，技术风险成为主要内容。

2. 风险文化理论

风险文化理论主要以 Mary Douglas 和 Schott Lash 等人为代表，该理论主要认为尽管风险是客观存在的，但是人们认识风险的能力和范围是有限的；风险往往是基于心理认知的结果，而在主体认知与风险客观事实之间的关系就是价值标准与文化信仰。因此，价值标准的不断优化与提升、文化信仰的延续与演化是风险文化动态丰富的过程，也是风险认知形成的过程。比如，现代人们更加关注环境安全风险、食品安全风险，主要是因为人们的环境价值观和健康价值观不断提升，人们加强了对特定领域的关注，而忽视了另一个事实，即一部分风险增加的同时，另一部分风险也在不断减少。同时，当代社会风险可能没有量的增加，而是人们的意识出现了质的飞跃，对风险的判断和感知能力提高了，风险认知呈现出量的增加。关于风险文化理论的分类，西方学者主要解读了三类风险：社会政治风险、经济风险和自然风险。因此，研究风险文化的主要意义就是在客观风险事实相对稳定的状态下，分析风险认知异质性的原因，即风险认知背后的风险文化。

3. 风险规制理论

风险规制理论是在个体无能为力和政府社会管理的双重约束下形成。具体而言：一方面，社会风险范围广、不确定性强、危害性大，但风险是可以预测和控制的；个体在控制风险中显得无能为力，因此需要借助政府或者组织的其他力量管控社会风险。另一方面，政府已经不再充当"守夜人"的角色，政府的职责从关心现状、保护或重建一个不受干扰的状态为己任，到以发展全面型社会为未来目标（爱观哈特·施密特·阿斯曼，2006）。因此，以 Ewald 为代表的风险规制理论认为风险本身并非问题所在，并没有必要关注风险本体，而更应该对规避可预知和可计算的主导话语、知识形式、社会制度和技术力量等方面进行关注（冯良宣，2013）。

此外，国内外学者对风险认知理论研究形成了心理测量范式、跨文化研究范式、社会放大研究范式三大研究方法。一是心理测量范式。美国心理学家 Slovic（1987）提出了心理学的测量范式，以量表形式通过将风险认知划分为忧虑风险度和未知风险度。该方法主要是通过问卷调查的形式直接询问消费者的风险认知，并对询问结果进行排序和相关分析，采用心理测量量表并运用相关分析、因子分析等方法研究消费者对风险的知觉和态度，从而揭示出决定消费者风险认知的因素。二是跨文化研究范式。社会文化理论主要通过群体所表现出的共同"世界观"来解释群体内成员所感知的风险，并主要采用"社会关系"和"文化偏差"对个体风险认知的差异性进行解释。同时社会文化理论指出，社会所认定的风险往往具有维系社会公共秩序的职能。因此，研究个体的风险认知不能脱离个体所依存的社会组织结构、文化价值和信仰等社会文化情境（谢晓非、徐联仓，1995）。三是社会放大研究范式。Kasperson 等学者提出的风险的社会放大范式，认为通过社会、文化以及心理与危害事件之间相互作用的方式，会不同程度地加强或减弱个体对风险的知觉并产生相应的风险行为（王政，2011）。风险的社会放大理论是在研究风险认知中将所运用的多学科的方法进行了整合，并侧重于风险的特征与对风险产生影响的社会、文化、心理之间的相互作用。风险的社会放大理论不仅关注对风险的最终认知，而且关注解释风险认知的过程（刘瑞新，2016）。

4. 无害化处理与风险认知理论

病死猪不当处理可能引发生态、生产、食品和公共卫生安全风险，这种风险损害是客观存在的，但是如果不能被养殖户充分预判，难以直接作用于养殖户的无害化处理行为。同时，考虑到农户行为是主客观综合作用的结果，风险认知成为养殖户无害化处理行为最主要的心理因素。因此，风险认知理论将客观风险存在与主观风险认知紧密结合，假设养殖户能够认知丢弃和出售等不当处理病死猪造成的安全风险，那么他们势必会实施无害化处理行为并不断提高无害化处理率。同时，本研究主要采用心理测量范式测度养殖户的风险认知水平以及比较不同规模养殖户风险认知水平的差异。

（三）环境规制理论

环境规制理论通过环境经济学中的环境资源稀缺性理论、外部性理论与市场失灵和环境产权不确定性理论以及规制经济学中的公共利益理论、规制俘获理论、规制经济理论和激励规制理论发展起来，系统阐释环境规制理论的内涵和现实意义。

1. 环境经济学相关理论

第一，环境资源的稀缺性理论。在经济学话语中，资源稀缺性（Resource Scarcity）表现为经济社会发展所需的资源是有限的，可分为经济稀缺性和物质稀缺性。前者强调获取资源生产要素的有限性，后者强调资源绝对量的不足。在经济稀缺和物质稀缺的基础上，资源的结构性稀缺成为社会发展的短板。任何一项生产活动都需要多种要素投入，每种要素内部各成分组合也呈现一定的规律样态，这就要求有一个合理的资源结构，如"木桶理论"（娄昌龙，2016）。因此，环境资源的稀缺性与人类活动密切相关，工业产业结构对环境影响从西方发达国家到发展中国家都得到了验证，然而农业产业对环境的影响日益成为环境资源结构中的重要短板，比如农药、化肥污染及畜禽废弃物污染等。

第二，外部性理论与市场失灵。庇古（Pigou，1920）提出"边际私人收益与边际社会收益不一致，边际私人成本与边际社会成本相背离"的外部性概念。外部性理论的核心要义是工业生产带来的非期望产出，并且这种非期望产出表现为对公众的不利。如果污染企业的边际收益大于公众的边际收益，而边际成本却小于公众的边际成本时，政府应该对污染主体的生产行为实施干预，这样社会整体福利水平才能实现帕累托最优。同理，农业畜禽环境污染对周围群众、村庄环境造成严重损害，也需要政府进行规制。

第三，环境产权的不可确定性。"庇古税"的局限性使得环境污染负外部性问题并未得到有效解决，其中的重要表现形式为政府作为公益的代表，产权维护存在"虚置"。同时，污染治理的市场失灵更为重要的原因是"科斯定理"（Kos Theorem）。环境治理的瓶颈源于环境产权不够清晰。产权清晰是交易顺畅进行的基础，交易成本最低，无论在谈判初始将财产权赋予谁，市场均衡的最终结果都是有效率的。

2. 规制经济学相关理论

第一，公共利益规制理论。公共利益是社会福利的主要内容，市场失灵和外部性存在会损害公共利益，社会福利指数明显降低。行政职能发挥的宗旨就是保护并促进公共利益，以降低资源配置不公或低效率状态。公共利益规制理论强调政府是公共利益的保护者，规制的存在是为了满足公众的利益需求（韩中华、付金方，2010）。然而，对于政府公众利益维度的合理边界也需要界定，即政府不能牺牲个体利益肆意扩张公益，如何实现公益与私益之间的动态平衡是公益规制理论发展的合理空间。

第二，规制俘获理论。利益代表着在规制政策制定中发挥主导作用。当政策制定者与产业利益挂钩时，规制政策往往被产业发展俘获，并表现出竭力维护产业发展的需求，而非是促进公共利益。因此，规制俘获理论的发展侧重于规制政策制定过程中的公众参与机制设计和利益表达，政策制定以维护公益为宗旨，通过不同主体之间的协商避免规制俘获。

第三，规制经济理论。规制经济理论主要由施蒂格勒模型、佩尔兹曼模型和贝克尔模型组成。施蒂格勒模型认为规制是由需求和供给两方面因素共同决定，但生产者的影响更大，这是因为生产者同质性更强，用较少的成本可以组织起来。佩尔兹曼模型认为可能受到规制的产业包括相对竞争性的产业和相对垄断性的产业。贝克尔模型认为规制主要是提高利益集团的福利，福利结果取决于集团博弈。如果边际净损失增加，规制活动将减少（雷华，2003）。

第四，激励规制理论。激励型规制理论吸收了信息经济学和博弈论等理论成就，融合了规制和竞争的优点，强调在信息不对称的条件下通过设计有效的规制机制给予企业正面的引导，使得企业面临竞争压力时会选择规制者所期望的行为，从而减少逆向选择和道德风险，最终在提高企业自身生产和经济效率的同时，实现整个社会福利水平的提高（马云泽，2008）。

3. 无害化处理与环境规制理论

环境规制是影响养殖户无害化处理行为最主要的外部情境因素。病死猪无害化处理产生的外部效应可通过环境规制实现内部化。具体而言，本研究从环境经济学理论出发，探讨实现病死猪无害化处理产生环境效应内部化的约束和激励机制，并重点分析监管处罚和补贴政策等规制工具对养殖户无害化处理行为的影响效应；从规制经济学角度出发，探讨实现病死猪无害化处理产生生态、生产、食品和公共卫生效果内部化的约束和激励机制，并重点分析引导型和自愿型规制对养殖户无害化处理的影响效应。

（四）计划行为理论

计划行为理论是在理性行为理论的基础上拓展而来的，以分析行为态度、主观规范和感知行为控制如何作用于行为意向从而影响到个体行为的过程。

1. 基本概念

Ajzen（2010）认为"理性行为理论能够解释纯粹依靠意志完成的行为"。理性行为暗示着行为完全依赖于个人，而行为意愿或者环境条件对行为的影响较少。实践经验表明，人的行为是多重因素作用的结果，行为意愿转化为行为也存在着诸多前提条件。为此，Ajzen 提出一个针对行为不完全受意志控制的行为理论模型，即计划行为理论模型（Theory of Planned Behavior，TPB）。

行为态度（Attitude）是指个人对特定行为所抱持的正面或负面的感觉，由个人对此特定行为的评价经过概念化之后所形成的态度。主观规范（Subjective Norm）是指个人对于是否采取某项特定行为所感受到的社会压力。计划行为理论在理性行为理论基础上把感知行为控制作为决定行为意向和行为的一个重要变量。感知行为控制是个体对特定行为控制难易程度的感知（杨廷忠等，2002）。感知行为控制通过实际控制条件测量，能够直接影响到行为效果，个体感知到行为越容易完成，其就越有可能顺利完成行为决策，最终得到良好的行为效果。因此，在计划行为模型中感知行为控制成为行为态度和主观规范之外决定行为意向的第三个重要变量。

2. 理论完善

自计划行为理论问世以来，许多实证研究结果证明，这是一个将态度和行为连接起来并且具有相当预测力的重要理论。然而，该理论也遭到不少学者的质疑，这些质疑无疑进一步促进了计划行为理论的成熟和完善。例如，Armitage 和 Conner（2002）对 1998 年以前的 185 个有关 TPB 的研究进行过程分析，认为态度、主观规范、感知行为控制只能解释在不同领域的 39％的意向变异和 27％的行为变异。另外，有些学者认为除这三个主要变量之外的其他因素，例如在诚实领域，道德义务就是一种潜在的欺诈意向决定因素（Beck and Ajzen，1991）。为了确定不同因素是否可以对意图充分解释，还有一些研究人员提出过去行为与未来行为可能相关。因此，应把过去的行为纳入模型。换句话说，不能把无法解释行为上的变异仅归因于随机误差，还存在某些不可测量的其他因素，计划行为理论似乎并不能解释所有行为。随后，Ajzen 在计划行为理论中加上了对过去行为的测量，并将其作为预测未来行为的一个重要指标。至于哪三个变量对意向和行为有显著但不同的预测作用，他们认为态度、主观规范和感知行为控制对意向预测具有显著作用，这一预测会因行为与行为、人群与人群的变化而变化。

3. 无害化处理与计划行为理论

计划行为理论为养殖户无害化处理行为提供基本框架。本书在对计划理论行为理论拓展的基础上，将风险认知作为行为态度的表征变量，同时将环境规制作为风险认知与养殖户无害化处理行为之间关系的调节变量，并探讨风险认知、环境规制对养殖户无害化处理行为的影响效应和影响路径。此外，本研究还将行为意愿与实施程度（委托处理率、资源化处理率、无害化处理率）作为因变量，探讨风险认知和环境规制的影响效应和影响路径。

（五）态度—情境—行为理论

态度—情境—行为理论源于 Stem 和 Oskamp（1987）提出的复杂环境行为模型。该模型认为个体环境行为是内外部因素共同作用的结果，这些因素在影响行为过程中发挥着不同的作用，其中外部因素主要是指政府支持、市场环境、地域条件、社会制度等外驱因子，内部因素主要是指行为态度、风险偏好、认知状况和行为意愿等内驱因子。Guagnano 等（1995）在此基础上提出了态度—情境—行为理论，该理论认为环境行为是主观上态度变量与客观上情境因素相互作用的结果。当情境因素中的影响效应表现为中性时，环境态度和环境行为的关系最强；当情境因素极为有利或者不利的时候，可能大大促进或者阻碍环境行为发生，此时环境态度对环境行为的影响趋近于零。从某种程度上说，如果情境因素不利于环境行为（支付高额成本、耗费较多时间和付出其他代价），环境行为对环境态度的依赖性就会显著减弱，对情境的依赖性则会显著增强。

该理论的主要贡献在于：发现了两类因素（内部态度因素和外部情境因

素）对行为的影响，并验证了情境因素对环境态度与环境行为之间关系的调节作用。但是该理论也存在一些不足：外部情境因素与行为态度之间的关系有待进一步拓展，外部情境可能影响到行为态度，而行为态度也会改变外部情境因素效果，因此二者之间是否存在交互效应有待进一步检验；对态度—情境—行为的形成过程、情境对行为的影响、态度对行为的影响机制还需要实证检验。

养殖户无害化处理行为是内外部因素共同作用的结果。本研究将风险认知作为养殖户行为最大的内驱因子，以表征行为实施过程中最主要的心理因素。同时，养殖户无害化处理行为面临着外部环境规制。因此，在影响效应分析中着重探讨风险认知、环境规制对养殖户无害化处理行为的影响；在影响路径分析中着重探讨环境规制在风险认知对养殖户无害化处理行为影响中的调节效应。

三、机理分析

（一）风险认知、环境规制对养殖户无害化报告行为的影响

一方面，当风险认知与个体能力相适应时，养殖户通常接受与适应风险，实施无害化报告行为；当风险实现具有较强外部属性时，养殖户通常选择风险转移，规避实施无害化报告行为。瞒报和谎报病死猪信息，并将病死猪丢弃或浅埋，可能导致病原体迅速传播，造成生猪产业损失，损害生产和公共卫生安全。因此，养殖户更倾向于加强风险管理，实施无害化报告行为。谎报和瞒报病死猪信息，并将病死猪浅埋或出售，危害土壤、水体等生态安全以及肉源性食品安全。与此同时，生态和食品安全风险具有明显的负外部效应，信息不对称使得养殖户违约风险较低，养殖户实施无害化报告的意愿较低，最终将风险转嫁给公众。

另一方面，环境规制通过规范约束、政策激励、宣传引导和契约承诺等路径直接影响养殖户无害化报告行为。命令型规制促使养殖户预判瞒报、谎报、迟报和漏报病死猪引致行政处罚等损害后果，约束养殖户实施无害化报告行为；激励型规制通过弥补病死猪经营损失，增强养殖户抗风险能力和降低报告成本，不断提高报告的时效性。引导型规制通过宣传、培训和技术指

导有助于提高养殖户对无害化处理政策的知晓度，使得养殖户能够综合评判报告产生的多重效益，进而主动实施无害化报告行为。自愿型规制通过融入养殖户利益诉求不断提高养殖户的风险认知水平和报告的时效性，并增强承诺书的规制效果。此外，环境规制可能调节风险认知对养殖户无害化报告行为的影响。

（二）风险认知、环境规制对养殖户无害化决策行为的影响

一方面，风险认知主要通过风险规避和风险管理机制影响养殖户无害化决策行为。从风险规避角度来看，养殖户既可以通过增加疫情疫病设施投入，减缓生产和公共卫生安全风险实现，也可通过出售或丢弃病死猪，实现生态和食品安全风险转移。从风险管理角度来看，农户在行为决策前可通过风险管理措施降低风险损害。养殖户在无害化处理决策之前主要考虑到家庭收入变动，如果生产和公共卫生安全风险认知水平较高，养殖户通常选择无害化处理以消除家庭收入的不利因素。

另一方面，环境规制通过给经营主体施加约束条件，促使其做出最优生产决策。环境规制主要通过监管处罚、补贴补助、技术引导和契约承诺等规制措施约束养殖户实施无害化处理。具体而言，命令型规制对丢弃或出售病死猪等不当处理行为给予行政处罚；激励型规制通过降低无害化处理成本，促使无害化处理成本内部化，以增强养殖户无害化处理的主动性；引导型规制通过政策宣传和技术推广引导养殖户不断提高无害化处理的规范性，降低技术采用成本。自愿型规制通过契约形式界定权利义务关系，降低畜牧部门监管压力，不断增强无害化处理的可持续性。此外，环境规制能够驱动养殖户从"理性选择"向"有限理性"转变，调节风险认知对养殖户无害化决策行为的影响，促使养殖户从不当处理转向无害化处理。

（三）风险认知、环境规制对养殖户无害化实施行为的影响

一是风险认知通过风险策略的边际和期望效用影响养殖户委托处理行为。农户抵御风险能力普遍较低，但他们并非无所适从。丁世军和陈传波（2001）研究发现，农户风险防范和处理的手段依次为减少开支、运用储

蓄与借贷等。然而，另有学者认为社会网络内的风险统筹和跨期收入转移的作用有限。因此，风险策略边际效用可能是研究结论差异的主要原因。养殖户自行处理病死猪可能承担疫情疫病扩散、政府监管处罚和生猪养殖停滞等更为严重的风险损害，而委托处理能够获取更大的边际效用。同时，不同风险策略的期望效用不同，理性决策者能够进行合理排序（Arrow，1963）。养殖户期望获取生产和公共卫生安全的效用远远高于生态和食品安全，而通过委托无害化处理厂（点）或处理中心以转移安全风险成为养殖户的理性选择。

二是环境规制通过成本收益估算影响养殖户委托处理行为。环境规制通过监管处罚、补贴补助、宣传引导和契约承诺等路径推动养殖户实施委托处理。具体来看，监管处罚降低了养殖户丢弃或出售病死猪等不当处理的可能性，加之建造无害化处理设施的成本较大，养殖户选择委托处理的意愿更为强烈；按照"谁处理、补给谁"的原则，如果养殖户选择委托处理病死猪，则无害化处理补贴直接补给处理厂（点）或处理中心，养殖户委托处理意愿可能较低；引导型规制促使养殖户充分意识到委托处理具备便捷、高效和经济等多项优势，选择委托处理的积极性更高；自愿型规制能够以"无成本＋服务外包"模式带动和促进养殖户实施委托处理。此外，外部因素通过成本分担、过程控制和损失降低等路径从某种程度上增强内部因素的影响效应。同时，环境规制可能调节风险认知对养殖户委托处理行为的影响。

三是风险认知通过理性期望和风险分散法则影响养殖户资源化处理行为。理性期望法则构建的成本与效用评价机制，即通过综合评价风险损害的成本与规避风险的效用，不断加强风险管理并做出行为决策（Katherine et al.，2010）。生产与公共卫生安全风险能够直接影响生猪养殖效益，养殖户规避风险的成本较大，能够约束其实施资源化处理行为。风险分散法则构建的风险转移机制，即通过比较分析风险承担和风险转移的外部条件，提升风险防控能力并做出行为决策（Yates and Stone，1992）。与生产和公共卫生安全风险相比，养殖户既可能通过简易处理行为将食品与生态安全风险转嫁给他人，也可能感知到简易处理行为需要支付较高成本而承担风险。

四是环境规制通过规范指引、市场激励、信息配给和契约承诺等路径促使养殖户实施资源化处理行为。具体来看，命令型规制不仅促使养殖户能够预知风险损害后果，还进一步明确了资源化处理的技术规范，不断降低风险管理成本，约束其实施资源化处理行为。激励型规制可以通过弥补病死猪带来的经济损失，增强养殖户的风险防控能力，提高主体风险认知水平。引导型规制通过宣传、培训和技术指导有助于提高养殖户对补贴、补助、技术种类和技术标准等政策的知晓度，使得养殖户能够综合评判资源化处理的多重效益，进而主动实施资源化处理行为。自愿型规制通过融入养殖户利益诉求、提高养殖户风险认知水平以及提高资源化产品收益而促进养殖户实施资源化处理行为。此外，环境规制可能在风险认知对养殖户资源化处理行为影响中发挥"增强剂"的作用。

（四）风险认知、环境规制对养殖户无害化处理效果的影响

一方面，风险认知对养殖户无害化处理效果的影响与风险规避程度密切相关。如果养殖户生产和公共卫生安全风险认知水平较高，其风险规避程度可能较高，更倾向于通过购买无害化处理设施或实施委托处理，以降低风险实现可能；养殖户生态和食品安全风险认知越高，其风险规避程度可能越低，丢弃或出售病死猪以转移风险成为理性选择。同理，生产和公共卫生安全风险认知影响养殖户生产经营收益，更倾向于通过增加消毒品投入等措施分散风险损害；而生态和食品安全风险认知的影响效应并不明显。

另一方面，环境规制能够直接影响养殖户无害化处理效果。环境规制工具主要通过负向约束（命令型规制）、正向激励（激励型和引导型规制）以及自我承诺（自愿型规制）提高无害化处理效果。具体而言，环境规制通过约束养殖户及时报告病死猪信息，做出无害化处理决策，通过委托处理或资源化处理行为，不断提高病死猪无害化处理效果。此外，环境规制可能在风险认知影响养殖户无害化处理效果中发挥调节作用。

综上，从内部因素来看，风险认知、环境规制通过风险适应和管理、风险规避和转移、边际与期望效用以及成本收益估算影响养殖户无害化处理行为；从外部因素来看，规范约束、政策激励、宣传引导和契约承诺是核

心外部驱动力量，影响着养殖户无害化处理行为。本书影响机理如图2-2所示。

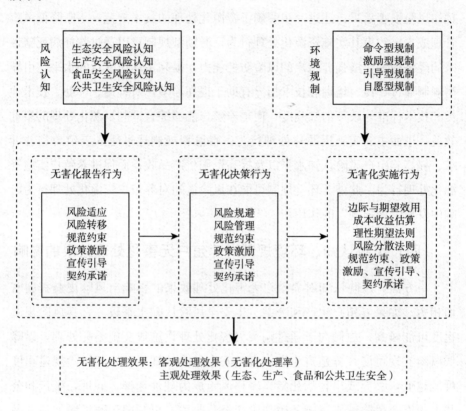

图2-2 风险认知、环境规制对养殖户无害化处理行为的影响机理图

四、本章小结

本章主要对研究涉及的养殖户、病死猪、无害化处理行为、风险认知和环境规制等概念的内涵和外延进行阐释。同时，研究养殖户无害化处理行为需要农户行为理论、风险认知理论、环境规制理论和态度—情景—行为理论等多维理论作为支撑。在这些理论基础上，本研究将养殖户无害化处理行为划分为无害化报告行为、无害化决策行为、无害化实施行为和无害化处理效果序次递进的四个重要组成部分，并从风险认知和环境规制的视角探讨二者对养殖户无害化处理行为的影响，这是本书整体的研究思路。

此外，本章构建了风险认知、环境规制与养殖户无害化处理行为研究的理论分析框架。同时，发现风险认知、环境规制可能通过风险适应和管理、风险规避和转移、边际与期望效用以及成本收益估算从内部影响养殖户无害化处理行为；规范约束、政策激励、宣传引导和契约承诺可能从外部影响养殖户无害化处理行为。因此，养殖户无害化处理行为是内外部因素共同作用的结果。

第三章　养殖户无害化处理
行为现状分析

　　本章首先通过梳理中外病死畜禽无害化处理相关政策，准确把握病死畜禽无害化处理的政策跟进；然后对养殖户基本特征进行描述性统计分析，并阐述样本点选择的典型性和代表性；再次从无害化报告行为、无害化决策行为、无害化实施行为和无害化处理效果四个方面总结归纳养殖户无害化处理行为的基本现状；最后剖析养殖户无害化处理中存在的现实问题。

一、病死畜禽无害化处理的历史沿革

　　从世界范围来看，推进病死畜禽无害化处理与发展畜禽适度规模养殖、促进畜禽产业绿色可持续发展同道并行。德、日、美等发达国家通过顶层法律政策预设、无害化处理技术创新和服务外包集中处理等路径不断加强病死畜禽无害化处理，基本上建立起制度网络紧密、点线面全覆盖及资源化循环利用的病死畜禽无害化处理体系。但是，我国病死畜禽无害化处理工作起步较晚、起点较低，存在理念更新缓慢、制度建设疏漏和集中处理不足等诸多问题，从某种程度上阻碍了病死畜禽无害化处理进程。通过梳理国内外病死畜禽无害化处理相关政策，有助于准确把握我国病死畜禽无害化处理的政策导向、规制养殖户实施无害化处理行为及提高病死畜禽无害化处理效率。

（一）国外病死畜禽无害化处理的政策演进

1. 德国病死畜禽无害化处理

　　德国是循环经济发展较早的国家，也是以立法推进病死畜禽无害化处理最早的国家。以病死畜禽等畜禽养殖废弃物无害化处理为导向，构建起基本法与专门法相结合的病死畜禽无害化处理法律体系（李卫平，2016）。《废弃物处理法》（1972）是各类废弃物无害化处理的基本法，确立了病死畜禽无害化处理与废弃物循环利用的基本原则，即鼓励有条件的州、市镇集中开展病死畜禽无害化处理，并探索采用化制、发酵等技术实施资源化利用。为了补充与支持基本法实施，又先后通过了《控制大气排放法》（1974）和《控制水污染排放法》（1976），进一步明确实施病死畜禽等废弃物处理不得造成空气和水体污染。随着废弃物"减量化"源头控制向"减量化、资源化"发展模式转化，德国制定了《循环经济与废弃物管理法》（1996），这是世界第一部循环经济专门法律，新法确立了两项重要原则：一是生产者责任延伸至整个产品周期，即生产者负有废弃物无害化处理的主体责任；二是循环利用基本原则，即能够进行资源化利用的废弃物不得进行焚烧、填埋等简易处理。随着口蹄疫、禽流感、疯牛病等疫情扩散，20世纪末德国援引欧盟的《农业法典》《Code Rural》（1997），在动物卫生法律专章中明确"养殖主体负责以资源利用方式对病死畜禽等畜禽养殖废弃物实施无害化处理，政府给予适当补贴"。同时，德国出台《动物副产品清除法》（2002），要求以生物发酵等先进工艺对病死畜禽等畜禽养殖废弃物实施无害化处理和资源化利用。此外，德国在循环经济法律体系中确立了废弃物收费制度与产业化制度，为病死畜禽等畜禽养殖废弃物无害化处理提供制度保障。

2. 日本病死畜禽无害化处理

日本病死畜禽废弃物立法源于德国，战后日本经济呈现"大生产、大消费、大废弃"的线性发展模式，导致世界范围内的八大公害事件占据四件，迫使资源外向型的日本谋求提高资源利用效率，大力发展循环经济。日本病死畜禽无害化处理法律体系从四个层面展开：一是基本法统领全局，通过制定《循环型社会形成推进基本法》（2000），确立了囊括病死畜禽废弃物在内的各类经济要素互通融合的基本目标和原则，为其他政策制定提供了无害化和资源化等循环经济理念指引；二是综合性法律统筹废弃物各领域，先后制定了《固体废弃物管理与公共清洁法》（2000年修订）、《促进资源有效利用法》（2001），明确了病死畜禽等畜禽养殖废弃物，可能造成环境污染的废弃物均需要进行无害化处理，并提高固体废弃物资源利用效率；三是专门性法律细化与补充综合性法律，通过制定《家畜传染病预防法》（2011年修订），确立了病死畜禽废弃物无害化处理的具体适用范围、循环利用条件、技术要求标准及配套保障措施等内容,形成了较为完备的无害化处理规则体系。四是政府出台政策文件推进病死畜禽无害化处理高效实施,主要包括报告制度、决策制度、委托处理制度、资源化处理制度等,全方位规制养殖场主动实施病死畜禽无害化处理。此外,日本注重激励制度建设,如补贴制度、税收制度和融资制度等,为推进病死畜禽等畜禽养殖废弃物无害化处理和资源化利用提供制度保障。

3. 美国病死畜禽无害化处理

与德、日大陆法系国家相比,美国注重以技术创新促进病死畜禽无害化处理。不同的是美国联邦法与各州法差异较大,且成文法与判例法同等推进,整体法律体系不够鲜明,但关于病死畜禽废弃物无害化处理的规范较为缜密。国会作为联邦立法机构在《联邦法典》(1979)中将畜牧业法律以专章写入,并对畜禽等动物及副产品无害化处理及资源化利用、动物卫生行政执法等予以详细规定,即病死畜禽属于畜禽养殖废弃物的重要组成部分,各责任主体应依法履行无害化处理主体责任。联邦法典框架下,病死畜禽等畜禽养殖废弃物无害化处理法律体系由联邦立法和州立法组成。具体而言,在联邦立法体系中,与病死畜禽等畜禽养殖废弃物相关的法律法规主要包括美国法律、联邦法规及根据联邦法规制定的条款三部分;州立法主要由宪法、法律、行政法规和普通法组成。与联邦法律相比,各州地方关于病死畜禽等畜禽养殖废弃物无害化的立法较为详尽,如加州通过了《综合废弃物管理条令》(1989),要求病死畜禽废弃物通过源头削减或再循环利用方式进行处理,未达到要求的城市将被处以行政罚款。此外,完善激励性保障制度是立法的重要组成部分,如鼓励循环消费制度、提倡使用可再生能源制度等。

(二) 国内病死畜禽无害化处理的政策演进

1. 以环境污染防治为主的"末端治理"阶段(1995 年之前)

在此阶段,我国立法体系尚未囊括"畜禽环境污染"概念,线性经济发展模式上升到制度构建层面并没有制定相应的规范性法律文件,经济发展产生的环境污染问题侧重"末端治理"。以《中华人民共和国环境保护法》(以下简称《环保法》)为代表,将各类环境污染纳入规范视域,成为环境污染防治的基本法。病死畜禽属于畜禽养殖废弃物,以病死畜禽无害化处理形成的法律关系属于《环保法》调整范围。市场经济体制改革初期，该法侧重约束工业生产带来的系列环境问题，虽然将农村环境污染与生态破坏纳入法律调整范围，但并未予以详细阐明。随着《中华人民共和国固体废物污染环境防治法》（1995）（以下简称《固废法》）出台，立法者认识到各类废弃物引发的环境污染问题，确立了充分合理利用和无害化处理固体废物的立法原则。但是，该法依然强调废弃物污染治理，抑或是从源头上"减量化"，鼓励、支持开展清洁生产，减少固体废弃物产生量，主要针对的是工业废弃物，对病死畜禽废弃物并没有明确规定，直至修订《固废法》（2004 年）才增加"利用或者处置养殖过程中产生的畜禽粪便以防止污染环境"。至此，病死畜禽废弃物污染防治至今尚未被写入法律。不过，两部法律为废弃物治理提供了上位法指引，为细化制定下位法提供了立法框架。

可以看出，在废弃物"末端治理"阶段，立法层面已经识别废弃物造成的各类生态环境污染问题，与其他污染源同等对待，并对相关主体环境污染行为进行法律调控，也为病死畜禽无害化处理相关立法奠定了上位法与制度设计基础。从立法进程可以看出，在"资源消费—产品—废物排放"传统经济发展模式下，我国对废弃物无害化处理的概念较为模糊，在立法上仅从"末端治理"角度形成局部利益选择与价值取舍。

2. 以废弃物治理责任延伸至生产者为主的"无害治理"阶段（1996—2015 年）

在此阶段，病死畜禽废弃物污染问题被重视，"畜禽养殖废弃物"概念被提出，概念内涵与外延不断拓展，"无害化"立法价值取向较为鲜明。《中华人民共和国动物防疫法》（1997）明确了病死畜禽无害化处理的主体责任，对于因疫情产生的病死畜禽由县、乡两级政府负责无害化处理，对于因其他病原体致死畜禽、自然原因或意外事件致死畜禽及不明原因病死畜禽由养殖户负责无害化处理，同时将畜禽养殖废弃物治理责任延伸至生产者。《病死及病害动物无害化处理技术规范》（2017 年修订）细化了病死畜禽无害化处理技术标准，主要包括焚烧、化制、深埋、高温、硫酸分解 5 种方法，同时鼓励、支持以资源化利用方式实现无害化处理。但"畜禽养殖废弃物"概念首次出现于《重大动物疫情应急条例》中，其明确规定"病害畜禽废弃物应进行无害化处理，不得随意处置"。然而，病死畜禽无害化处理相关法律、法规及政策仅以消灭病死畜禽可能携带的病原体为主,对以资源化利用方式处理病死畜禽涉及较少,对如何规制养殖户实施资源化利用未予明确。《中华人民共和国循环经济促进法》(2008)是适应"资源消费—产品—再生资源"经济发展模式而进行的生态型经济立法,确立了发展循环经济的价值取向——"减量化、再利用、资源化"。该法作为废弃物循环利用的基本法,以引导性规范形式确立了养殖业排泄物和废弃物资源化循环利用规范,并为专门制定详尽的畜禽养殖废弃物资源化利用相关法律、法规或标准提供立法索引。

可以看出,在此阶段立法层面已经采纳了废弃物无害化处理的价值判断,但对病死畜禽资源化利用尚未予以肯定,仅从功能定位角度判定有必要对病死畜禽废弃物资源化处理以避免简易无害化处理带来的二次污染。尽管原农业部以通知形式就病死畜禽资源化利用进行系统安排,但部委通知位次较低,难以在全国形成统一、刚性法律约束,尤其是畜禽养殖业主要集中在农村地区或城乡接合部,养殖户病死畜禽处理行为隐匿性较强,政策边缘化趋势明显,难以形成病死畜禽资源化利用长效机制。

3. 以病死畜禽资源化利用为主的"循环治理"阶段(2016年至今)

在此阶段,立法层面并没有对病死畜禽资源化利用出台规范性法律文件,而是依赖政府相关文件试点推进病死畜禽等畜禽养殖废弃物资源化利用工作。原农业部等五部门印发《关于推进农业废弃物资源化利用试点的方案》(2016)的通知,明确了病死畜禽资源化利用基本原则、试点任务、模式探索、组织管理等内容,要求"有条件的地方探索开展副产品深加工,生产工业油脂、有机肥、无机碳等产品"。该文件最大特点是总结推广中国不同区域病死畜禽资源化综合利用模式,促进畜禽废弃物"循环治理":南方丘陵多雨地区"1(病死畜禽无害化处理中心)+N(多个粪污处理点)"组合、南方平原水网地区"1+N(多个粪污处理点)+N(多个秸秆处理点)"组合及北方平原水网地区"1+N(多个粪污处理点)+N(多个秸秆处理点)+1(农膜处理点)"组合。为进一步推广试点经验,推进畜禽养殖废弃物资源化综合利用,国务院印发了《关于加快推进畜禽养殖废弃物资源化利用的意见》(2017),将试点范围扩大至全国,并对病死畜禽等畜禽养殖废弃物资源化利用基本原则、主要制度及保障措施做了详尽规定,这是中国第一部完整性、全域性、规范性的畜禽养殖废弃物资源化利用文件。然而,该文件仅涉及畜禽粪污排泄物资源化利用，并未将病死畜禽等废弃物资源化利用试点在全国进一步扩大和推广。

可以看出，虽然病死畜禽废弃物资源化利用进入全国试点范围，但是推进速度较为缓慢、推进过程较为复杂、推进经验较为匮乏，究其根本原因是尚未制定病死畜禽资源化利用专项法律。立法正义分配的一种体现，创制新规则并对可能的行为进行预测、引导或规制。病死畜禽等畜禽养殖废弃物资源化利用应当遵照"先法后行"，以避免法律的滞后性。

（三）病死畜禽无害化处理政策演进的基本趋向

综上所述，病死畜禽无害化处理政策演进遵循的基本趋向如下：第一，病死畜禽属于畜禽养殖废弃物的重要组成部分，调整废弃物无害化处理的各类规范性法律文件均适宜调控病死畜禽无害化处理形成的各类法律关系。第二，病死畜禽无害化处理政策构建以疫情防控为出发点，旨在约束不当处理引致的肉源性食品安全、公共卫生安全、生态环境安全和畜禽产业安全。第三，生产者是生产环节病死畜禽无害化处理的责任主体，应履行与病死畜禽无害化处理相关的主要法律责任；第四，无害化处理技术不断革新，病死畜禽无害化处理措施从深埋、焚烧等简易处理向化制、堆肥、发酵、碳化等资源化处理转变，以积极适应养殖业绿色循环发展的基本要求；第五，政府通过法律法规、补贴保险、技术示范等多方面规制措施约束养殖户实施无害化报告行为、无害化决策行为、委托处理行为和资源化处理行为，这也成为本书研究养殖户无害化处理行为的基本逻辑。

二、数据来源与样本描述

（一）数据来源

本书所使用的数据来源于课题组 2018 年 7—8 月对全国生猪养殖密集地区的河北（兴隆、滦南、抚宁、平山、唐县、盐山、任丘、黄骅、涉县）、河南（济源、唐河、邓州、孟津、中牟、正阳、叶县）和湖北（监利、恩施、夷陵、黄梅、浠水、竹山、房县）3 省 23 县进行的实地调研。样本区选择主要考虑：一是这些省份是生猪养殖密集地区。调研区属于我国粮食主产区，地势较为平坦，水资源丰富，交通运输便利，环境承载力强，规模化养殖量大，生猪产业已经成为3个省份农业经济发展的支柱产业。2017年，河北、河南和湖北生猪出栏量分别为3 571万头、6 220万头和4 300万头，占全国生猪出栏总量的5.2%、9.0%和6.2%。二是这些省份生猪淘汰量较大。各类疾病引起生猪死亡率为8%～12%（远德龙等，2013），以最保守的死亡率8%计算，2017年河北、河南和湖北生猪淘汰量分别为285.68万头、497.60万头和344.00万头，病死猪废弃物产量较大，这对各地推进病死猪无害化处理工作提出更高要求。三是这些省份推进病死猪无害化处理较快。各省份以病死猪无害化集中处理试点为依托，分别推广深埋、焚烧等简易处理及堆肥、发酵、化制等资源化利用技术，实践经验丰富，适用范围较广。同时，这些省份着力加强环境规制措施实施，主要包括监管处罚等命令型措施、补贴补助等激励型措施、宣传引导等引导型措施以及养殖户分别与政府、各类组织和其他养殖户签订的承诺书等措施（详见表4-1中各项指标）。可见，选择这3个省份作为调研区域具备良好的代表性和典型性。

在考量不同省份的生猪养殖规模和病死猪无害化处理程度的基础上，对样本区进行实地调研。调研采用分层抽样与随机抽样相结合的方法，具体抽样步骤为：在样本县（区）分别选择生猪养殖规模较大的乡镇3～5个；在乡镇选择经济发展水平及病死猪无害化处理程度存在差异的村4～6个；在村内对养殖户进行随机调研。调研以问卷为基础数据，同时采取与县（区）、乡（镇）政府及畜牧部分相关负责人访谈形式，共获取访谈记录55份，较为详尽地掌握调研地区生猪产业发展、环境规制政策及无害化处理等相关情况。调研内容主要包括户主基本特征、家庭经营特征、地域环境特征、风险认知特征、无害化处理行为及环境规制政策等内容。调研共发放问卷550份，剔除无效样本，最终获得有效样本514户，占样本总量的93.46%。样本包含河北194户、河南156户、湖北164户。

第四章、第五章、第六章和第八章的实证章节均采用全样本数据进行分析。由于研究需要，第七章选取部分样本数据，详见第七章第二节。

（二）样本描述

为全面分析养殖户的基本特征，本节从个体特征（户主性别、年龄、受教育程度、家中是否有村干部或党员、家中是否有职业兽医或畜牧技术人员）、家庭特征（家庭净收入、家庭劳动力数量、手机和电脑数量）、经营特征（养殖目的、养殖年限、养殖规模）、社会特征（来往的养殖户、来往的生猪收购人）及环境特征（圈舍是否属于禁限养区、圈舍与畜牧业生产经营场所的距离）等5个方面15项指标对样本养殖户的基本特征予以分析。养殖户基本特征描述性统计见表3-1。

1. 从个体特征来看

户主男性占比96.69%，女性占比3.31%，男性是养殖经营的主要决策者；45岁以下的户主（青年）212人、46～59岁户主（中年）252人、60岁以上户主（老年）50人，分别占比41.25%、49.03%和9.73%，中青年是主要经营者；受教育年限6年以下（小学）、7～9年（初中）、10～12年（高中）、大于12年（大学）的户主分别为129人、185人、174人和26人，分别占比25.10%、35.99%、33.85%和5.06%，绝大多数户主接受过初高中教育。家中有村干部或公务员的养殖户195户，占比37.94%，主要是因为专业养殖户和规模养殖户多是当地的产业带头人，能够积极参加村委会相关组织活动，成为干部的机会较多；家中有职业兽医或畜牧技术人员的养殖户89户，占比仅为17.32%，表明专门从事畜牧养殖的技术人员较少，从某种程度上也降低了无害化处理程度。

2. 从家庭特征来看

家庭净收入不足1万元、1万～10万元、11万～30万元、31万～50万元、大于50万元的养殖户分别为52户、254户、111户、47户和50户，分别占比10.12%、49.42%、21.60%、9.14%和9.73%，表明大多数家庭净收入在1万～30万元区间；劳动力2人以下、3～4人和5人以上的家庭分别为271户、175户和68户，分别占比52.72%、34.05%和13.23%，养殖户家庭劳动力资源较为匮乏；手机和电脑数量在1～3部（台）、4～6部（台）和大于7部（台）的养殖户分别为190户、186户和138户，分别占比36.95%、36.19%和26.85%，表明养殖户信息通信设备较为充足，雄厚信息资本成为养殖户实施无害化报告行为的基础条件。

3. 从经营特征来看

436户养殖户以生猪养殖作为家庭收入主要来源，而补贴家用的养殖户为 78 户，占比仅为 15.18%；养殖年限 5 年以下、6～10 年、11～15 年和大于 15 年的养殖户分别为 158 户、193 户、104 户和 59 户，分别占比 30.74%、37.54%、20.23% 和 11.48%，表明养殖户从事生猪养殖的年限较长；养殖规模 1～49 头（散养）、50～499 头（专业养殖）和 500 头以上（规模养殖）的养殖户分别为 169 户、195 户和 150 户，分别占比 32.88%、37.94% 和 29.18%，专业化和规模化的适度规模养殖已成为生猪养殖的主要趋势。

4. 从社会特征和环境特征来看

与其他生猪养殖户来往的数量在 10 人以下、11～15 人、16 人以上的养殖户为 375 户、70 户和 69 户，分别占比 72.96%、13.62% 和 13.42%；养殖户来往的生猪收购人在 5 人以下、6～10 人和 10 人以上为 124 户、248 户和 142 户，分别占比 24.12%、48.25% 和 27.63%；65 户养殖户圈舍位于禁限养区，占比为 12.65%，禁限养区内的养殖户不得从事禁限养标准以上的生猪养殖经营；圈舍与畜牧业生产经营场所的距离不到 5 里*、5～10 里（不含 10 里）、10～15 里（不含 15 里）和大于 15 里的养殖户为 62 户、206 户、195 户和 51 户，分别占比 12.06%、40.08%、37.94% 和 9.92%，圈舍与畜牧业生产经营场所的距离普遍较远。

表 3-1　样本养殖户基本特征描述性统计

养殖户特征	户数	比例（%）	养殖户特征	户数	比例（%）
户主性别			户主年龄		
男性	497	96.69	51～55 岁	58	11.28
女性	17	3.31	55～60 岁	51	9.92
户主年龄			大于 60 岁	50	9.73
35 岁以下	21	4.09	家中是否有执业兽医或畜牧技术人员		
36～40 岁	90	17.51	有	89	17.32
41～45 岁	101	19.65	无	425	82.68
46～50 岁	143	27.82	家庭净收入		
			不足 1 万元	52	10.12

---

　　* 里：里为非法定计量单位，1 里＝500 米。

（续）

养殖户特征	户数	比例（％）	养殖户特征	户数	比例（％）
家庭净收入			手机和电脑数量		
1 万～10 万元	254	49.42	1～3 部（台）	190	36.95
11 万～30 万元	111	21.60	4～6 部（台）	186	36.19
31 万～50 万元	47	9.14	大于 7 部（台）	138	26.85
大于 50 万元	50	9.73	养殖目的		
劳动力数量			补贴家用	78	15.18
2 人以下	271	52.72	主要收入来源	436	84.82
3～4 人	175	34.05	养殖期限		
5 人以上	68	13.23	5 年以下	158	30.74
养殖规模			6～10 年	193	37.54
1～49 头	169	32.88	11～15 年	104	20.23
50～499 头	195	37.94	大于 15 年	59	11.48
500 头以上	150	29.18	来往的生猪收购人		
来往的养殖户			5 人以下	124	24.12
10 人以下	375	72.96	6～10 人	248	48.25
11～15 人	70	13.62	10 人以上	142	27.63
16 人以上	69	13.42	圈舍与畜牧业生产经营场所的距离		
受教育年限			不到 5 里	62	12.06
6 年以下	129	25.10	5～10 里（不含 10 里）	206	40.08
7～9 年	185	35.99	10～15 里（不含 15 里）	195	37.94
10～12 年	174	33.85	大于 15 里	51	9.92
大于 12 年	26	5.06	圈舍是否属于禁限养区		
家中是否有村干部或党员			是	65	12.65
有	195	37.94	否	449	87.35
无	319	62.06			

三、样本养殖户无害化处理行为现状

（一）样本养殖户无害化报告行为

无害化报告行为是养殖户无害化处理行为的起始环节，主要是指养殖户在发现染疫或疑似染疫的病死猪时第一时间向畜牧部门报告病死信息，在畜牧部门初步诊断病死原因后，养殖户采取适宜技术实施无害化处理行为。因此，养殖户是否报告及报告时效对于畜牧主管部门加强病死猪无害化处理监管、及时防控疫情扩散及维护生猪产业稳定生产具有重要意义。调研组通过向养殖户询问"当发生病死猪时，您是否进行了报告"及"从发现病死猪到您报告成功的时间是多久"等相关问题，获取养殖户病死猪无害化报告行为的原始数据。

在 514 份样本中有 400 户养殖户选择无害化报告，占样本总量的 77.82%。其中，河北 153 户、河南 130 户和湖北 117 户，分别占各省样本量的 78.87%、83.33% 和 71.34%，即河南＞河北＞湖北。同时，有 114 户养殖户在发现病死猪后没有选择无害化报告，占样本总量的 22.18%。同时，关于不同规模养殖户无害化报告情况，散养户、专业养殖户和规模养殖户无害化报告的户数为 91 户、161 户和 148 户，分别占不同规模养殖户的 53.85%、82.56% 和 98.67%，即规模养殖户＞专业养殖户＞散养户。

关于养殖户无害化报告的时效，即从发现病死猪开始到报告成功的有效时间，按照时效长短，设计出 5 个区间段，分别是立刻报告（2 小时内）、6 小时内、12 小时内、24 小时内和超过 24 小时，分别赋值 1～5，样本均值和标准差分别为 1.507 8 和 1.332 2；养殖户在 5 个区间中的户数为 193 户、114 户、48 户、19 户和 26 户，分别占样本户数的 37.55%、22.18%、9.34%、3.70% 和 5.06%，占报告户数的 48.25%、28.50%、12.00%、4.75% 和 6.50%。数据表明：样本数据中仅有 1/3 的养殖户能够立刻报告病死猪情况，报告户中不到 1/2 的养殖户选择立刻报告。

为了进一步分析无害化报告行为（是否报告和报告时效），本节对养殖户无害化报告的渠道和难易度进行统计分析（表 3-2）。数据显示：通过自己报告、他人转告、电话报告、网络报告和被报告的养殖户为 115 户、40 户、166 户、50 户和 29 户，分别占样本户数的 22.37%、7.78%、32.30%、9.73% 和 5.64%，占报告户数的 28.75%、10.00%、41.50%、12.50% 和 7.25%；在报告难易度评价中，表达非常困难、困难、一般、容易和非常容易的养殖户为 46 户、135 户、110 户、80 户和 29 户，分别占样本户数的 8.95%、26.26%、21.40%、15.56% 和 5.64%，占报告户数的 11.50%、

33.75％、27.50％、20.00％和7.25％。数据表明：样本户数中有1/3的养殖户通过上门报告、他人转告等传统信息渠道实施病死猪无害化报告，从某种程度上降低了报告的时效性；报告户数中不足1/3的养殖户认为实施无害化报告行为较为容易。

表3-2　样本养殖户无害化报告时效、渠道与难易度情况统计

	区间（小时）	1＝立刻报告	2＝6小时内	3＝12小时内	4＝24小时内	5＝超过24小时
报告时效	养殖户数量（户）	193	114	48	19	26
	占样本户数比例（%）	37.55	22.18	9.34	3.70	5.06
	占报告户数比例（%）	48.25	28.50	12.00	4.75	6.50
	均值			1.507 8		
	标准差			1.332 2		
	方式	1＝上门报告	2＝他人转告	3＝电话报告	4＝网络报告	5＝被报告
报告渠道	养殖户数量（户）	115	40	166	50	29
	占样本农户比例（%）	22.37	7.78	32.30	9.73	5.64
	占报告人数比例（%）	28.75	10.00	41.50	12.50	7.25
	均值			2.354 2		
	标准差			1.270 9		
	评价	1＝非常困难	2＝困难	3＝一般	4＝容易	5＝非常容易
报告难度	养殖户数量（户）	46	135	110	80	29
	占样本农户比例（%）	8.95	26.26	21.40	15.56	5.64
	占报告人数比例（%）	11.50	33.75	27.50	20.00	7.25
	均值			2.750 4		
	标准差			1.674 5		

注："被报告"是指其他养殖户等利益相关主体发现病死猪时实施的无害化报告行为。

（二）样本养殖户无害化决策行为

无害化决策行为是养殖户是否遵从无害化处理技术标准对病死猪实施的处置行为。因此，养殖户无害化决策行为属于二元离散变量，实施遵从处理（选择无害化处理）的，赋值为1；实施不当处理（未选择无害化处理）的，

赋值为 0。考虑到无害化报告行为不是无害化决策行为的必要条件，因此本节在分析样本中养殖户无害化决策行为的基础上，进一步分析报告户实施无害化决策行为的情况。同时，对不同省份和不同规模养殖户无害化决策行为予以分析。

样本中有 470 户养殖户选择无害化处理，其中河北、河南和湖北 3 个省份选择无害化处理的养殖户分别为 182 户、143 户和 145 户，占各省样本量的 93.81％、91.66％和 94.16％，表明样本中选择无害化处理户数的比率序次为：湖北＞河北＞河南。关于不同规模养殖户无害化决策的基本情况，样本中散养户、专业养殖户和规模养殖户选择无害化处理的分别为 149 户、173 户和 148 户，占不同规模养殖户的 88.17％、88.72％和 98.67％，表明样本中选择无害化处理户数的比率序次为：规模养殖户＞专业养殖户＞散养户。关于报告户实施无害化决策行为的基本情况，样本中报告户和未报告户选择无害化处理的分别为 383 户和 87 户，占样本户数的 74.51％和 16.93％，占报告户数的 95.75％和 76.32％，表明在实施无害化报告行为后，绝大多数养殖户选择无害化处理；在未实施无害化报告行为的养殖户中有 76.32％的养殖户选择无害化处理。

（三）样本养殖户无害化实施行为

在 470 户养殖户做出无害化处理决策的基础上，需要进一步研究养殖户通过何种方式实施无害化处理，即无害化实施行为。从无害化实施主体来看，尽管养殖户负有不可动摇的处理责任，但其仍可以服务外包形式将病死猪委托其他经营主体进行集中处理，这样既可以降低养殖户无害化处理成本，也可以提高无害化处理效率。

从废弃物利用程度来看，养殖户既可以实施深埋、焚烧（直接）、高温生物和化学处理等简易处理行为，也可以实施碳化、化制、堆肥和发酵等资源化处理行为。从国内无害化处理实践来看，各地持续探索病死猪集中处理和资源化处理，前者主要表现为在生猪养殖大县（区）建立病死猪无害化处理中心，主要负责收集和处理当地病死猪，即养殖户委托市场主体实施无害化处理；后者主要表现为鼓励支持养殖户或无害化处理中心对能够实施资源化利用的病死猪采取资源化处理技术，以促进生猪产业从线性经济向循环经济可持续转变。因此，委托处理行为和资源化处理行为是养殖户无害化实施行为的主要趋势。具体而言，如果养殖户实施委托处理行为的，赋值1；自行处理的，赋值为0。如果养殖户实施资源化处理行为的，赋值1；实施简易处理行为的，赋值为0，分别研究风险认知、环境规制对养殖户委托处理行为和资源化处理行为的影响。

从各省份委托处理情况来看，有326户养殖户实施委托处理行为，其中河北、河南和湖北分别为150户、94户和82户，占实施户（470户）的31.92％、20.00％和17.45％，占委托户（326户）的46.01％、28.83％和25.15％，占各省实施户的82.42％、65.73％、56.55％，表明各省份委托处理户的序次为：河北＞河南＞湖北。从委托处理率（委托处理量/病死量）来看，河北、河南和湖北委托处理率的均值和标准差分别为0.396 6和0.295 2、0.307 3和0.285 6、0.251 5和0.279 0，结果表明各省份病死猪委托处理率的均值序次为：河北＞河南＞湖北。从不同规模养殖户来看，散养户、专业养殖户和规模养殖户分别为88户、134户和104户，占不同规模实施户的59.06％、77.46％和70.27％，表明不同规模养殖户委托处理的序次为：专业养殖户＞规模养殖户＞散养户。

从各省份资源化处理情况来看，有282户养殖户实施资源化处理行为，其中河北、河南和湖北分别为129户、77户和76户，占实施户（470户）的27.45％、16.38％和16.17％，占各省份实施户的70.88％、53.85％和52.41％，占资源化处理户的45.75％、27.31％和26.95％，表明各省份病死猪资源化处理户数的序次为：河北＞河南＞湖北。从资源化处理率（资源化处理量/病死量）来看，河北、河南和湖北资源化处理率的均值和标准差分别为0.708 8和0.455 6、0.538 5和0.501 1、0.524 1和0.500 3，结果表明各省份病死猪资源化处理率的均值序次为：河北＞河南＞湖北。从不同规模养殖户来看，散养户、专业养殖户和规模养殖户分别为76户、89户和117户，占不同规模实施户的51.01％、51.45％和79.05％，表明不同规模资源化处理户数的序次为：规模养殖户＞专业养殖户＞散养户。从资源化处理措施来看，资源化处理措施主要为化制、发酵和碳化，分别为98户、94户和90户，占资源化处理户的34.75％、33.33％和31.92％，表明各省份均结合本地实际积极推进资源化处理技术采用。

（四）样本养殖户无害化处理效果

从客观处理效果和主观处理效果两个方面衡量养殖户无害化处理效果，其中客观处理效果用"无害化处理率"表征，即无害化处理量与病死猪数量之比，这也是衡量无害化处理效果最为有力的指标。

与病死猪安全风险相对应，通过向养殖户询问"您认为病死猪无害化处理对生态安全有影响吗?""您认为病死猪无害化处理对生产安全有影响吗?""您认为病死猪无害化处理对食品安全有影响吗?""您认为病死猪无害化处理对公共卫生安全有影响吗?"，从主观上获取养殖户对病死猪无害化处理的效果评价。4项指标均值的序次为：生产安全影响（4.465 0）>食品安全影响（4.396 9）>公共卫生安全影响（3.544 8）>生态安全影响（3.138 1）。此外，以指标均值为界点，将样本分为高组户和低组户，进一步分析各省份和不同规模养殖户无害化处理效果（表3-3）。

表3-3 样本养殖户无害化处理效果指标赋值

	具体赋值	均值	标准差
客观处理效果			
无害化处理率	无害化处理数量/病死猪数量（0~1）	0.722 4	0.350 6
主观处理效果			
对食品安全的影响	1＝完全无影响、2＝无影响、3＝一般、4＝有影响、5＝影响很大	4.396 9	0.632 2
对生态安全的影响	1＝完全无影响、2＝无影响、3＝一般、4＝有影响、5＝影响很大	3.138 1	0.996 3
对公共卫生安全的影响	1＝完全无影响、2＝无影响、3＝一般、4＝有影响、5＝影响很大	3.544 8	0.960 7
对生产安全的影响	1＝完全无影响、2＝无影响、3＝一般、4＝有影响、5＝影响很大	4.465 0	0.647 3

从表3-4可以发现，样本各省份养殖户无害化处理效果存在显著差异。具体而言：①客观处理效果。从无害化处理率来看，河北、河南和湖北3个省份达到高组无害化处理率的养殖户分别为72户、108户和123户，占样本各省份养殖户的37.11%、69.23%和75.00%，表明各省份无害化处理率的序次为：湖北>河南>河北。②主观处理效果。从生态安全影响来看，河

北、河南和湖北高组养殖户分别为 71 户、50 户和 67 户，占样本各省份养殖户的 36.60%、32.05% 和 40.85%，表明各省份养殖户认为无害化处理对生态安全影响程度的序次为：湖北＞河北＞河南。从生产安全影响来看，河北、河南和湖北高组养殖户分别为 158 户、108 户和 113 户，占样本各省份养殖户的 81.84%、69.23% 和 68.90%，表明各省份养殖户认为无害化处理对生产安全影响程度的序次为：河北＞河南＞湖北。从食品安全影响来看，河北、河南和湖北高组养殖户分别为 69 户、75 户和 96 户，占样本各省份养殖户的 35.57%、48.08% 和 58.54%，表明各省养殖户认为无害化处理对食品安全影响程度的序次为：湖北＞河南＞河北。从公共卫生安全来看，河北、河南和湖北高组养殖户分别为 83 户、99 户和 108 户，占样本各省份养殖户的 42.78%、63.46% 和 65.85%，表明各省份养殖户认为无害化处埋对公共卫生安全影响程度的序次为：湖北＞河南＞河北。总体上看，湖北养殖户无害化处理的主观效果最强。

表 3-4 样本省份养殖户无害化处理效果

	河北省		河南省		湖北省	
	高组户（户）比例（%）	低组户（户）比例（%）	高组户（户）比例（%）	低组户（户）比例（%）	高组户（户）比例（%）	低组户（户）比例（%）
客观处理效果						
无害化处理率	72 (37.11)	122 (62.89)	108 (69.23)	48 (30.77)	123 (75.00)	41 (25.00)
主观处理效果						
对生态安全的影响	71 (36.60)	123 (53.40)	50 (32.05)	106 (67.95)	67 (40.85)	97 (59.15)
对生产安全的影响	158 (81.44)	36 (18.56)	108 (69.23)	48 (30.77)	113 (68.90)	51 (31.10)
对食品安全的影响	69 (35.57)	125 (64.43)	75 (48.08)	81 (51.92)	96 (58.54)	68 (41.46)
对公共卫生安全的影响	83 (42.78)	111 (57.22)	99 (63.46)	57 (36.54)	108 (65.85)	56 (34.15)

注：连续变量的高组是指高于均值的样本，低组与之相反；二元离散变量的高组是 1，0 为低组。

表 3-5 给出了不同规模养殖户无害化处理效果的情况。具体来看：

①客观处理效果。散养户、专业养殖户和规模养殖户达到高组无害化处理率的户数分别为 76 户、138 户和 89 户，占不同规模养殖户的 44.97%、70.77% 和 59.33%，表明不同规模养殖户无害化处理率的序次为：专业养殖户＞规模养殖户＞散养户。②主观处理效果。从生态安全影响来看，达到高组的散养户、专业养殖户和规模养殖户分别为 50 户、77 户和 61 户，占不同规模养殖户的 29.59%、39.49% 和 40.67%，表明不同规模养殖户认为无害化处理对生态安全影响程度的序次为：规模养殖户＞专业养殖户＞散养户。从生产安全影响来看，达到高组的散养户、专业养殖户和规模养殖户分别为 111 户、146 户和 122 户，占不同规模养殖户的 65.68%、74.87% 和 81.33%，表明不同规模养殖户认为无害化处理对生产安全影响程度的序次为：规模养殖户＞专业养殖户＞散养户。从食品安全影响来看，达到高组的散养户、专业养殖户和规模养殖户分别为 95 户、89 户和 56 户，占不同规模养殖户的 56.21%、45.64% 和 37.33%，表明不同规模养殖户认为无害化处理对食品安全影响程度的序次为：散养户＞专业养殖户＞规模养殖户。从公共卫生安全来看，达到高组的散养户、专业养殖户和规模养殖户分别为 92 户、120 户和 78 户，占各省份样本户的 54.44%、61.54% 和 52.00%，表明不同规模养殖户认为无害化处理对公共卫生安全影响程度的序次为：专业养殖户＞散养户＞规模养殖户。总体上看，不同规模养殖户对病死猪无害化处理的主观效果具有异质性。

表 3-5　样本不同规模养殖户无害化处理效果

	散养户		专业养殖户		规模养殖户	
	高组户（户）比例（%）	低组户（户）比例（%）	高组户（户）比例（%）	低组户（户）比例（%）	高组户（户）比例（%）	低组户（户）比例（%）
客观处理效果						
无害化处理率	76 (44.97)	93 (55.03)	138 (70.77)	57 (29.23)	89 (59.33)	61 (40.67)
主观处理效果						
对生态安全的影响	50 (29.59)	119 (70.41)	77 (39.49)	118 (60.51)	61 (40.67)	89 (59.33)
对生产安全的影响	111 (65.68)	58 (34.32)	146 (74.87)	49 (25.13)	122 (81.33)	28 (18.67)

（续）

	散养户		专业养殖户		规模养殖户	
	高组户（户）比例（％）	低组户（户）比例（％）	高组户（户）比例（％）	低组户（户）比例（％）	高组户（户）比例（％）	低组户（户）比例（％）
	主观处理效果					
对食品安全的影响	95 (56.21)	74 (43.79)	89 (45.64)	106 (54.36)	56 (37.33)	94 (62.67)
对公共卫生安全的影响	92 (54.44)	77 (45.56)	120 (61.54)	75 (38.46)	78 *(52.00)	72 (48.00)

注：连续变量的高组是指高于均值的样本，低组与之相反；二元离散变量的高组是 1，0 为低组。

四、无害化处理存在的现实问题

（一）无害化报告的时效性比较差

时效是一定时间内能够发生的效用或行为主体快速反应的有效时间。然而，课题组发现，样本区养殖户无害化报告的时效较差，主要表现在：一是不报告的养殖户时效性最差。病死猪信息在畜牧部门与养殖户之间存在严重的信息不对称，如果养殖户不能主动实施无害化报告，畜牧主管部门动态监管的效果较差。在 514 份样本中仍有 114 户养殖户没有选择无害化报告，超过样本户数的 20％，养殖户规避畜牧主管部门监管并自行处理病死猪，大幅降低无害化报告时效。在时效区间中，能够立刻报告的户数较少，而 6 小时内、12 小时内、24 小时内和超过 24 小时报告的户数超过 60％。二是报告时效存在省域和规模差异。湖北近 30％的养殖户没有实施无害化报告，近 50％的散养户没有实施无害化报告。课题组发现，湖北对养殖户实施无害化报告的激励型措施较少，养殖户主动报告的积极性不足；散养户的养殖规模较小，病死猪数量普遍较少，加之受教育年限较短，不当处理病死猪的可能性较大。三是报告渠道狭窄降低了报告时效。养殖圈舍多位于偏远地带，通过电话或网络报告病死猪信息是理想的信息传递渠道。调研中发现，部分养殖户并不清楚固定报告电话或官方网站，46％的报告户只能通过上门报告、他人转告或被报告等渠道实施无害化报告行为。因此，在难易度评价中，认为报告非常困难、困难和一般的养殖户占报告户的 45.25%。

（二）部分养殖户仍选择不当处理

病死猪不当处理主要表现为自食、丢弃和出售。在 514 份样本中，养殖户选择实施无害化处理的有 470 户，而选择不当处理的有 44 户。因此，样本区无害化处理的安全风险仍然存在。表 3-6 给出了养殖户不当处理的情况，从各省份不当处理户来看，河北、河南和湖北分别有 18 户、15 户和 11 户实施不当处理行为，占不当处理户的 40.91%、34.09% 和 25.00%。具体来看，丢弃是河北养殖户主要实施的不当处理行为，占该省不当处理户的 55.56%；出售是河北养殖户主要实施的不当处理行为，占该省不当处理户的 53.33%；而湖北则以丢弃和出售为主，分别占各省份不当处理户的 45.45% 和 54.55%。从不同规模户来看，实施不当处理的散养户 23 户、专业养殖户 14 户和规模养殖户 7 户，分别占不同规模户数的 52.27%、31.82% 和 15.91%，其中散养户是不当处理行为的主要实施者。具体来看，丢弃是散养户主要实施的不当处理行为，占散养户的 60.87%；出售是专业养殖户和规模养殖户主要实施的不当处理行为，均占专业养殖户和规模养殖户的 71.43%。

表 3-6　样本养殖户不当处理情况统计

不当处理措施	各省份不当处理户（%）			不同规模不当处理户（%）		
	河北	河南	湖北	散养户	专业养殖	规模养殖
自食	3 (16.67)	2 (13.33)	0 (0.00)	5 (21.74)	0 (0.00)	0 (0.00)
丢弃	10 (55.56)	5 (33.33)	5 (45.45)	14 (60.87)	4 (28.57)	2 (28.57)
出售	5 (27.78)	8 (53.33)	6 (54.55)	4 (17.39)	10 (71.43)	5 (71.43)
总计	18 (40.91)	15 (34.09)	11 (25.00)	23 (52.27)	14 (31.82)	7 (15.91)

（三）委托和资源化处理率还不高

从处理方式来看，养殖户无害化实施行为可分为自行处理行为和委托处理行为；从处理程度来看，养殖户无害化实施行为可分为简易处理行为和资源化处理行为。但是，委托处理和资源化处理被普遍认为是无害化处理的最优路径。然而，我国病死猪委托处理率和资源化处理率均较低。

从委托处理来看，有 326 户养殖户实施委托处理行为，占实施户的69.36%；有超过 1/3 的养殖户实施自行处理行为，不当处理安全风险较高。此外，从委托处理率均值来看，样本委托处理率均值为 0.307 2。课题组发现，样本区养殖户委托处理率较低的主要原因是：一方面，无害化处理中心作为主要受托主体，养殖户与其之间的委托关系维护成本较大。养殖户需要自建冷库等设施储存病死猪，处理中心负责定时定点收集，对于广大散养户自行购买或建造冷冻设施困难较大。此外，部分区域尚未建立无害化集中处理中心，受托主体培育及设施建设不足制约了委托处理程度的提高。另一方面，养殖户与合作社等新兴经营主体之间的委托关系尚未构成新型经营主体受托实施无害化处理技术的刚性约束。无害化处理可能造成疫情二次传播，尽管养殖户要为这种委托关系承担一定成本及新型经营主体通过无害化处理获取补贴，但是合作社受托实施无害化处理的动力依然不足。

从资源化处理来看，有 282 户养殖户实施资源化处理行为，仅占实施户的 60%。从资源化处理率来看，均值为 0.590 5。课题组发现，样本区养殖户资源化处理率偏低的原因是：一方面，养殖户自行实施资源化处理主要通过堆肥和发酵技术，需要投入木屑、发酵床等材料，资源化处理的成本较大，加之现有补贴政策标准较低，养殖户实施资源化处理的意愿较低。同时，资源化处理技术标准较高、难度较大及安全风险较高，这也成为病死猪资源化处理率较低的重要原因。另一方面，化制法是无害化处理中心主要实施的技术，但处理中心主要集中在生猪养殖密集地区，从某种程度上限制了化制技术的采用和资源化利用程度。

（四）无害化处理效果还有待增强

客观效果中，无害化处理率均值为 0.722 4，超过 1/4 的养殖户选择实施不当处理；从对生态、生产、食品和公共卫生安全的影响 4 项指标表征主观处理效果的均值为 3.886 2，处于"一般"到"有影响"之间。可见，养殖户对无害化处理效果评价不高。从各省份来看，河北无害化处理率达到高组户数最少，仅占该省户数的 37.11％；河北和河南养殖户的主观处理效果最差，对生态、食品和对公共卫生安全的影响达到高组的户数占比分别为 36.60％和32.05％、35.57％和48.08％、42.78％和63.46％。从不同规模养殖户来看，散养户是无害化处理最薄弱的群体，可能原因是：散养户的无害化处理率最低，养殖场所配置的无害化处理设施最少，周边配置的收集点或处理中心最少；散养户既是生产者更是主要消费群体，同样注重食品安全问题；多数散养户兼业养殖经营，家庭分散风险能力较强，对生态、生产和公共卫生的效果评价较低。因此，在推进无害化处理工作中，散养户是重点治理的对象。

五、本章小结

本章首先在阐述中外病死畜禽无害化处理的历史沿革基础上，总结分析当前无害化处理的基本趋向；然后对样本养殖户基本特征进行描述性统计分析，并从无害化报告行为、无害化决策行为、无害化实施行为和无害化处理效果对养殖户无害化处理行为影响的现状进行分析；最后探讨无害化处理存在的现实问题。主要研究结论如下：

（1）病死猪属于畜禽养殖废弃物，养殖户是生产环节病死猪无害化处理的责任主体；如何约束、激励或引导养殖户的报告行为、决策行为和实施行为成为政府制定无害化处理政策的基本依据；委托处理和资源化处理是无害化处理的基本趋势。

（2）在无害化报告行为中，有 400 户养殖户选择向畜牧主管部门报告病死猪信息，各省份报告户占比序次为：河南＞河北＞湖北；不同规模报告户占比序次为：规模养殖户＞专业养殖户＞散养户。在报告户中，只有 48.25％的养殖户能够立刻报告病死猪信息；38.75％的养殖户通过上门报告、他人转告等传统信息传递渠道报告病死猪信息；72.75％的养殖户认为报告非常困难、困难和一般。

（3）在无害化决策行为中，有 470 户养殖户选择无害化处理，其中在报告户和非报告户中分别有 383 户和 87 户选择无害化处理；河北、河南和湖北选择无害化处理的养殖户占各省样本量的 93.81％、91.66％和94.16％，序次为：湖北＞河北＞河南；散养户、专业养殖户和规模养殖户选择无害化处理的养殖户占不同规模养殖户的 88.17％、88.72％和 98.67％，序次为：规模养殖户＞专业养殖户＞散养户。

（4）在无害化实施行为中，有 326 户养殖户实施委托处理，河北、河南和湖北委托户占各省实施户的 82.42％、65.73％和 56.55％，序次为：河北＞河南＞湖北；委托处理率的均值次序为：河北＞河南＞湖北。散养户、专业养殖户和规模委托户占不同规模实施户的 59.06％、77.46％和 70.27％，序次为：专业养殖户＞规模养殖户＞散养户。有 282 户养殖户实施资源化处理行为，各省份实施资源化处理的养殖户占实施户的 27.45％、16.38％和 16.17％，占资源化处理户的 45.75％、27.31％和 26.95％，表明各省份病死猪资源化处理户数的序次为：河北＞河南＞湖北。从资源化处理率来看，各省份资源化处理率均值分别为 0.708 8、0.538 5 和 0.524 1，表明各省份病死猪资源化处理率的均值序次为：河北＞河南＞湖北。从不同规模养殖户来看，实施户占不同规模养殖户的 51.01％、51.45％和 79.05％，表明不同规模资源化处理户的序次为：规模养殖户＞专业养殖户＞散养户。

（5）在无害化处理效果中，客观处理效果包括无害化处理率，指标均值为 0.722 4。主观处理效果包括对食品、生态、公共卫生和生产的影响 4 项指标，指标均值序次为：生产安全影响（4.465 0）＞食品安全影响（4.396 9）＞公共卫生安全影响（3.544 8）＞生态安全影响（3.138 1）。总体上看，各省份无害化处理客观效果序次为：湖北＞河南＞河北；湖北养殖户的主观处理效果最强。专业和规模养殖户的客观处理效果较好，但不同规模养殖户主观处理效果异质性较强。

（6）无害化处理中存在诸多问题，如无害化报告的时效性比较差、部分养殖户仍选择不当处理、委托和资源化处理率还不高及无害化处理效果还有待增强等，通过实证研究对上述问题提出针对性的对策建议是本研究的重要价值所在。

第四章　风险认知与环境规制的测度与解析

本章在构建表征风险认知与环境规制的指标体系基础上，运用探索性因子分析方法对风险认知与环境规制的指数进行测度，进而分析养殖户的风险认知水平及环境规制强度，为下文进一步研究养殖户无害化处理行为提供实证依据。

一、风险认知与环境规制的指标体系

学术界主要从心理测量范式出发测度风险认知，通过社会调查问卷直接获取行为主体对风险和收益的偏好，以获取其不可观测的风险态度和感知，并运用因子分析法提取忧虑风险和未知风险等公共因子，不断拓展风险认知的维度空间，并得出不同群体风险认知水平的差异（Slovic，1987；伍麟、张璇，2012）。因此，本研究采用心理测量研究范式，运用探索性因子分析法构建风险认知的维度及测度风险认知水平。

学术界对环境规制的测度主要以规制措施对工业企业污染的影响程度为标准进行测量，主要包括企业减排成本、企业污染排放和企业污染消耗等企业视角（Levinson，1996；Becker et al.，2013）、政府污染治理投入、环保法规制度等政府视角（Berman et al.，2001；Johnstone et al.，2010）及综合指数测度方法等（Damania et al.，2003）。本书借鉴客观综合指数法和政策满意度评价法测度环境规制强度（Dasgupta et al.，2010；司瑞石等，2019），从主观指标和客观指标两个方面测度环境规制影响强度，主要理由如下：第一，本研究数据来源于养殖户微观层面，从客观上获取部分规制指标强度难度较大，并且这种客观指标收集受到养殖户主观因素影响，部分变量可能缺失。第二，技术种类和技术标准等表征环境规制的指标在县（区）内基本相同，即客观上样本县（区）采取的规制措施数量差异较小，但这种客观指标并不能反映规制措施的实际强度，与养殖户政策响应密切相关，采用政策满意度评级法更适宜。第三，通过规制对象（养殖户）的切身感受，同时考虑部分客观变量，提炼能够反映环境规制措施的多项指标，并运用探索性因子分析法提取公共因子，以测度环境规制强度具有合理性。

（一）指标设计原则

指标体系设计是研究风险认知、环境规制与养殖户无害化处理行为的重要基础。科学合理选取并构建能够反映风险认知和环境规制的指标体系，从某种程度上决定能否全面、深入和准确分析养殖户无害化处理行为的内在机理及风险认知、环境规制与养殖户无害化处理行为之间的关联关系。因此，在指标体系设计时遵从以下基本原则：

1. 全面构建指标体系的原则

养殖户风险认知及环境规制措施涉及多方面内容，如何全面构建风险认知与环境规制指标体系是本研究的核心内容之一。以养殖户对不当处理引致的风险后果预期为依据，对生态、生产、食品和公共卫生的后果予以考量；对法律强制等命令、补贴保险等激励、宣传推广等引导多种规制措施总结归纳，力求全面反映风险认知水平及环境规制强度。

2. 多层设计表征指标的原则

风险认知与环境规制指标体系构建不仅要求全面性，还要求以多层次呈现出来。在表征风险认知指标时，考虑养殖户的直接和间接认知；在表征环境规制时，考虑政府、组织、其他养殖户等多主体对养殖户无害化处理行为的影响，最终实现风险认知与环境规制指标体系立体式表达出来。

3. 以调研数据为基础的原则

考虑到本研究以问卷为基础数据，数据采集过程可能存在调研人员业务素质、被访问者理解水平、养殖圈舍距离偏僻及病死猪信息隐瞒等诸多问题，部分数据的可得性较为困难。因此，在构建风险认知与环境规制指标体系时，应尽量用现有数据材料设计指标，确保各项指标有数据支撑。

4. 区域和主体可比较的原则

本研究的一项重要内容是比较不同省份和不同规模养殖户的风险认知水平与环境规制强度。因此，在对不同省份和不同规模养殖户调研中，应力求各项指标的支撑数据具备相同的调查口径和范围。

5. 指标间相关性较低的原则

在设计风险认知与环境规制指标时，尽量避免出现高度类似的指标反映同一特征的指标情况，以降低指标重复与信息重叠，确保指标能够独立地反映风险认知与环境规制的某一个方面特征。

（二）指标体系构建

风险认知主要表现为养殖户对不当处理引致的损害结果进行预判。根据前文所述，养殖户对生态、生产、食品和公共卫生安全风险的认知构成了风险认知的一级指标。具体来看，掩埋病死猪造成土壤污染、深埋病死猪造成水体污染、焚烧病死猪造成大气污染和丢弃病死猪污染人居环境的可能性能够表征其生态安全风险认知；养殖户不当处理病死猪而受到行政处罚、造成出栏量降低、造成养殖户退出、危及相关产业发展的可能性能够表征其生产安全风险认知。养殖户对食用、丢弃、出售和加工病死猪引致食品安全问题的预测能够表征其食品安全风险认知；病死猪携带病原体、引发生猪疫情传播、引发其他动物疾病和人畜共患疾病的可能性能够表征其公共卫生安全风险认知。

环境规制是养殖户无害化处理行为受政策制度的约束力量。根据前文所述，养殖户无害化处理行为主要受命令型、激励型、引导型和自愿型等措施的影响。具体而言，养殖户行为受监管政策影响、受处罚政策影响、受处理技术类别影响和受处理技术标准影响能够表征命令型规制；养殖户行为受补贴政策影响、受保险政策影响、受设施补助政策影响和受贷款贴息政策影响能够表征激励型规制；养殖户行为受政府技术推广政策、受经营性组织规章制度、受非经营性组织规章制度和受其他养殖户示范行为的影响能够表征其引导型规制；养殖户行为受与政府、组织和其他养殖户签订承诺书的影响能够表征其自愿型规制。各变量说明及具体赋值见表4-1。

表 4-1 风险认知和环境规制指标体系

一级指标	二级指标	变量说明	变量赋值
风险认知	生态安全风险认知	掩埋病死猪造成土壤污染的可能性	1＝完全没可能、2＝没可能、3＝一般、4＝有可能、5＝可能性很大
		深埋病死猪造成水体污染的可能性	1＝完全没可能、2＝没可能、3＝一般、4＝有可能、5＝可能性很大
		焚烧病死猪造成大气污染的可能性	1＝完全没可能、2＝没可能、3＝一般、4＝有可能、5＝可能性很大
		丢弃病死猪污染人居环境的可能性	1＝完全没可能、2＝没可能、3＝一般、4＝有可能、5＝可能性很大
	生产安全风险认知	不当处理病死猪受行政处罚的可能性	1＝完全没可能、2＝没可能、3＝一般、4＝有可能、5＝可能性很大
		不当处理病死猪造成出栏量降低的可能性	1＝完全没可能、2＝没可能、3＝一般、4＝有可能、5＝可能性很大
		不当处理病死猪造成养殖户退出的可能性	1＝完全没可能、2＝没可能、3＝一般、4＝有可能、5＝可能性很大
		不当处理病死猪危及相关产业发展的可能性	1＝完全没可能、2＝没可能、3＝一般、4＝有可能、5＝可能性很大
	食品安全风险认知	食用病死猪引发食品安全的可能性	1＝完全没可能、2＝没可能、3＝一般、4＝有可能、5＝可能性很大
		出售病死猪引发食品安全的可能性	1＝完全没可能、2＝没可能、3＝一般、4＝有可能、5＝可能性很大
		加工病死猪引发食品安全的可能性	1＝完全没可能、2＝没可能、3＝一般、4＝有可能、5＝可能性很大
		丢弃病死猪引发食品安全的可能性	1＝完全没可能、2＝没可能、3＝一般、4＝有可能、5＝可能性很大
	公共卫生安全风险认知	病死猪携带病原体的可能性	1＝完全没可能、2＝没可能、3＝一般、4＝有可能、5＝可能性很大
		不当处理病死猪引发生猪疫情传播的可能性	1＝完全没可能、2＝没可能、3＝一般、4＝有可能、5＝可能性很大
		不当处理病死猪引发其他动物疾病的可能性	1＝完全没可能、2＝没可能、3＝一般、4＝有可能、5＝可能性很大
		不当处理病死猪引发人畜共患疾病的可能性	1＝完全没可能、2＝没可能、3＝一般、4＝有可能、5＝可能性很大

（续）

一级指标	二级指标	变量说明	变量赋值
环境规制	命令型规制	无害化处理行为受监管政策的影响程度	政府及相关部门监管次数（次）
		无害化处理行为受处罚政策的影响程度	政府及相关部门处罚次数（次）
		无害化处理行为受处理技术类别的影响程度	1＝完全没影响、2＝没影响、3＝一般、4＝有影响、5＝影响很大
		无害化处理行为受处理技术标准的影响程度	1＝完全没影响、2＝没影响、3＝一般、4＝有影响、5＝影响很大
	激励型规制	无害化处理行为受补贴政策的影响程度	补贴金额（元）
		无害化处理行为受保险政策的影响程度	理赔金额（元）
		无害化处理行为受设施补助政策的影响程度	补助金额（元）
		无害化处理行为受贷款贴息政策的影响程度	贴息金额（元）
	引导型规制	无害化处理行为受政府技术推广政策的影响程度	推广次数（次）
		无害化处理行为受经营性组织规章制度的影响程度	1＝完全没影响、2＝没影响、3＝一般、4＝有影响、5＝影响很大
		无害化处理行为受非经营性组织规章制度的影响程度	1＝完全没影响、2＝没影响、3＝一般、4＝有影响、5＝影响很大
		无害化处理行为受其他养殖户示范行为的影响程度	示范次数（次）
	自愿型规制	养殖户与政府签订承诺书的影响程度	1＝完全没影响、2＝没影响、3＝一般、4＝有影响、5＝影响很大
		养殖户与组织签订承诺书的影响程度	1＝完全没影响、2＝没影响、3＝一般、4＝有影响、5＝影响很大
		养殖户与其他养殖户签订承诺书的影响程度	1＝完全没影响、2＝没影响、3＝一般、4＝有影响、5＝影响很大

注：经营性组织主要包括合作社、龙头企业等经营性主体；非经营性组织包括村委会、行业协会等非经营性主体。

二、风险认知与环境规制的测度和结果

(一) 测度方法

本书运用 SPSS 22.0 软件，采用探索性因子分析方法对风险认知与环境规制进行测度，主要获取风险认知水平和环境规制强度。具体计算步骤如下：

1. 模型构建

如表 4 - 1 所述，风险认知的测度指标均为李克特 5 级量表，各指标在数量级别与单位上基本相同，并不存在观测量纲差异及数量级不同所造成的无效加总。因此，在因子分析前并不需要对指标进行标准化处理。然而，环境规制指标量纲差异较大，标准化处理后进行因子分析。以风险认知为例（环境规制同理），模型构建如下：

风险认知有 n 个原始变量，可表示为 $x_1, x_2, x_3, \cdots, x_{n-2}, x_{n-1}, x_n$，按照因子分析的基本要求，这些变量可以由 k 个因子 $f_1, f_2, f_3, \cdots, f_k$ 的线性组合表示。通过对变量相关系数矩阵进行分析，从中能够找出几个公共因子能够控制变量因子 $f_1, f_2, f_3, \cdots, f_k$，使得公共因子能够最大程度包含风险认知原始变量的信息，通过建立因子分析模型并利用公共因子在变量间的相关关系，实现原始变量降维和重新命名的目的。模型的具体表达公式为：

$$x_1 = a_{11}f_1 + a_{22}f_2 + \cdots + a_{1k}f_k + \varepsilon_1$$
$$x_2 = a_{21}f_1 + a_{22}f_2 + \cdots + a_{2k}f_k + \varepsilon_2$$
$$\cdots\cdots$$
$$x_n = a_{n1}f_1 + a_{n2}f_2 + \cdots + a_{nk}f_k + \varepsilon_3 \qquad (4-1)$$

因子模型的矩阵形式可以表示为：$X = AF + \varepsilon$。其中，X 为可观测的 n 维变量矢量；F 为主因子（公共因子），ε 为特殊因子（主因子不能解释的部分）；A 为因子载荷矩阵，如下：

$$\begin{bmatrix} a_{11} a_{12} \cdots a_{1m} \\ a_{21} a_{22} \cdots a_{2m} \\ \vdots \ \vdots \ \vdots \ \vdots \\ a_{n1} a_{n2} \cdots a_{nk} \end{bmatrix} \qquad (4-2)$$

2. 因子旋转与公共因子提取

因子分析模型运行后，所得到的公共因子不一定能够反映问题的实质特征。为了更好地解释公共因子的实际意义以减少解释上的主观性，需要对公共因子进行旋转，促使旋转后的公共因子载荷系数（设为 b_{ij}）的绝对值尽可能接近 0 或 1，分别表示原始变量在公共因子上的重要程度，0 表示相关性很弱，1 表示相关性很强。旋转后的因子模型矩阵形式为：$X = AF' + \varepsilon$。同时，以特征根大于 1 为原则提取公共因子。$\sum\limits_{i=1}^{m} \lambda_i \left(\sum\limits_{i=1}^{p} \lambda_i \right)^{-1}$ 为提取公共因子的累计方差百分比（贡献率），$w_i = \lambda_i \left(\sum\limits_{i=1}^{p} \lambda_i \right)^{-1}$ 为公共因子的权重，其中 m 为特征根大于 1 的公共因子的个数，p 为所有公共因子的个数。

3. 因子得分

因子分析是将变量表示为公共因子的线性组合，抑或是将公共因子表示为变量的线性组合，即因子得分函数可表示为：

$$F_j = \beta_{j1}x_1 + \beta_{j2}x_2 + \cdots + \beta_{jp}x_p \, (j = 1, 2, \cdots, m) \quad (4-3)$$

其中，β_{jp} 为第 j 个公共因子在第 p 个原始变量上的得分。由于得分函数中的变量不少于实际变量，所以在普通最小二乘法意义下对因子得分进行估计。每个样本综合得分可表示为：

$$\theta_i = \sum w_i F_i \quad (4-4)$$

其中，θ_i 为第 i 个样本养殖户的风险认知指数，F_i 为各维度的公共因子得分。

（二）因子分析结果

1. 因子分析适用性

表 4-2 给出了适用性检验结果。从 KMO 值来看，风险认知和环境规制的 KMO 值分别为 0.818 和 0.726，表明因子分析结果较好。从 Bartlett 球形检验来看，风险认知和环境规制的近似卡方值分别为 3 200.327 和 3 364.072，均在 1% 的水平上显著。因此，运用探索性因子分析法测度风险认知和环境规制具有良好的适用性。

表 4 - 2 因子分析的适用性检验

变量名	KMO取样适切性量数（简称"KMO值"）	Bartlett 球形检验		
		近似卡方值	自由度	显著性
风险认知	0.818	3 200.327	120	0.000
环境规制	0.726	3 364.072	105	0.000

2. 公共因子的提取

表 4 - 3 和表 4 - 4 分别给出了风险认知和环境规制的总方差解释，可以发现：①从风险认知总方差解释来看，按照特征值大于 1 的原则，可提取公共因子 1~公共因子 4，累计方差贡献率为 61.051。借鉴吴明隆（2010）的研究，累计方差贡献率在自然科学中要求 95％以上，社会科学 60％以上可靠，50％以上可以接受。因此，4 个公共因子能够较大程度解释原始变量的变异程度。②从环境规制总方差解释来看，可提取公共因子 1~公共因子 4，累计方差贡献率为 61.770，符合 60％以上的基本要求。

表 4 - 3 风险认知的总方差解释

因子名称	初始特征值		
	特征值	累计方差贡献率（％）	累计方差贡献率（％）
因子 1	5.366	33.536	33.536
因子 2	1.835	11.469	45.005
因子 3	1.438	8.987	53.992
因子 4	1.130	7.059	61.051
因子 5	0.956	5.974	67.025
因子 6	0.790	4.940	71.965
因子 7	0.723	4.520	76.485
因子 8	0.635	3.972	80.456
因子 9	0.586	3.665	84.121
因子 10	0.540	3.376	87.498
因子 11	0.499	3.121	90.619
因子 12	0.425	2.656	93.275
因子 13	0.346	2.164	95.439

（续）

因子名称	初始特征值		
	特征值	累计方差贡献率（%）	累计方差贡献率（%）
因子 14	0.283	1.768	97.207
因子 15	0.244	1.523	98.730
因子 16	0.203	1.270	100.000

提取方法：主成分分析法。

表 4 - 4　环境规制的总方差解释

因子名称	初始特征值		
	特征值	累计方差贡献率（%）	累计方差贡献率（%）
因子 1	4.535	30.233	30.233
因子 2	1.823	12.155	42.388
因子 3	1.481	9.876	52.264
因子 4	1.426	9.506	61.770
因子 5	0.981	6.539	68.310
因子 6	0.892	5.947	74.256
因子 7	0.841	5.605	79.861
因子 8	0.696	4.639	84.500
因子 9	0.612	4.081	88.580
因子 10	0.565	3.764	92.344
因子 11	0.358	2.386	94.730
因子 12	0.282	1.879	96.608
因子 13	0.244	1.626	98.234
因子 14	0.147	0.981	99.215
因子 15	0.118	0.785	100.000

提取方法：主成分分析法。

　　为了进一步检验提取公共因子的合理性，图 4 - 1 和 4 - 2 分别绘制风险认知和环境规制的碎石图。可以发现：①图 4 - 1 碎石图纳入 16 个公共因子（组件号），公共因子 1～公共因子 4 的特征值大于 1，从第 5 个公共因子开始，特征值逐渐趋缓，故选取 4 个公共因子是合适的。②图 4 - 2 碎石图纳入 15 个公共因子（组件号），公共因子 1～公共因子 4 的特征值大于 1，从第 5 个公共因子开始，特征值小于 1，因此选取 4 个公共因子是合理的。

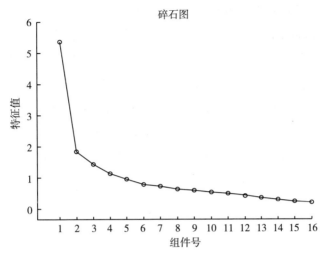

图 4-1　风险认知变量的碎石图

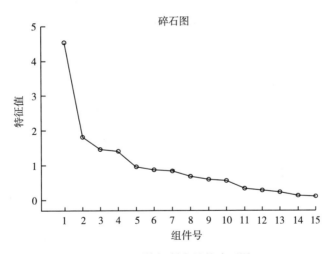

图 4-2　环境规制变量的碎石图

3. 公共因子的命名

从表 4-5 可以发现：①公共因子 1 对应的因子载荷分配较为模糊且差异较小，如掩埋病死猪造成土壤污染可能性、深埋病死猪造成水体污染可能性和焚烧病死猪造成大气污染可能性的因子载荷分别为 0.557、0.448 和 0.669，出售病死猪引发食品安全可能性、加工病死猪引发食品安全可能性和丢弃病死猪引发食品安全可能性的因子载荷分别为 0.599、0.609 和 0.686，难以判断 6 个公共因子代表的具体变量特征。②公共因子 2 分配的因子载荷较为离散，掩埋病死猪造成土壤污染可能性、加工病死猪引发食品安全可能性和病死猪携带病原体可能性的因子载荷分别为 0.318、0.397 和 0.378，难以对食用病死猪引发食品安全可能性和出售病死猪引发食品安全可能性等主要因子载荷形成有力支撑。③公共因子 3 对应的因子载荷量较小，与部分变量的相关性不强，并且与公共因子 1 所代表的变量重叠，如掩埋病死猪造成土壤污染可能性、深埋病死猪造成水体污染可能性、焚烧病死猪造成大气污染可能性和丢弃病死猪污染人居环境可能性的因子载荷分别为 0.201、0.369、0.414 和 0.271。④公共因子 4 对应的因子载荷较为分散、相关性较小且代表性不强，难以对部分变量进行命名，如深埋病死猪造成水体污染可能性、病死猪携带病原体可能性和不当处理病死猪受到行政处罚可能性的因子载荷分别为 0.491、0.334 和 0.542。

表 4 - 5 风险认知变量初始因子载荷矩阵

变量名称	公因子 1	公因子 2	公因子 3	公因子 4
掩埋病死猪造成土壤污染的可能性	0.557	0.318	0.201	0.105
深埋病死猪造成水体污染的可能性	0.448	−0.217	0.369	0.491
焚烧病死猪造成大气污染的可能性	0.669	−0.220	0.414	0.003
丢弃病死猪污染人居环境的可能性	0.419	−0.419	0.271	−0.063
食用病死猪引发食品安全的可能性	0.251	0.581	−0.136	−0.055
出售病死猪引发食品安全的可能性	0.599	0.512	0.145	−0.358
加工病死猪引发食品安全的可能性	0.609	0.397	0.283	−0.386
丢弃病死猪引发食品安全的可能性	0.686	0.054	−0.102	−0.024
病死猪携带病原体可能性	0.535	0.378	0.065	0.334
不当处理病死猪引发生猪疫情传播的可能性	0.751	−0.013	−0.026	−0.023
不当处理病死猪引发其他动物疾病的可能性	0.567	−0.549	0.175	−0.244
不当处理病死猪引发人畜共患疾病的可能性	0.738	−0.314	0.053	0.033
不当处理病死猪受到行政处罚的可能性	0.424	0.283	−0.069	0.542
不当处理病死猪造成出栏量降低的可能性	0.549	−0.127	−0.545	0.272
不当处理病死猪造成养殖户退出的可能性	0.644	−0.068	−0.553	−0.171
不当处理病死猪危及相关产业发展的可能性	0.596	−0.242	−0.490	−0.153

运用最大方差法对风险认知变量的因子载荷矩阵进行正交旋转，使得每个公共因子上具有较高载荷变量的数目最小，进而对变量进行命名。如表4-6所示，旋转后的不同变量因子载荷呈现明显的差异。具体而言：①公共因子1对深埋病死猪造成水体污染可能性、焚烧病死猪造成大气污染可能性和丢弃病死猪污染人居环境可能性的载荷分别为0.541、0.727和0.647，这些变量主要反映养殖户的生态安全意识，故将其命名为"生态安全风险认知"；②公共因子2对不当处理病死猪造成出栏量降低可能性、不当处理病死猪造成养殖户退出可能性和不当处理病死猪危及相关产业发展可能性的因子载荷分别为0.743、0.829和0.785，这些变量与养殖户的生产安全意识相关，故将其命名为"生产安全风险认知"；③公共因子3对食用病死猪引发食品安全可能性、出售病死猪引发食品安全可能性和加工病死猪引发食品安全可能性的因子载荷分别为0.517、0.855和0.826，这些变量主要反映养殖户的食品安全意识，故将其命名为"食品安全风险认知"；④公共因子4对病死猪携带病原体可能性和不当处理病死猪引发生猪疫情传播可能性的因子载荷分别为0.615和0.570，这些变量与养殖户的公共卫生安全意识相关，故将其命名为"公共卫生安全风险认知"。因此，公共因子1～公共因子4分别命名为：生态安全风险认知、生产安全风险认知、食品安全风险认知和公共卫生安全风险认知。

表4-6 风险认知变量旋转后因子载荷矩阵

变量名称	公因子1	公因子2	公因子3	公因子4
掩埋病死猪造成土壤污染的可能性	0.199	0.072	0.492	0.419
深埋病死猪造成水体污染的可能性	0.541	−0.051	−0.075	0.263
焚烧病死猪造成大气污染的可能性	0.727	0.078	0.280	0.234
丢弃病死猪污染人居环境的可能性	0.647	0.101	0.018	0.008
食用病死猪引发食品安全的可能性	−0.303	0.137	0.517	0.209
出售病死猪引发食品安全的可能性	0.105	0.143	0.855	0.085
加工病死猪引发食品安全的可能性	0.261	0.062	0.826	0.044
丢弃病死猪引发食品安全的可能性	0.286	0.452	0.370	0.250
病死猪携带病原体可能性	0.057	0.138	0.381	0.615
不当处理病死猪引发猪疫情传播的可能性	0.405	0.438	0.374	0.570

（续）

变量名称	公因子1	公因子2	公因子3	公因子4
不当处理病死猪引发其他动物疾病的可能性	0.773	0.302	0.068	−0.140
不当处理病死猪引发人畜共患疾病的可能性	0.628	0.422	0.153	0.224
不当处理病死猪受到行政处罚的可能性	−0.031	0.185	0.130	0.711
不当处理病死猪造成出栏量降低的可能性	0.065	0.743	−0.066	0.358
不当处理病死猪造成养殖户退出的可能性	0.111	0.829	0.233	0.027
不当处理病死猪危及相关产业发展的可能性	0.228	0.785	0.097	−0.022

提取方法：主成分分析法；旋转方法：凯撒正态化最大方差法；旋转在6次迭代后已收敛。

同理，从表4-7可以发现，环境规制变量提取的公共因子所对应的初始因子载荷存在结构模糊、分配不合理、相关性较小及代表性不强等问题。在采用最大方差法正交旋转后（表4-8），因子载荷分配较合理、边界较为清晰、相关性较高及代表性较好。具体而言：①公共因子1所对应的无害化处理行为受监管政策影响程度、无害化处理行为受处罚政策影响程度、无害化处理行为受处理技术类别影响程度、无害化处理行为受处理技术标准影响程度的因子载荷分别为0.753、0.773、0.764和0.673，因这些变量属于政府强制要求养殖户遵从的政策或标准，故将其命名为"命令型规制"；②公共因子2所对应的无害化处理行为受补贴政策影响程度、无害化处理行为受保险政策影响程度、无害化处理行为受设施补助政策影响程度和无害化处理行为受贷款贴息政策影响程度的因子载荷分别为0.531、0.511、0.868和0.918，因这些变量属于激励养殖户主动实施病死猪无害化处理行为的政策，故将其命名为"激励型规制"；③公共因子3所对应的无害化处理行为受政府技术推广政策影响程度、无害化处理行为受经营性组织规章制度影响程度和无害化处理行为受非经营性组织规章制度影响程度的因子载荷分别为0.524、0.725和0.684，因这些变量属于养殖户无害化处理行为受到的宣传引导政策，故命名为"引导型规制"；④公共因子4所对应的养殖户与组织签订承诺书影响程度和养殖户与其他养殖户签订承诺书影响程度的因子载荷分别为0.674和0.851，因这些变量属于养殖户受到承诺书约束而自愿实施无害化处理行为，故命名为"自愿型规制"。因此，公共因子1~公共因子4分别命名为：命令型规制、激励型规制、引导型规制和自愿型规制。

表4-7　环境规制变量初始因子载荷矩阵

变量名称	公共因子1	公共因子2	公共因子3	公共因子4
无害化处理行为受监管政策的影响程度	0.679	0.324	−0.268	0.304
无害化处理行为受处罚政策的影响程度	0.632	0.413	−0.266	0.273
无害化处理行为受处理技术类别的影响程度	0.620	0.282	−0.399	−0.353
无害化处理行为受处理技术标准的影响程度	0.528	0.466	−0.145	−0.352
无害化处理行为受补贴政策的影响程度	0.666	−0.373	−0.322	0.040
无害化处理行为受保险政策的影响程度	0.779	−0.295	−0.209	0.115
无害化处理行为受设施补助政策的影响程度	0.701	−0.354	0.188	−0.439
无害化处理行为受贷款贴息政策的影响程度	0.600	−0.474	0.127	−0.508
无害化处理行为受政府技术推广政策的影响程度	0.489	0.154	0.189	0.149
无害化处理行为受经营性组织规章制度的影响程度	0.354	−0.182	0.511	0.099
无害化处理行为受非经营性组织规章制度的影响程度	0.159	0.145	0.326	−0.144
无害化处理行为受其他养殖户示范行为的影响程度	0.388	0.262	0.311	0.120
养殖户与政府签订承诺书的影响程度	0.458	0.440	0.463	0.162
养殖户与组织签订承诺书的影响程度	0.564	−0.206	0.422	0.355
养殖户与养殖户签订承诺书的影响程度	0.204	−0.541	−0.259	0.571

表4-8　环境规制变量旋转后因子载荷矩阵

变量名称	公共因子1	公共因子2	公共因子3	公共因子4
无害化处理行为受监管政策的影响程度	0.753	−0.010	0.289	0.281
无害化处理行为受处罚政策的影响程度	0.773	−0.068	0.274	0.196
无害化处理行为受处理技术类别的影响程度	0.764	0.374	−0.076	−0.135
无害化处理行为受处理技术标准的影响程度	0.673	0.237	0.113	−0.344
无害化处理行为受补贴政策的影响程度	0.384	0.531	0.011	0.509
无害化处理行为受保险政策的影响程度	0.438	0.511	0.196	0.509
无害化处理行为受设施补助政策的影响程度	0.145	0.868	0.264	0.003
无害化处理行为受贷款贴息政策的影响程度	0.047	0.918	0.121	0.018
无害化处理行为受政府技术推广政策的影响程度	0.294	0.106	0.524	0.077

（续）

变量名称	公共因子 1	公共因子 2	公共因子 3	公共因子 4
无害化处理行为受经营性组织规章制度的影响程度	−0.152	0.273	0.725	0.098
无害化处理行为受非经营性组织规章制度的影响程度	0.008	0.117	0.684	−0.251
无害化处理行为受其他养殖户示范行为的影响程度	0.226	0.016	0.466	−0.070
养殖户与政府签订承诺书的影响程度	0.288	−0.060	0.568	−0.174
养殖户与组织签订承诺书的影响程度	0.015	0.240	0.310	0.674
养殖户与养殖户签订承诺书的影响程度	−0.038	0.048	−0.014	0.851

提取方法：主成分分析法；旋转方法：凯撒正态化最大方差法；旋转在 10 次迭代后已收敛。

4. 因子得分的计算

如表 4-9 所示，风险认知变量旋转后的因子方差贡献率为 61.051，表明提取的 4 个公共因子能够最大程度反映风险认知原始变量的基本信息，也说明每个公共因子能够较好地测度风险认知不同维度的有效信息。具体而言，生态安全风险认知因子（公共因子 1）旋转后的方差贡献率为 17.26%，表明生态安全风险认知因子能够解释风险认知变量总体变异的 17.26%；生产安全风险认知因子（公共因子 2）旋转后的方差贡献率为 16.51%，表明生产安全风险认知因子能够解释风险认知变量总体变异的 16.51%；食品安全风险认知因子（公共因子 3）旋转后的方差贡献率为 15.89%，表明食品安全风险认知因子能够解释风险认知变量总体变异的 15.89%；公共卫生安全风险认知因子（公共因子 4）旋转后的方差贡献率为 11.39%，表明公共卫生安全风险认知因子能够解释风险认知变量总体变异的 11.39%。

为进一步获得养殖户风险认知水平，还应以各公共因子的方差贡献率为权重，分别乘以风险认知 4 个维度的因子得分（Factor1～Factor4），加权求和后再除以公共因子累计方差贡献率。具体公式如下：风险认知水平＝（17.262 × Factor1 ＋ 16.505 × Factor2 ＋ 15.894 × Factor3 ＋ 11.390 × Factor4）÷61.051。

表 4-9 风险认知变量旋转后的因子方差贡献率

公共因子名称	因子旋转前			因子旋转后		
	特征值	方差贡献率（%）	累计方差贡献率（%）	特征值	方差贡献率（%）	累计方差贡献率（%）
生态安全风险认知	5.366	33.536	33.536	2.762	17.262	17.262
生产安全风险认知	1.835	11.469	45.005	2.641	16.505	33.767
食品安全风险认知	1.438	8.987	53.992	2.543	15.894	49.661
公共卫生安全风险认知	1.130	7.059	61.051	1.822	11.390	61.051

如表 4-10 所示，环境规制变量旋转后的因子方差贡献率为 61.770，表明提取的 4 个公共因子能够最大程度反映环境规制原始变量的基本信息，也说明每个公共因子能够较好地测度环境规制不同维度的有效信息。具体而言，命令型规制因子（公共因子 1）旋转后的方差贡献率为 18.73%，表明命令型规制因子能够解释环境规制变量总体变异的 18.73%；激励型规制因子（公共因子 2）旋转后的方差贡献率为 16.68%，表明激励型规制因子能够解释环境规制变量总体变异的 16.68%；引导型规制因子（公共因子 3）旋转后的方差贡献率为 14.69%，表明引导型规制因子能够解释环境规制变量总体变异的 14.69%；自愿型规制因子（公共因子 4）旋转后的方差贡献率为 11.66%，表明自愿型规制因子能够解释环境规制变量总体变异的 11.66%。

同理，为获得环境规制的影响强度，还应以各公共因子的方差贡献率为权重，分别乘以环境规制 4 个维度的因子得分（Factor1~Factor4），加权求和后再除以公共因子累计方差贡献率。具体公式如下：环境规制强度＝（18.732 × Factor1 ＋ 16.682 × Factor2 ＋ 14.694 × Factor3 ＋ 11.662 × Factor4）÷61.770。需要说明的是，因子分析主要是利用降维思想进行分析，测度结果会有负值，但是这种负值仅代表因子所起作用的方向和发挥作用的大小。

表 4 - 10　环境规制变量旋转后的因子方差贡献率

公共因子名称	因子旋转前			因子旋转后		
	特征值	方差贡献率（%）	累计方差贡献率（%）	特征值	方差贡献率（%）	累计方差贡献率（%）
命令型规制	4.535	30.233	30.233	2.810	18.732	18.732
激励型规制	1.823	12.155	42.388	2.502	16.682	35.414
引导型规制	1.481	9.876	52.264	2.204	14.694	50.108
自愿型规制	1.426	9.506	61.770	1.749	11.662	61.770

三、风险认知与环境规制特征分析

（一）风险认知特征分析

1. 原始表征指标的特征分析

表 4 - 11 和表 4 - 12 分别给出了风险认知变量的描述性统计与变量分布情况，可以发现：①从变量均值来看，养殖户对掩埋、深埋、焚烧和丢弃病死猪可能引致的土壤、水体、大气和人居环境污染的认知水平较高，指标均值分别为 4.138、3.774、3.272 和 3.833；从变量分布来看，认为掩埋、深埋、焚烧和丢弃有可能或可能性很大造成生态环境污染的养殖户占总养殖户的比重分别为 80.74%、71.99%、53.50% 和 72.18%，可见养殖户具备相应生态安全风险认知水平。②从变量均值来看，养殖户认为不当处理病死猪可能受到行政处罚及导致出栏量降低的可能性较高，均值分别为 3.879 和 3.481，但造成养殖户退出和危及饲料、兽药等相关产业发展的可能性较小，均值分别为 2.930 和 2.512；从变量分布来看，76.85% 养殖户认为病死猪不当处理受到行政处罚的可能性较大，56.81% 的养殖户认为病死猪不当处理可能造成出栏量降低。③从变量均值来看，养殖户认为食用、出售、加工和丢弃病死猪可能引发食品安全的可能性较高，其中食用、出售和加工病死猪可能引发食品安全问题的指标均值分别为 4.589、4.239 和 4.019；从变量分布来看，认为食用、出售和加工病死猪有可能或可能性很大引发食品安全问题的养殖户占比分别为 97.47%、87.36% 和 74.71%，可见多数养殖户

认为病死猪不当处理会引发食品安全问题。④从变量均值来看，养殖户认为病死猪很可能携带大量病原体，均值为4.329；不当处理病死猪可能造成生猪疫情传播，均值为3.486；但养殖户认为不当处理病死猪会造成其他动物感染疾病或人畜共患传染病的可能性不大，均值分别为2.543和2.932；从变量分布来看，90.47%的养殖户认为病死猪携带病原体；57.40%的养殖户认为如果未能实施病死猪无害化处理，可能造成生猪疫情传播；而仅有部分养殖户认为病死猪不当处理可能会造成其他动物感染疾病或人畜共患传染病，占比分别为33.08%和45.91%。

表4-11　风险认知变量描述性统计

变量名称	最小值	最大值	均值	标准差
掩埋病死猪造成土壤污染的可能性	1	5	4.138	0.966 5
深埋病死猪造成水体污染的可能性	1	5	3.774	1.156 2
焚烧病死猪造成大气污染的可能性	1	5	3.272	1.347 8
丢弃病死猪污染人居环境的可能性	1	5	3.833	1.139 1
不当处理病死猪受到行政处罚的可能性	1	5	3.879	0.965 8
不当处理病死猪造成出栏量降低的可能性	1	5	3.481	1.308 5
不当处理病死猪造成养殖户退出的可能性	1	5	2.930	1.289 8
不当处理病死猪危及相关产业发展的可能性	1	5	2.512	1.358 3
食用病死猪引发食品安全的可能性	3	5	4.589	0.541 4
出售病死猪引发食品安全的可能性	1	5	4.239	0.806 4
加工病死猪引发食品安全的可能性	1	5	4.019	1.044 6
丢弃病死猪引发食品安全的可能性	1	5	3.292	1.314 4
病死猪携带病原体的可能性	1	5	4.329	0.815 8
不当处理病死猪引发生猪疫情传播的可能性	1	5	3.486	1.247 5
不当处理病死猪引发其他动物疾病的可能性	1	5	2.543	1.449 3
不当处理病死猪引发人畜共患疾病的可能性	1	5	2.932	1.580 0

表4-12　风险认知变量具体分布情况（%）

变量名称	完全没可能	没可能	一般	有可能	可能性很大
掩埋病死猪造成土壤污染的可能性	4.28	5.98	9.00	39.11	41.63
深埋病死猪造成水体污染的可能性	10.51	5.00	12.51	45.53	26.46

（续）

变量名称	完全没可能	没可能	一般	有可能	可能性很大
焚烧病死猪造成大气污染的可能性	21.40	10.10	15.10	36.96	16.54
丢弃病死猪污染人居环境的可能性	9.34	8.20	10.28	42.41	29.77
不当处理病死猪受到行政处罚的可能性	6.03	10.00	7.12	53.70	23.15
不当处理病死猪造成出栏量降低的可能性	16.34	20.00	6.85	32.88	23.93
不当处理病死猪造成养殖户退出的可能性	26.26	30.00	6.19	29.57	7.98
不当处理病死猪危及相关产业发展的可能性	41.05	14.50	16.43	22.76	5.25
食用病死猪引发食品安全的可能性	0.00	0.00	2.53	35.99	61.48
出售病死猪引发食品安全的可能性	2.14	4.51	6.00	46.50	40.86
加工病死猪引发食品安全的可能性	5.64	6.66	13.00	36.19	38.52
丢弃病死猪引发食品安全的可能性	19.07	15.00	17.30	29.96	18.68
病死猪携带病原体的可能性	2.53	4.00	3.00	43.00	47.47
不当处理病死猪引发生猪疫情传播的可能性	14.79	20.00	7.82	36.58	20.82
不当处理病死猪引发其他动物疾病的可能性	43.39	10.34	13.20	25.10	7.98
不当处理病死猪引发人畜共患疾病的可能性	36.19	8.00	9.90	26.26	19.65

2. 风险认知水平的特征分析

从不同区域来看，养殖户风险认知水平在不同区域呈现明显异质性。河北、河南和湖北养殖户的风险认知水平均值分别为−0.223 8、0.028 9 和 0.237 3，表明湖北养殖户风险认知水平最高，河南养殖户次之，河北养殖户最低。具体而言，河北、河南和湖北养殖户生态安全风险认知水平均值分别为−0.554 7、0.380 2 和 0.294 6，序次为：河南＞湖北＞河北；养殖户的生产安全风险认知水平均值分别为 0.017 2、−0.165 9 和 0.137 5，序次为：湖北＞河北＞河南；养殖户的食品安全风险认知水平均值分别为−0.195 5、−0.158 5 和 0.382 1，序次为：湖北＞河南＞河北；养殖户公共卫生安全风险认知水平均值分别为−0.111 0、0.040 1 和 0.093 2，序次为：湖北＞河南＞河北。综合来看，湖北养殖户风险认知水平较高主要表现为养殖户的生产、食品和公共卫生安全风险认知较高；而河北养殖户风险认知水平较低主要表现为养殖户的生态、食品和公共卫生安全风险认知水平较低。

不同规模养殖户的风险认知水平存在显著差异。散养户、专业养殖户和规模养殖户的风险认知水平均值分别为-0.054 2、0.120 3和-0.095 4，表明专业养殖户的风险认知水平最高，散养户次之，规模养殖户最低。具体而言，散养户、专业养殖户和规模养殖户的生态安全风险认知水平均值分别为-0.202 2、0.299 7和-0.161 7，序次为：专业养殖户＞规模养殖户＞散养户；不同规模养殖户的生产安全风险认知水平均值分别为-0.196 1、0.133 4和0.047 5，序次为：专业养殖户＞规模养殖户＞散养户；不同规模养殖户的食品安全风险认知水平均值分别为-0.001 4、0.020 1和-0.024 6，序次为：专业养殖户＞散养户＞规模养殖户；不同规模养殖户的公共卫生安全风险认知水平均值分别为0.153 3、0.020 3和-0.199 1，序次为：散养户＞专业养殖户＞规模养殖户。综合来看，专业养殖户的风险认知水平较高主要表现为专业养殖户的生态、生产和食品安全风险认知较高；而规模养殖户的风险认知水平较低主要表现为规模养殖户的生态、食品和公共卫生安全风险认知水平较低。

（二）环境规制特征分析

1. 原始表征指标的特征分析

表4-13给出了环境规制变量的描述性统计情况，可以发现：养殖户行为受到畜牧部门监管政策和处罚政策影响，均值分别为3.311和3.416，而受技术种类和技术标准的影响较小。受补贴政策和保险政策的影响程度均值分别为425.502 5和505.101 5，而受设施补助政策和贷款贴息政策的影响较小。受技术推广政策、经营性组织规章制度和养殖户示范行为的影响程度均值分别为3.383、3.195和3.247，而受非经营性组织规章制度的影响较小。受与政府签订承诺书的影响程度均值为3.111，而受与组织签订承诺书和与其他养殖户签订承诺书的影响较小。

表4-13 环境规制变量描述性统计

变量名称	最小值	最大值	均值	标准差
无害化处理行为受监管政策的影响程度	1	4	3.311	1.284 3
无害化处理行为受处罚政策的影响程度	0	5	3.416	1.133 3

（续）

变量名称	最小值	最大值	均值	标准差
无害化处理行为受处理技术类别的影响程度	1	5	2.249	1.241 0
无害化处理行为受处理技术标准的影响程度	1	5	2.389	1.237 9
无害化处理行为受补贴政策的影响程度	0	3 250	425.502 4	41.420 8
无害化处理行为受保险政策的影响程度	0	4 650	505.101 5	44.462 3
无害化处理行为受设施补助政策的影响程度	0	1 450	272.156 0	21.516 6
无害化处理行为受贷款贴息政策的影响程度	0	1 600	280.405 2	22.404 5
无害化处理行为受政府技术推广政策的影响程度	1	4	3.383	1.035 0
无害化处理行为受经营性组织规章制度的影响程度	1	5	3.195	1.440 5
无害化处理行为受非经营性组织规章制度的影响程度	1	5	2.784	1.320 9
无害化处理行为受其他养殖户示范行为的影响程度	1	4	3.247	1.029 4
养殖户与政府签订承诺书的影响程度	1	5	3.111	1.302 8
养殖户与组织签订承诺书的影响程度	1	5	2.348	1.474 1
养殖户与其他养殖户签订承诺书的影响程度	1	5	1.973	1.331 6

2. 环境规制强度的特征分析

从不同区域来看，环境规制强度在不同区域具有明显的异质性。河北、河南和湖北环境规制强度的均值分别为−0.092 8、0.167 1 和−0.049 2，表明河南养殖户受到环境规制强度最高，湖北强度次之，河北强度最低。具体而言，河北、河南和湖北命令型规制强度均值分别为0.114 1、0.017 7 和−0.151 8，序次为：河北＞河南＞湖北；激励型规制强度的均值分别为−0.358 5、0.447 5 和−0.001 6，序次为：河南＞湖北＞河北；引导型规制强度的均值分别为−0.129 2、−0.018 6 和0.170 6，序次为：湖北＞河南＞河北；自愿型规制强度的均值分别为0.000 6、0.240 2 和−0.229 2，序次为：河南＞河北＞湖北。综合来看，河南环境规制强度较高主要表现为命令型、激励型和自愿型规制强度较高；而河北环境规制强度较低主要表现为激励型和引导型规制的强度较低。

不同规模养殖户受到环境规制强度存在显著差异。散养户、专业养殖户和规模养殖户受到环境规制强度的均值分别为−0.266 9、0.087 8 和0.186 7，表明规模养殖户受到环境规制的强度最高，专业养殖户次之，散养户最低。具体而言，散养户、专业养殖户和规模养殖户受到命令型规制的强度均值分

别为一0.189 5、0.172 3和一0.010 5，序次为：专业养殖户＞规模养殖户＞散
养户；不同规模养殖户受到激励型规制的强度均值分别为一0.441 7、0.138 8
和0.323 7，序次为：规模养殖户＞专业养殖户＞散养户；不同规模养殖户
受到引导型规制的强度均值分别为一0.338 8、一0.152 7和0.580 2，序次
为：规模养殖户＞专业养殖户＞散养户；不同规模养殖户受到自愿型规制的
强度均值分别为一0.110 2、0.118 5和一0.029 9，序次为：专业养殖户＞
规模养殖户＞散养户。综合来看，规模养殖户受到环境规制强度较高主要表
现为规模养殖户受到激励型和引导型规制的强度较高；而散养殖户受到环境
规制强度较低主要表现为散养户受到命令型、激励型、引导型和自愿型规制
的强度均较低。可见，散养户应成为政府推进病死猪无害化处理的重点规制
对象。

四、本章小结

本章在构建风险认知与环境规制指标体系的基础上，运用探索性因子分
析方法测度养殖户的风险认知水平及环境规制强度的综合指数和各维度得
分，并对不同省份和不同规模养殖户的风险认知水平和环境规制强度进行全
面分析，得出如下结论：

（1）选取的表征风险认知的16个原始变量通过了KMO检验和Bartlett
球形检验，数值分别为0.818和3 200.327（$p=0.000$）；选取的表征环境
规制的15个原始变量通过了KMO检验和Bartlett球形检验，数值分别为
0.726和3 364.072（$p=0.000$）。检验结果表明，这些指标能够系统、科学
与合理地表征风险认知和环境规制，并适合做因子分析。

（2）按照特征值大于1的原则，风险认知变量中共提取4个公共因子，
分别命名为生态安全风险认知、生产安全风险认知、食品安全风险认知和公
共卫生安全风险认知；4个公共因子的方差贡献率分别为17.26％、
16.51％、15.89％和11.39％，累计方差贡献率为61.051。环境规制变量中
共提取4个公共因子，分别命名为命令型规制、激励型规制、引导型规制和
自愿型规制；4个公共因子的方差贡献率分别为18.73％、16.68％、14.69％
和11.66％，累计方差贡献率为61.770。

（3）不同省份养殖户风险认知水平存在明显的异质性。河北、河南和湖北养殖户的风险认知水平均值分别为－0.223 8、0.028 9 和 0.237 3，表明湖北养殖户风险认知水平最高，河南养殖户次之，河北养殖户最低。湖北养殖户风险认知水平较高主要表现为养殖户的生产、食品和公共卫生安全风险认知水平较高；而河北养殖户风险认知水平较低主要表现为养殖户的生态、食品和公共卫生安全风险认知水平较低。

（4）不同规模养殖户的风险认知水平存在显著差异。散养户、专业养殖户和规模养殖户的风险认知水平均值分别为－0.054 2、0.120 3 和－0.095 4，表明专业养殖户的风险认知水平最高，散养户次之，规模养殖户最低。专业养殖户的风险认知水平较高主要表现为专业养殖户的生态、生产和食品安全风险认知较高；而规模养殖户的风险认知水平较低主要表现为规模养殖户的生态、食品和公共卫生安全风险认知水平较低。

（5）不同省份环境规制强度具有明显的异质性。河北、河南和湖北环境规制强度均值分别为－0.092 8、0.167 1 和－0.049 2，表明河南养殖户受到环境规制的强度最高，湖北强度次之，河北强度最低。河南环境规制强度较高主要表现为命令性、激励性和自愿型规制强度较高；而河北环境规制强度较低主要表现为激励型和引导型规制的强度较低。

（6）不同规模养殖户受到环境规制的强度存在显著差异。散养户、专业养殖户和规模养殖户受到环境规制的强度均值分别为－0.266 9、0.087 8 和0.186 7，表明规模养殖户受到环境规制的强度最高，专业养殖户次之，散养户最低。规模养殖户受到环境规制强度较高主要表现为规模养殖户受到激励型和引导型规制的强度较高；而散养户受到环境规制强度较低主要表现为散养户受到命令型、激励型、引导型和自愿型规制的强度均较低。可见，散养户应成为政府推进无害化处理的重点规制对象。

第五章 风险认知、环境规制对养殖户无害化报告行为的影响

一、问题提出

养殖户及时向畜牧部门报告病死猪信息是识别和防控动物疫情疫病的基础，也是启动实施病死猪无害化处理的关键（Elbakidze and Mccarl，2006）。《中华人民共和国动物防疫法》（1997）和《重大动物疫情应急条例》（2005）等法律法规要求："养殖户发现动物染疫或疑似染疫时应立即向当地畜牧相关部门报告，在畜牧部门确认是否受染疫病、疫病种类和疫情等级后，实施病死猪无害化处理"。《中共中央 国务院关于实施乡村振兴战略的意见》（2018）明确指出："各地应加强动物疫病防控体系建设，有序推进病死猪无害化处理。"近年来，各地区通过强化执法监管、入户政策宣传、搭建报告平台、拓宽报告渠道等路径不断完善病死猪报告制度，动物疫情疫病从发现到暴发的时间间隔大幅降低，病死猪无害化处理效率显著提高（闫振宇等，2012）。然而，非洲猪瘟疫情暴发以及丢弃、出售病死猪案件频发，反映出养殖户仍然存在瞒报、谎报、迟报和漏报病死猪信息等问题，从某种程度上抑制了动物疫情疫病防控和无害化处理进程（郭进安、古时榜，2000）。

已有学者对养殖户病死猪信息报告做了大量探讨。从宏观层面来看，部分学者认为通过完善疫病防控体系、疫情管理体制、兽医管理制度和产品追溯体系等措施提高动物疫情疫病报告时效（阿西木果，2014；Bernoth，2008；于丽萍等，2013）。从微观层面来看，刘明月等（2017）通过意愿调查法测算养殖户上报疫情的受偿水平，进而得出能激励养殖户上报疫情的最

低补偿标准。闫振宇等（2012）研究发现，扑杀补贴强度、防疫技能培训和加入养殖协会等因素正向影响养殖户疫情上报意愿。可见，现有文献主要从影响养殖户疫情疫病报告或上报行为的主观或客观因素某一个方面进行实证研究，而忽视了养殖户行为是内部和外部因素共同作用的结果（龙冬平等，2015）。需要强调的是，与疫病专业检测人员相比，养殖户难以判定病死猪是否受染疫病，法律上仅要求其及时履行报告义务，即向畜牧部门及时报告病死猪信息，由畜牧部门组织技术专家认定生猪是否受染疫病并确定疫情等级，最终实施病死猪无害化处理。可见，养殖户报告的核心内容是病死猪信息，畜牧部门监管的重点是疫情疫病防控，最终目的和采取的措施均强调无害化处理，落实到农户微观层面上，将其表述为养殖户无害化报告行为具有合理性。

作为无害化处理的起始环节，无害化报告行为属于养殖户环境行为范畴。风险认知是影响农户环境行为最重要的心理因素（Chakravorty et al.，2007），也是农户理性行为决策的基本前提。风险认知既可以通过对不确定性或不利损害后果的感知直接影响农户行为决策，也可以通过影响主体道德义务感知，激活个人规范约束力量，促使农户做出最优行为决策（Schwartz，1997），如郭清卉等（2019）基于拓展的社会激活理论研究发现，环境污染感知、结果意识通过个人规范正向影响农户亲环境行为。此外，环境规制是影响农户环境行为最主要的外部情境因素。环境规制主要通过制度约束、政策激励或宣传引导等路径促使环境外部成本内部化，从而驱动微观主体实施环境友好行为（叶明华，2012），如宋燕平和腾瀚（2016）通过分析风险认知、环境政策支持与农户环境友好行为之间的关系，研究发现风险认知作用于农户环境友好行为离不开环境政策的支持。

本章的主要贡献在于：一是将风险认知与环境规制同时纳入养殖户无害化报告行为的分析框架，采用 Heckprobit 模型克服样本选择问题，实证分析风险认知、环境规制对养殖户无害化报告行为的影响并检验环境规制在风险认知对养殖户无害化报告行为影响中的调节效应；二是检验信息报告渠道在风险认知、环境规制对养殖户无害化报告行为影响中的调节效应；三是在考虑养殖规模异质的基础上，进一步讨论风险认知和环境规制的影响效应。

二、理论分析和研究假说

（一）风险认知对养殖户无害化报告行为的影响

风险社会放大理论认为，风险事件引起的不利损害后果存在"涟漪效应"，而这种放大效应并非没有界限，人们对风险的适应性消纳或非适应性转移有助于解释风险认知的衰减效应。具体而言：一方面，当风险与情绪情感、资本禀赋和个体能力相适应时，风险识别、管理与消纳是主体理性决策的基本选择。养殖户报告病死猪信息的主要动因是将其丢弃或浅埋，可能导致病原体迅速传播，疫情范围扩大和等级提高，造成大面积生猪产业停滞，最终危害公共卫生和生产安全。可见，生产和公共卫生安全风险直接损害养殖户经营效益，其更倾向于通过调配资本禀赋以加强风险管理，从而实施无害化报告行为。另一方面，当风险管理对象具有明显的公共品属性时，风险排序、规避或转移则成为风险管理的主要手段。养殖户谎报和漏报病死猪信息将其浅埋或出售，严重危害生态和食品安全。然而，生态和食品安全风险具有明显的负外部性特征，道德风险和信息不对称促使养殖户规避无害化处理监管并向市场出售，最终将风险转嫁给公众。可见，生态和食品安全风险认知水平越高，养殖户规避风险的意愿越强烈，实施无害化报告的积极性越低。因此，提出如下假设：

H1：风险认知对养殖户无害化报告行为具有正向显著影响；

H1a：生产和公共卫生安全风险认知正向影响养殖户无害化报告行为；

H1b：环境和食品安全风险认知负向影响养殖户无害化报告行为。

（二）环境规制对养殖户无害化报告行为的影响

环境规制既可以通过规范约束、政策激励、宣传引导和契约承诺等路径直接影响养殖户实施无害化报告行为，也可能通过优化养殖户风险策略和提升其抗风险能力，进而增强风险认知对养殖户无害化报告行为的影响。首先，由监管和处罚等组合而成的命令型规制，不仅促使养殖户能够预测瞒报、谎报、迟报和漏报病死猪信息引致的风险损害后果，还明确了信息报告的时效性，通过规范性指引方式，约束养殖户实施无害化报告行为。其次，由补贴、保险、补助和信贷等政策组合而成的激励型规制，既可以通过弥补病死猪经济损失，增强养殖户抗风险能力；也可以通过缓解信息报告成本压力，增强报告的积极性和主动性。再次，引导型规制表现为政府宣传推广和组织规章制度形成的信息配给机制引导主体参与环境治理的制度。政府通过宣传、培训和技术指导有助于提高养殖户对补贴、补助、技术种类和技术标准等政策的知晓度，使得养殖户能够综合评判报告产生的多重效益，进而主动实施无害化报告行为。最后，自愿型规制是指通过契约等方式促使主体相互妥协并达成合作意向，从而驱动养殖户自愿参与环境污染治理的制度。自愿型规制通过融入养殖户利益诉求而保证契约高效运行、提高养殖户风险认知水平而强化其内在约束以及提高报告时效性，不断强化政府、组织、其他养殖户与养殖户签订的信息报告承诺书以及养殖户之间签订承诺书的规制效果。基于此，提出如下假设：

H2：环境规制对养殖户无害化报告行为存在正向显著影响；

H2a：命令型规制正向影响养殖户无害化报告行为；

H2b：激励型规制正向影响养殖户无害化报告行为；

H2c：引导型规制正向影响养殖户无害化报告行为；

H2d：自愿型规制正向影响养殖户无害化报告行为。

（三）环境规制在风险认知对养殖户无害化报告行为影响中的调节效应

按照态度—情境—行为理论，环境规制作为外部情境因素，可能调节风险认知对养殖户无害化报告行为的影响。具体而言，命令型规制能够通过罚款和吊销营业许可等行政处罚措施增强养殖户瞒报或谎报病死猪的心理负担，排除养殖户无害化报告的成本压力，促使其认识到未报告产生的安全风险，提高养殖户风险认知水平，进而促使其做出无害化报告决策。激励型规制能够降低信息报告成本压力，促使养殖户认识到实施报告后可享受补贴和补助等优惠政策，增强养殖户信息报告的意愿，并不断提高无害化报告的时效性。引导型规制通过政策宣传和技术指导，在增强养殖户风险认知影响效应的同时，降低无害化处理产生的技术风险，杜绝其实施谎报、迟报或瞒报行为。自愿型规制通过将义务责任落实到纸面，增强养殖户的责任义务感知，使得风险认知具有形式上的约束力，促使其做出报告决策，并不断提高报告的时效性。因此，环境规制在风险认知影响养殖户无害化报告行为中发挥"增强剂"的作用。基于此，提出如下假设：

H3：环境规制正向调节风险认知对养殖户无害化报告行为的影响；

H3a：命令型规制正向调节风险认知对养殖户无害化报告行为的影响；

H3b：激励型规制正向调节风险认知对养殖户无害化报告行为的影响；

H3c：引导型规制正向调节风险认知对养殖户无害化报告行为的影响；

H3d：自愿型规制正向调节风险认知对养殖户无害化报告行为的影响。

三、变量选取和研究方法

（一）变量选取

1. 被解释变量

本章被解释变量为报告决策和报告时效两个阶段。养殖户在生产环节发现病死猪时，应立即向畜牧部门报告。养殖户不仅要履行报告义务，还应做到及时报告，前者称为报告决策，属于二元离散变量，如果养殖户选择报告，赋值为 1；未报告，赋值为 0；后者称为报告时效，即养殖户在发现病死猪到报告至畜牧部门的时间。国家层面尚未对"及时"给予规范性时间约束，通常是指养殖户发现病死猪的第一时间（行为反应），畜牧部门通常以 2 小时为时限标准，即养殖户应该在 2 小时内将病死猪信息报告至畜牧部门。如果养殖户自发现病死猪到报告成功的时间在 2 小时以内，认定为及时报告，赋值为 1；2 小时之外认定为未及时报告，赋值为 0。通过与畜牧技术人员访谈可知，将及时报告时限划定为 2 小时，主要考虑流行病学上的疫情疫病扩散风险。

2. 解释变量

解释变量为风险认知和环境规制。在第四章中通过因子分析测得养殖户的风险认知水平与环境规制强度。此外，在进一步讨论中，引入"信息报告渠道"和不同养殖规模作为分组变量。如果养殖户实施传统信息报告渠道（上门报告、他人转告或被报告），赋值为 0；如果养殖户实施现代信息报告渠道（电话或网络报告），赋值为1。

3. 控制变量

借鉴王建华等（2018）和司瑞石（2019）等相关研究，选取养殖户的个体特征（性别、年龄、受教育程度、家中是否有村干部或公务员、家中是否有畜牧技术人员）、家庭特征（家庭净收入、劳动力数量、手机或电脑数量）、经营特征（养殖目的、养殖年限、养殖规模）、社会特征（来往的养殖户、来往的收购人）及环境特征（圈舍是否属于禁养区、圈舍与畜牧部门距离）15项指标作为控制变量。此外，引入地区虚拟变量，以河南为对照组，设置"是否位于河北"和"是否位于湖北"两个变量控制区位因素对实证结果的影响。各变量描述性统计见表5-1。

表5-1　各变量赋值和描述性统计分析

变量名称	变量赋值	最小值	最大值	均值	标准差
被解释变量					
报告决策	报告=1，未报告=0	0	1	0.778 2	0.415 9
报告时效	及时报告（2小时之内）=1，未及时报告（超过2小时）=0	0	1	0.615 0	0.487 2
解释变量					
风险认知	第四章因子分析测得	-1.459 5	0.955 8	0	0.495 6
生态安全风险认知	同上	-1.966 0	1.978 0	0	1
生产安全风险认知	同上	-1.986 8	1.853 9	0	1
食品安全风险认知	同上	-4.531 9	1.910 0	0	1
公共卫生安全风险认知	同上	-4.761 6	1.845 1	0	1
环境规制	第四章因子分析测得	-1.193 6	1.135 1	0	0.496 7
命令型规制	同上	-1.894 5	1.891 1	0	1
激励型规制	同上	-1.538 5	1.997 4	0	1
引导型规制	同上	-1.986 8	1.943 1	0	1
自愿型规制	同上	-1.888 8	1.990 7	0	1

（续）

变量名称	变量赋值	最小值	最大值	均值	标准差
控制变量					
性别	男性＝1，女性＝0	0	1	0.966 9	0.179 0
年龄	户主实际年龄（岁）	30	70	47.708 2	8.602 8
受教育程度	户主实际受教育年限（年）	1	16	8.850 2	2.523 0
家中是否有村干部或公务员	有＝1，无＝0	0	1	0.379 4	0.485 7
家中是否有畜牧技术人员	有＝1，无＝0	0	1	0.173 2	0.378 8
家庭净收入	家庭净收入金额（元）	−90	191.654 0	17.865 2	32.886 7
劳动力数量	年满16周岁劳动力人数（人）	1	8	2.581 7	1.828 5
手机或电脑数量	拥有手机或电脑数量（部/台）	0	9	4.155 6	2.238 9
养殖目的	主要收入＝1，补贴家用＝0	0	1	0.848 3	0.359 1
养殖年限	从事生猪养殖年限（年）	1	37	8.634 2	5.170 3
养殖规模	生猪出栏量与年底存量之和（头）	5	1 965	471.046 7	514.069 2
来往的养殖户	来往的其他养殖户数量（户）	0	70	10.881 3	9.288 5
来往的收购人	来往的生猪收购人数量（人）	1	17	5.815 2	3.847 3
圈舍是否属于禁养区	是＝1，否＝0	0	1	0.126 5	0.332 7
圈舍与畜牧部门距离	实际距离（里）	0	34	9.343 0	5.351 6
地区虚拟变量					
是否位于河北	是＝1，否＝0	0	1	0.377 4	0.485 2
是否位于湖北	是＝1，否＝0	0	1	0.319 1	0.466 6

（二）研究方法

无害化报告行为分为报告决策和报告时效两个决策阶段。养殖户只有作出无害化报告决策，才能进一步观察到报告时效。可见，对养殖户无害化报告行为存在样本选择偏误问题。因此，借鉴 Wynand 和 Praag（1981）提出的 Heckprobit 模型控制和检验两个阶段 Probit 模型中存在的样本选择问题。模型构建如下：

$$Y_{aj}^* = X_j\beta + u_{aj}，当 Y_{aj}^* > 0 时，Y_j^{\text{probit}} = 1，否则 Y_j^{\text{probit}} = 0$$

$$(5-1)$$

$$Y_{bj}^* = Z_j\gamma + u_{bj}，当 Y_{bj}^* > 0 时，Y_j^{\text{select}} = 1，否则 Y_j^{\text{select}} = 0$$

$$(5-2)$$

$$u_a \sim N(0,1)$$

$$u_b \sim N(0,1)$$

$$corr(u_a,u_b) = \delta$$

由公式（5-1）和公式（5-2）可得，只有当 $Y_j^{\text{select}} = 1$ 时，即养殖户做出无害化报告决策，Y_j^{probit} 才能被观察到，即观测到报告的具体实效。其中，Y_{aj}^* 和 Y_{bj}^* 表示不可观测潜变量，Y_j^{probit} 和 Y_j^{select} 表示可观测的虚拟变量（被解释变量），X_j 和 Z_j 分别代表两组解释变量（含控制变量和地区虚拟变量），β 和 γ 为待估计系数，u_{aj} 和 u_{bj} 为随机误差项，二者服从标准正态分布，期望值为 0，方差为 1，相关系数为 ρ，j 表示第 j 个观测样本。当 $\delta \neq 0$ 时，可得取值概率，并产生对数似然函数。

$$\text{prob}[Y_j^{\text{select}} = 0 | X,Z] = 1 - \Phi(Z'\gamma)$$

$$\text{prob}[Y_j^{\text{probit}} = 0, Y_j^{\text{select}} = 1 | X,Z] = \Phi_2(-X'\beta, Z'\gamma, -\delta)$$

$$(5-3)$$

$$\text{prob}[Y_j^{\text{probit}} = 1, Y_j^{\text{select}} = 1 | X,Z] = \Phi_2(X'\beta, Z'\gamma, \delta)$$

$$\ln L = \sum_{m1} \ln\{\Phi(-Z'\gamma)\} + \sum_{m2} \ln\{\Phi_2(-X'\beta, Z'\gamma, -\delta)\}$$
$$+ \sum_{m3} \ln\{\Phi_2(X'\beta, Z'\gamma, \delta)\}$$

根据公式（5-3）可得，m_1 表示 $Y_j^{\text{select}} = 0$ 时的样本；m_2 表示 $Y_j^{\text{select}} = 1$，$Y_j^{\text{probit}} = 0$ 时的样本；m_3 代表 $Y_j^{\text{select}} = 1$，$Y_j^{\text{probit}} = 1$ 时的样本。$\Phi(\cdot)$ 为累积正态分布函数。

此外，Heckprobit 模型需要设置至少一个识别变量，该变量会影响选择方程（第一阶段的报告决策）的被解释变量，但不会影响结果方程（第二阶段的报告时效）的被解释变量。因此，本章公式（5-2）中引入道德义务感知变量作为识别变量，主要理由为：道德义务感知是农户环境行为的重要内驱因子（Schwartz，1981）。道德义务感知越强，养殖户越倾向于做出无害化报告决策，但与报告时效没有直接因果关系。调研中通过询问"丢弃和出售病死猪是不道德行为吗？"如果回答"是"，则赋值为1；反之赋值为0。因此，模型可拓展为：

$$\text{prob}\left[Y_j^{\text{select}} = 0 \,|\, X, Z\right] = 1 - \Phi\left(\gamma_0 + \sum_{k=1} \gamma_{kj} Z_{kj}\right)$$

$$\text{prob}\left[Y_j^{\text{probit}} = 0, Y_j^{\text{select}} = 1 \,|\, X, Z\right] = \Phi_2\left(-\beta_0 - \sum_i X_{ji}\beta_{ji}, \gamma_0 + \sum_{k=1} \gamma_{kj} Z_{kj}, -\delta\right)$$

$$(5-4)$$

$$\text{prob}\left[Y_j^{\text{probit}} = 1, Y_j^{\text{select}} = 1 \,|\, X, Z\right] = \Phi_2\left(-\beta_0 + \sum_i X_{ji}\beta_{ji}, \gamma_0 + \sum_{k=1} \gamma_{kj} Z_{kj}, \delta\right)$$

公式（5-4）中的γ_0、β_0为方程中的截距项。最后，采用极大似然估计法进行估计，并采用相应的统计量进行参数检验。

四、实证结果

（一）统计推断

为判断风险认知、环境规制与养殖户无害化报告行为之间的关系，首先对三者之间的关系进行统计推断。将报告决策和报告时效分组，分别对不同组别养殖户的风险认知水平与环境规制强度的均值差异进行独立样本t检验，检验结果如表5-2所示。可以发现，从报告决策来看，报告组与未报告组养殖户的风险认知水平存在显著差异，差值为0.140 0；其中，生态、食品和公共卫生安全风险认知水平存在显著差异，差值分别为0.242 0、−0.418 6和0.911 7，生产安全风险认知水平在组别间的差异并不显著，说明样本区养殖户生产安全风险认知水平差异较小；报告组和未报告组环境规制强度存在显著差异，差值为0.677 2；其中，命令型、激励型、引导型和自愿型规制的影响强度均值存在显著差异，差值分别为0.679 0、0.456 2、0.389 4和0.827 7。从报告时效来看，报告组与未报告组养殖户的风险认知水平存在显著差异，差值为0.143 3，其中食品和公共卫生安全的风险认知水平存在显著差异，差值分别为0.157 0和0.215 8，生态和生产安全风险认知水平在组别间的均值差异并不显著；报告组和未报告组环境规制强度均值存在显著差异，差值为 0.164 5；其中，激励型和引导型规制的强度均值差异较为显著，分别为 0.205 3 和 0.145 6，命令型和自愿型规制在组别间的均值差异并不明显。

表 5 - 2　核心变量指标均值差异 *t* 检验

变量名称	分组变量				差值	
	报告（A）	未报告（B）	及时（C）	不及时（D）	A—B	C—D
风险认知	0.026 4	−0.113 6	0.081 6	−0.061 8	0.140 0***	0.143 3***
生态安全风险认知	0.116 5	−0.125 5	0.147 2	0.067 6	0.242 0***	0.079 6
生产安全风险认知	0.056 5	−0.081 0	0.088 1	0.006 0	0.137 6	0.082 1
食品安全风险认知	−0.031 7	0.386 9	0.028 7	−0.128 2	−0.418 6***	0.157 0*
公共卫生安全风险认知	0.233 4	−0.678 3	0.316 4	0.100 7	0.911 7***	0.215 8***
环境规制	0.138 3	−0.538 9	0.201 6	0.037 1	0.677 2***	0.164 5***
命令型规制	0.169 9	−0.509 1	0.213 5	0.100 3	0.679 0***	0.113 2
激励型规制	−0.031 7	−0.487 9	0.047 3	−0.158 0	−0.456 2***	0.205 3**
引导型规制	0.063 6	−0.325 8	0.119 7	−0.026 0	0.389 4***	0.145 6*
自愿型规制	0.091 0	−0.736 7	0.126 9	0.033 5	0.827 7***	0.093 5

注：对差值进行独立样本 *t* 检验；*、**、*** 分别表示在 10%、5% 和 1% 的统计水平上显著。

此外，本章对所有解释变量进行了多重共线性检验。通常认为，如果方差膨胀因子（VIF）大于 10，说明变量间存在严重的多重共线性问题。结果显示，VIF 最大值为 4.215，最小值为 1.027，平均值为 2.753，表明变量间不存在严重多重共线性问题。限于篇幅，表 5 - 3 仅给出了以风险认知作为因变量，其他变量作为自变量的多重共线性检验结果。可以发现，VIF 最大值为 2.39，最小值为 1.11，均值为 1.60，表明解释变量间不存在多重共线性问题。

表 5 - 3　多重共线性诊断结果

因变量	自变量	多重共线性诊断	
		VIF	1/VIF
风险认知	环境规制	1.60	0.625 0
	性别	1.11	0.900 9
	年龄	1.94	0.515 5
	受教育程度	2.03	0.492 6
	家中是否有村干部或公务员	1.20	0.833 3
	家中是否有畜牧技术人员	1.17	0.854 7
	家庭净收入	1.91	0.523 6
	劳动力数量	2.39	0.418 4
	手机或电脑数量	1.94	0.515 5
	养殖目的	1.21	0.826 4
	养殖年限	1.31	0.763 4
	养殖规模	2.19	0.456 6
	来往的养殖户	1.47	0.680 3
	来往的收购人	1.65	0.606 1
	圈舍是否属于禁养区	1.45	0.689 7
	圈舍与畜牧部门距离	1.26	0.793 7
	VIF 均值	1.50	

（二）实证结果分析

1. 基于 Heckprobit 选择模型估计结果

首先将风险认知和环境规制纳入模型进行估计（模型 1），然后分别探讨风险认知和环境规制各维度的影响效应（模型 2）。可以发现，两个模型 Wald 卡方值在 1% 的统计水平上均通过了显著性检验，表明模型拟合效果较优。对模型两个阶段相关系数进行似然比检验可以发现，ρ 值在 5% 和 1% 的统计水平上通过显著性检验，说明两个模型均拒绝了"$\rho = 0$ 的原假设"，即两个阶段存在相互依赖关系，采用 Heckprobit 模型估计具有合理性。此外，识别变量中的道德义务感知对养殖户报告决策存在正向显著影响，但对报告时效的影响不显著，说明道德义务感知适合作为识别变量。

表 5 - 4 给出了模型估计结果，可以发现：风险认知对养殖户报告决策的影响不显著，但对报告时效在 5％ 的统计水平上存在正向显著影响，假设 H1 得到部分证实。具体而言，生产和公共卫生安全风险认知分别在 5％ 和 1％ 的统计水平上对养殖户报告决策具有正向显著影响，但对报告时效的影响不显著；生态和食品安全风险认知对养殖户报告决策的影响不显著，但在 10％ 的统计水平上对报告时效存在正向显著影响，假设 H1a 和 H1b 得到部分证实。可能的解释为：一是风险认知内部维度影响效应异质性使得风险认知总体上对养殖户报告决策的影响效应难以发挥。二是病死猪信息报告关乎疫情疫病防控，也是生产经营的重要组成部分，报告决策是疫情疫病诊断以及畜牧部门科学引导养殖户实施生物安全行为的基础。因此，养殖户生产和公共卫生安全风险认知水平越高，越能够激励养殖户实施无害化报告行为。三是瞒报、谎报、漏报和迟报病死猪引发的生态环境损害和食品安全问题具有明显的负外部性，现有补贴政策难以实现报告成本内部化，严重信息不对称和较高道德风险难以约束养殖户及时报告病死猪，在不断暴发的典型事件中可见一斑。

环境规制及各维度在 1％ 的统计水平上对养殖户报告决策存在正向显著影响，但对报告时效的影响并不显著。可能的解释为：一是畜牧部门监管和处罚等命令型规制要求养殖户履行信息报告义务，对瞒报和谎报将给予罚款等行政处罚，并且实施与信贷、税收、补贴等优惠政策挂钩，如果养殖户不报或谎报，行为暴露风险和违法成本较高。二是国家给予疫情防控补贴、扑杀补贴和无害化处理补贴等激励政策，能够将补偿强度趋近或超越疫情报告损失边界，养殖户愿意做出报告决策。三是畜牧部门给予无害化处理技术指导可以降低养殖户报告后无害化处理的技术难题。四是畜牧部门与养殖户签订报告承诺书，但是契约式治理监管力量薄弱，养殖户违约风险较高和成本较低，契约履行效果较差。可见，环境规制作为外部约束因素，能够约束养殖户做出无害化报告决策，但是这种约束力量的可持续性较弱，对报告时效的影响效应较弱。因此，养殖户做出报告决策的动因是环境规制，但报告的时效性更依赖养殖户的内在驱动因素风险认知，结论也验证了养殖户行为是内外部因素共同作用的结果。

此外，部分控制变量对养殖户无害化报告行为存在显著影响。具体而言：户主性别在5%的统计水平上对养殖户报告决策存在正向显著影响，表明相比于女性户主，男性户主更倾向于做出报告决策。户主年龄在1%的统计水平上对养殖户报告决策存在负向显著影响，表明户主年龄越大，主要从事散养或小规模养殖经营，风险认识水平较低，养殖户对病死猪报告的抵触情绪较强。受教育程度在10%的统计水平上对养殖户报告决策存在正向显著影响，表明养殖户受教育水平越高，越能认识到瞒报、谎报、遗报或漏报病死猪引致的安全风险，实施无害化报告的意愿更为强烈。家中是否有村干部或公务员在5%的统计水平上对养殖户报告决策存在正向显著影响，表明家中村干部或公务员越多，守法遵规意识更为强烈，能够按照法规要求实施病死猪报告行为。家中是否有畜牧技术人员在10%的统计水平上对养殖户报告决策存在正向显著影响，表明畜牧技术人员能够敏锐捕捉到病死猪致死诱因，明确做出疫情疫病初步诊断，具备信息报告的优势与便利，能够协助养殖户主动实施报告行为。家庭净收入在5%的统计水平上对养殖户报告时效存在正向显著影响，表明家庭净收入越多，养殖户产业依赖性越强，风险规避意识较为强烈，用于疫情防控的投入更多，能够及时报告病死猪信息。手机或电脑数量在1%的统计水平上对养殖户报告决策存在正向显著影响，表明现代通信设备能够降低病死猪报告的成本，养殖户报告的积极性更高。养殖规模在1%的统计水平上对养殖户报告决策存在正向显著影响，表明养殖规模越大，病死猪引致的疫情疫病传播风险越高，养殖户实施报告的意愿越强烈。圈舍与畜牧部门的距离在10%的统计水平上对养殖户报告时效存在负向显著影响，表明圈舍与畜牧部门距离越远，受到畜牧部门监管力度越弱，养殖户报告的时间越长，病死猪报告时效越弱。此外，从地区虚拟变量来看，与河南相比，河北养殖户无害化报告决策和报告时效并没有显著差异；湖北养殖户无害化报告的时效性较强，即养殖户发现病死猪时能够及时报告。

表5-4　风险认知、环境规制对养殖户无害化报告行为影响的估计结果

解释变量	模型1		模型2	
	第一阶段	第二阶段	第一阶段	第二阶段
风险认知	0.258 2	0.397 3**		
	(0.254 6)	(0.179 5)		

（续）

解释变量	模型1		模型2	
	第一阶段	第二阶段	第一阶段	第二阶段
生态安全风险认知			0.101 7	0.225 5*
			(0.123 3)	(0.124 8)
生产安全风险认知			0.370 9**	0.074 1
			(0.153 0)	(0.081 8)
食品安全风险认知			−0.095 9	0.169 7*
			(0.138 5)	(0.089 5)
公共卫生安全风险认知			0.711 2***	0.200 0
			(0.142 3)	(0.140 6)
环境规制	1.867 3***	0.248 7		
	(0.309 5)	(0.274 0)		
命令型规制			0.515 8***	0.051 5
			(0.135 0)	(0.123 3)
激励型规制			0.609 4***	0.109 6
			(0.223 7)	(0.119 5)
引导型规制			0.509 0***	−0.051 9
			(0.165 2)	(0.096 6)
自愿型规制			0.729 4***	0.041 2
			(0.163 9)	(0.139 3)
性别	0.974 5**	0.299 5	0.819 5	0.450 7
	(0.467 9)	(0.455 7)	(0.546 8)	(0.468 2)
年龄	−0.049 8***	0.017 5	−0.052 5***	0.018 5
	(0.013 6)	(0.014 5)	(0.016 2)	(0.015 0)
受教育程度	0.090 1*	0.013 2	0.175 3***	0.001 3
	(0.049 5)	(0.038 5)	(0.057 6)	(0.040 7)
家中是否有村干部或公务员	0.465 0**	−0.031 1	0.688 2***	0.028 2
	(0.216 6)	(0.148 6)	(0.241 2)	(0.151 5)
家中是否有畜牧技术人员	0.525 2*	−0.225 9	0.382 5	−0.208 1
	(0.295 8)	(0.179 8)	(0.343 1)	(0.182 8)
家庭净收入	0.005 3	0.005 6**	0.007 3	0.005 4**
	(0.005 8)	(0.002 7)	(0.006 9)	(0.002 7)

（续）

解释变量	模型1		模型2	
	第一阶段	第二阶段	第一阶段	第二阶段
劳动力数量	−0.011 5 (0.078 8)	−0.053 8 (0.058 9)	−0.051 4 (0.097 7)	−0.025 8 (0.061 0)
手机或电脑数量	0.163 9*** (0.054 7)	0.001 3 (0.046 1)	0.218 2*** (0.068 3)	0.012 9 (0.054 6)
养殖目的	0.163 5 (0.286 3)	0.027 2 (0.204 8)	0.274 8 (0.314 3)	−0.003 8 (0.207 9)
养殖年限	−0.013 1 (0.019 7)	−0.012 1 (0.018 9)	−0.035 9 (0.025 9)	−0.016 5 (0.020 3)
养殖规模	0.001 3*** (0.000 4)	0.000 1 (0.000 2)	0.001 4*** (0.000 4)	0.000 1 (0.000 2)
来往的养殖户	−0.009 9 (0.010 1)	0.004 6 (0.011 5)	−0.002 8 (0.012 2)	0.011 2 (0.012 0)
来往的收购人	0.000 5 (0.035 6)	−0.064 1** (0.028 0)	−0.048 0 (0.038 5)	−0.057 1** (0.028 1)
圈舍是否属于禁养区	0.717 2 (0.445 4)	0.025 2 (0.230 6)	0.139 5 (0.468 3)	−0.025 1 (0.233 2)
圈舍与畜牧部门距离	−0.016 4 (0.019 2)	−0.030 9* (0.015 9)	0.005 2 (0.021 7)	−0.032 0** (0.016 2)
道德义务感知	0.543 0** (0.237 8)	—	0.668 4** (0.293 0)	—
是否位于河北	−0.168 5 (0.249 7)	0.086 7 (0.175 8)	0.177 1 (0.296 9)	0.065 3 (0.186 1)
是否位于湖北	−0.334 3 (0.270 4)	0.415 5** (0.197 4)	−0.252 9 (0.359 0)	0.328 2* (0.188 1)
_ cons	−0.334 3 (0.270 4)	−0.096 8 (0.135 8)	0.336 7 (0.256 6)	−0.080 8 (0.155 4)
Wald−chi^2	24.62**		25.87***	
Log−likelihood	−378.515 1		−351.221 3	
LR−test（p值）	0.012 5		0.000 2	
样本量	514		514	

注：*、**、***分别代表在10%、5%和1%的统计水平上显著；括号内为系数估计量的稳健标准误。

2. 基于环境规制的调节效应检验结果

为进一步检验环境规制在风险认知影响养殖户无害化报告行为中的调节效应，本章进一步引入风险认知与环境规制的交互项（模型 3）以及风险认知与环境规制各维度的交互项（模型 4）。在交互项构建之前对各变量进行了标准化处理以消除解释变量与交互项之间可能存在的多重共线性问题。从模型估计结果可以发现：①风险认知和环境规制的交互项在 5％的统计水平上对养殖户无害化决策和时效同时产生影响，可见环境规制在风险认知与养殖户无害化报告之间存在显著的正向调节效应，也进一步证实外部情境因素能够通过成本控制、风险管理和环境优化强化内部因素的影响效应。假设 H3 得到验证。②风险认知和激励型规制的交互项以及风险认知和引导型规制的交互项分别在 1％和 5％的统计水平上通过显著性检验，即环境规制的调节效应主要由激励型规制和引导型规制贡献，命令型规制和自愿型规制在风险认知与养殖户无害化报告行为关系中并未发挥调节效应。可能的解释为：养殖户实施无害化报告最主要的目的是报告病死猪后可以通过正规程序获得无害化处理补贴或生猪保险理赔；通过宣传引导能够降低报告后养殖户无害化处理成本压力和后顾之忧。因此，假设 H3b 和 H3c 得到证实，假设 H3a 和 H3d 证伪（表 5－5）。

表 5－5　环境规制调节效应检验结果

解释变量	模型 3		模型 4	
	第一阶段	第二阶段	第一阶段	第二阶段
风险认知	0.091 8	0.077 3*	0.078 2	0.047 9**
	(0.154 6)	(0.043 9)	(0.094 2)	(0.021 2)
环境规制	0.110 2**	0.097 8	0.081 1*	0.025 6
	(0.049 4)	(0.109 5)	(0.042 4)	(0.074 3)
风险认知×环境规制	0.066 3**	0.072 4**		
	(0.030 5)	(0.031 3)		
风险认知×命令型规制			0.055 1	0.079 2
			(0.068 5)	(0.119 5)
风险认知×激励型规制			0.031 2***	0.061 5***
			(0.009 7)	(0.017 5)

（续）

解释变量	模型 3		模型 4	
	第一阶段	第二阶段	第一阶段	第二阶段
风险认知×引导型规制			0.021 4**	0.026 8**
			(0.009 9)	(0.011 4)
风险认知×自愿型规制			0.041 7	0.055 7
			(0.063 2)	(0.072 4)
控制变量	已控制		已控制	
地区虚拟变量	已控制		已控制	
Wald $- chi^2$	24.25**		26.22***	
Log $-$ likelihood	$-365.523\ 5$		$-370.652\ 8$	
LR $-$ test（p 值）	0.013 2		0.000 5	
样本量	514		514	

注：*、**、***分别代表在10%、5%和1%的统计水平上显著；括号内为系数估计量的稳健标准误。

五、稳健性检验

（一）基于两阶段独立 Probit 模型检验

为进一步检验模型估计结果的稳健性，本章假设养殖户无害化报告决策和报告时效两个阶段在模型参数估计时的随机干扰项服从正态分布，同时假设两个阶段相互独立，并采用两阶段独立 Probit 模型进行估计，以放松风险认知、环境规制对养殖户无害化报告行为影响的约束条件。从模型 5 和模型 6 的估计结果可以发现，与表 5 - 4 中基于 Heckprobit 模型估计结果相比，模型估计系数发生较大变动，但是影响方向并没有显著变化，由于回归系数无法直接比较大小，但可判定风险认知总体上对养殖户无害化报告决策的影响并不显著，对报告时效存在正向显著影响，这种影响效应主要由风险认知内部维度影响效应的异质性造成。环境规制及各维度对养殖户无害化报告决策存在正向显著影响，但对报告时效影响并不显著，与 Heckprobit 模型估计结果基本相同。因此，采用独立两阶段独立 Probit 模型估计结果能够验证 Heckprobit 选择模型估计结果的稳健性（表 5 - 6）。

表 5 - 6　基于两阶段独立 Probit 模型的稳健性检验结果

解释变量	模型 5		模型 6	
	第一阶段	第二阶段	第一阶段	第二阶段
风险认知	0.220 8 (0.249 4)	0.262 5*** (0.091 0)		
生态安全风险认知			0.063 7 (0.207 7)	0.170 5** (0.080 4)
生产安全风险认知			0.579 5** (0.270 1)	0.050 1 (0.047 7)
食品安全风险认知			−0.242 8 (0.248 9)	1.005 8*** (0.314 3)
公共卫生安全风险认知			1.304 8*** (0.263 3)	−0.202 0 (0.260 9)
环境规制	1.223 9*** (0.296 3)	0.123 4 (0.260 3)		
命令型规制			0.969 9*** (0.248 8)	0.360 3 (0.240 9)
激励型规制			0.980 0** (0.384 8)	0.280 5 (0.224 2)
引导型规制			0.902 7*** (0.296 0)	0.802 6 (0.996 0)
自愿型规制			1.255 9*** (0.290 6)	0.155 9 (0.250 8)
控制变量	已控制		已控制	
地区虚拟变量	已控制		已控制	
Wald - chi^2	32.15**	31.18***	32.72**	31.27***
样本量	514	400	514	400

注：*、**、***分别代表在 10%、5% 和 1% 的统计水平上显著；括号内为系数估计量的稳健标准误。

(二) 基于递归 Logit 模型检验

本章进一步假设养殖户无害化报告决策和报告时效两个阶段在模型参数

估计时的随机干扰项服从 Logistic 分布，以放松风险认知、环境规制对养殖户无害化报告行为影响的约束，同时借鉴 Miranda 和 Rabe‑Hesketh (2006) 相关研究，采用递归 Logit 模型对两个阶段进行联立估计，以验证模型估计结果的稳健性。表计 5‑7（模型 7 和模型 8）给出了基于递归 Logit 模型的估计结果，可以发现，与表 5‑4 中的 Heckprobit 模型估计结果相比，风险认知总体上对养殖户无害化报告行为存在正向显著影响。此外，生产安全风险认知和自愿型规制对养殖户报告时效存在正向显著影响。这种差异的原因可能是假设条件的适度放宽增强了核心解释变量的影响效应，结论也验证了 Heckprobit 模型估计结果的稳健性。

表 5‑7 基于递归 Logit 模型的稳健性检验结果

解释变量	模型 7		模型 8	
	第一阶段	第二阶段	第一阶段	第二阶段
风险认知	0.308 6*	0.297 5**		
	(0.166 8)	(0.133 4)		
生态安全风险认知			0.181 2	1.205 2*
			(0.123 2)	(0.655 0)
生产安全风险认知			0.870 5***	0.174 8*
			(0.288 2)	(0.097 6)
食品安全风险认知			−0.215 3	0.469 2*
			(0.178 5)	(0.261 9)
公共卫生安全风险认知			0.513 2*	0.272 0
			(0.271 0)	(0.190 6)
环境规制	1.165 3***	0.748 7		
	(0.289 4)	(1.276 2)		
命令型规制			0.910 2**	0.250 1
			(0.400 9)	(0.223 3)
激励型规制			0.309 5***	0.199 2
			(0.095 8)	(0.149 5)
引导型规制			0.809 3*	−0.450 9
			(0.421 5)	(0.396 6)
自愿型规制			1.709 2***	0.741 5**
			(0.427 3)	(0.317 1)

（续）

解释变量	模型 7		模型 8	
	第一阶段	第二阶段	第一阶段	第二阶段
控制变量	已控制		已控制	
地区虚拟变量	已控制		已控制	
Wald $-chi^2$	31.05***		29.32***	
样本量	514		514	

注：*、**、***分别代表在10%、5%和1%的统计水平上显著；括号内为系数估计量的稳健标准误。

六、进一步讨论

（一）基于信息报告渠道的调节效应检验

乡村振兴战略实施背景下，农村基础设施建设不断完善，以手机 4G 通信和互联网为主的现代通信设备成为家庭生产经营的重要组成部分。农户理性行为既受到外部经济环境、基础设施建设和信息搜寻成本等客观条件限制，又受到农户主观认识水平的制约（王海涛、王凯，2012）。因此，以手机或互联网为代表的现代通信渠道和媒介能否影响农户生产行为存在较大争议。Wyckhuys 等（2018）通过尼泊尔小农户农药施用数据研究发现，使用手机能够获取病虫害防治信息以及提高农户农药施用认知，激励小农户标准化实施农药施用行为。Odhiambo（2015）基于肯尼亚农户调查数据研究发现，手机等现代通信设备的使用能够拓展农业信息获取途径，对农户采用植物新品种具有正向促进作用。然而，另有学者认为手机或互联网使用对农户生产决策行为的影响并不显著。Futch 和 Mcintosh（2009）通过对卢旺达乡村电话用户实证研究发现，乡村电话并未对农户生产决策行为产生直接影响。上述研究产生差异的原因可能是农村通信设备主要以政府社会化服务供给的形式为主，忽视了农户信息获取偏好以及信息素养的异质性，造成信息供需不匹配，信息服务效果较差（路剑、李小北，2005）。

信息渠道对农户生产行为具有重要影响，既可以通过提供有效的技术信息，不断提高农业生产率，也可以通过优化资源配置、降低经营风险影响农户生产行为（Nowak，1987）。信息报告渠道可通过信息共享和资源配置机制影响养殖户无害化处理行为。本章将养殖户信息报告渠道分为上门报告、他人转告和被报告等传统信息报告渠道以及电话或网络等现代信息报告渠道。现代信息报告渠道能够提高报告的时效，但依赖于移动通信基站建设或电脑软硬件配给；传统信息报告渠道时效性较差，但养殖户可能更倾向于通过亲自实地报告以引起畜牧部门对反映问题的重视。在报告样本中采用传统信息报告渠道的有 167 户，采用现代信息报告渠道的有 233 户（数据收集排除两者均采用的养殖户）。鉴于核心自变量风险认知和环境规制为连续型变量，调节变量信息报告渠道为类别变量，故采用分组回归模型检验信息报告渠道在风险认知和环境规制影响养殖户无害化报告行为中的调节效应。

首先将样本拆分为采用传统信息报告渠道和未报告组（281 户）以及采用现代信息报告渠道和未报告组（347 户）。表 5-8 给出了传统信息报告渠道和现代信息报告渠道分别在风险认知和环境规制影响养殖户无害化报告行为中的调节效应检验结果。可以发现，在传统信息报告渠道组（模型 9）中，与模型 3 相比，除影响系数存在差异外，风险认知和环境规制以及二者的交互项的影响效应并没有显著差异，即传统信息报告渠道在风险认知和环境规制影响养殖户无害化报告行为中没有发挥调节作用。在现代信息报告渠道组（模型 10）中，与模型 3 相比，风险认知和环境规制对养殖户无害化报告决策和报告时效均存在正向显著影响，并且环境规制在风险认知与养殖户无害化报告行为之间的关系中发挥调节作用。可见，手机或电脑等现代通信设备在农村的普及，促使养殖户积极做出无害化报告决策，并在 2 小时内及时向畜牧部门报告病死猪信息。

表 5-8　基于信息渠道调节效应的检验结果

解释变量	传统信息报告渠道组（模型 9）		现代信息报告渠道组（模型 10）	
	第一阶段	第二阶段	第一阶段	第二阶段
风险认知	0.273 2 (0.427 5)	0.102 5*** (0.034 1)	0.093 5* (0.053 7)	0.072 1** (0.030 1)
环境规制	0.008 5** (0.003 7)	0.072 1 (0.125 0)	0.120 3** (0.054 6)	0.092 6* (0.049 3)

（续）

解释变量	传统信息报告渠道组（模型9）		现代信息报告渠道组（模型10）	
	第一阶段	第二阶段	第一阶段	第二阶段
风险认知×环境规制	0.221 2*	0.091 5**	0.121 5***	0.081 4***
	(0.122 8)	(0.042 1)	(0.033 7)	(0.023 2)
控制变量	已控制		已控制	
地区虚拟变量	已控制		已控制	
Wald－chi^2	22.17***		24.25***	
样本量	281		347	

注：*、**、***分别代表在10%、5%和1%的统计水平上显著；括号内为系数估计量的稳健标准误。

（二）基于养殖规模异质的影响效应分析

已有关于养殖户生产或环境行为的研究较少考虑不同规模养殖户行为选择的影响因素（王建华等，2019；刘铮等，2019；田璞玉等，2019；李乾、王玉斌，2018）。不同养殖规模嵌入的经济结构和社会关系具有异质性，因此研究风险认知和环境规制对不同规模养殖户无害化报告行为的影响具有必要性。此外，另有学者认为以养殖规模作为分类指标，并不能完全解释养殖户的环境行为，还需要对生猪养殖主体的社会经济特性进行深入分析（饶静、张燕琴，2018）。因此，本章以养殖规模作为分类标准，充分考虑不同规模养殖户的个体、家庭、经营和环境特征，进一步探讨风险认知和环境规制对不同规模养殖户的影响效应。从表5-9可以发现，模型11～模型13分别给出了风险认知和环境规制对散养户、专业养殖户和规模养殖户无害化报告行为影响估计结果。可以发现：①风险认知在10%的统计水平上对散养户报告决策和报告时效存在正向显著影响，环境规制对散养户无害化报告行为的影响不显著，环境规制在风险认知与散养户无害化报告行为之间并没有发挥调节效应。可能的解释为：生猪散养范围较广，养殖规模较小，政府实施无害化报告政策边缘化趋势明显，环境规制政策的实效较低；然而，尽管散养户养殖收入尚未构成家庭收入主要来源，并且主要以补贴家用或过节屠宰自食为经营目的，但散养户比较重视生猪养殖情况，一旦发生疫情疫病能够及时报告,以避免邻里间遭受重大疫情损失。②风险认知在 1% 的统计水平上对专业养殖户报告时效存在正向显著影响,环境规制在 10% 的统计水平上对专业养殖户报告决策存在正向显著影响,环境规制在风险认知与专业养殖户无害化报告行为之间发挥调节效应。可能的解释为:专业养殖户主要以合作社、家庭农场或养殖小区等组织形式开展生猪养殖,也成为当地畜牧部门监管的重点对象,环境规制政策的实效较强;专业养殖户是散养户向规模养殖户过渡的经营形式,更多将资金投入养殖经营,疫情疫病防控意识、投入和措施不足,与适度规模养殖要求的疫情防控条件和标准存在差距,在发现病死猪时行为反应被动。③风险认知和环境规制对规模养殖户无害化报告行为存在正向显著影响,并且环境规制正向调节风险认知对规模养殖户无害化报告行为的影响效应。可能的解释为:规模养殖户主要为生猪养殖地区的专业大户或龙头企业,疫病防控条件较好,具备专业技术人员,一旦发现病死猪时能够迅速做出报告决策并及时向畜牧部门报告;规模养殖户作为生猪养殖企业的代表,是政府政策扶植和监管的对象,也是标准化养殖的带动者。因此,规模养殖户能够响应政策号召及时报告病死猪信息,以降低病死猪迟报或漏报引致的安全风险。

表 5-9 基于不同规模养殖户的影响效应估计结果

解释变量	散养户（模型 11）		专业养殖户（模型 12）		规模养殖户（模型 13）	
	第一阶段	第二阶段	第一阶段	第二阶段	第一阶段	第二阶段
风险认知	0.052 2*	0.062 1*	0.153 2	0.102 5***	0.183 3*	0.142 4**
	(0.029 0)	(0.033 2)	(0.226 4)	(0.028 2)	(0.096 5)	(0.065 6)
环境规制	0.028 4	0.072 1	0.008 5*	0.082 8	0.016 5*	0.042 8**
	(0.043 5)	(0.105 8)	(0.004 5)	(0.105 7)	(0.009 2)	(0.019 9)
风险认知× 环境规制	0.081 6	0.031 2	0.173 0*	0.061 7**	0.161 1***	0.062 5**
	(0.152 8)	(0.042 1)	(0.093 5)	(0.027 3)	(0.040 7)	(0.027 2)
控制变量	已控制		已控制		已控制	
地区虚拟变量	已控制		已控制		已控制	
Wald-chi^2	17.65***		19.27***		16.10***	
样本量	169		195		150	

注:*、**、***分别代表在 10%、5% 和 1% 的统计水平上显著;括号内为系数估计量的稳健标准误。

七、本章小结

本章基于河北、河南和湖北 514 户生猪养殖户数据,运用纠正样本选择的 Heckprobit 模型探讨风险认知、环境规制对养殖户无害化报告行为的影响,并进一步讨论信息报告渠道在风险认知和环境规制影响效应中的调节效应以及风险认知和环境规制对不同规模养殖户影响效应的异质性。主要研究结论如下:

(1)风险认知对养殖户报告决策的影响效应不明显,但对报告时效存在促进作用。其中,生产和公共卫生安全风险认知对养殖户报告决策存在正向促进作用;生态和食品安全风险认知对养殖户报告决策的影响不显著,但对报告时效发挥正向促进作用。

(2)环境规制能够约束养殖户做出无害化报告决策,但对报告时效的影响效应较弱。因此,养殖户做出报告决策的动因是环境规制,但报告时效性依赖于养殖户的风险认知。环境规制正向调节风险认知对养殖户无害化报告行为的影响,表明外部情境因素能够强化内部因素的影响效应,并且这种调节效应主要由激励型和引导型规制贡献,命令型和自愿型规制并未增强风险认知对养殖户无害化报告行为的影响。

(3)在现代信息报告渠道样本中,风险认知和环境规制对养殖户无害化报告决策和报告时效均存在正向显著影响,并且环境规制在风险认知与养殖户无害化报告行为之间的关系中发挥调节作用。因此,现代通信设备普遍能够促使养殖户实施无害化报告行为。

(4)风险认知对散养户无害化报告行为存在正向促进作用;环境规制对散养户无害化报告行为的影响不显著,并且环境规制在风险认知与散养户无害化报告行为之间并没有发挥调节作用。风险认知能够约束专业养殖户及时报告病死猪信息,环境规制能够约束专业养殖户做出无害化报告决策,并且环境规制在风险认知与专业养殖户无害化报告行为之间发挥调节效应。风险认知和环境规制对规模养殖户无害化报告行为存在正向促进作用,并且环境规制正向调节风险认知对规模养殖户无害化报告行为的影响。可见,风险认知和环境规制对不同规模养殖户的影响效应具有较强的异质性。

第六章　风险认知、环境规制对养殖户无害化决策行为的影响

一、问题提出

改革开放 40 年来，我国生猪存栏量和出栏量稳居世界首位。2018 年全国生猪存栏量 42 817 万头，生猪出栏量 69 382 万头，猪肉及相关制品在居民饮食结构和农业产业发展中发挥着不可替代作用。为此，政府通过鼓励适度规模化养殖和标准化养殖场建设，持续增强生猪产能稳定供给，保障居民肉源性食品安全。然而，我国生猪养殖仍然存在粗放式经营、松散式管理、标准化程度较低和疫情疫病防控水平较低等诸多问题（金书秦等，2018；耿宁、李秉龙，2016；刘小红等，2013），2016 年生猪淘汰量（病死量）高达6 000 万头。自黄浦江病死猪事件以来，政府通过监管处罚、补贴补助、宣传引导和设施配给等路径加强病死猪无害化处理，并着力开展无害化集中处理及无害化处理与生猪保险理赔挂钩政策的试点（舒畅、乔娟，2016）。然而，病死猪被随意丢弃、出售和掩埋等案件时有发生，严重威胁地域生态环境和食品安全，对疫情疫病防控和生猪产业发展也产生消极影响。病死猪是生猪养殖中的必然产物，在源头控制复杂情境下，如何约束养殖户做出无害化处理决策，对于遏制病死猪贩卖或出售不当处理行为具有重要意义。

已有文献对养殖户病死猪处理行为进行了有益探讨。从方式选择来看，学者普遍认为养殖户处理病死猪方式主要包括深埋、焚烧、化制、堆肥、发酵、碳化等无害化处理行为和丢弃、出售、自食等不当处理行为（张雅燕，2013；李立清、许荣，2014）。从行为选择影响因素来看，

文化教育程度、家庭收入水平、猪养殖规模、有无集中处理设施、监管与处罚政策、技术培训与补贴政策、法律政策认知、疫病防控认知、防疫和监管机构人数等因素对养殖户实施无害化处理行为具有显著促进作用（吴林海等，2014）；户主年龄、无害化处理成本、圈舍与畜牧部门的距离、病死猪的收购价格等因素对养殖户实施不当处理行为具有正向显著影响。此外，另有学者还考察了不同规模养殖户病死猪处理行为选择的影响因素，研究发现不同规模养殖户处理行为选择的影响因素具有较强异质性，这种差异与嵌套的经济结构和社会关系密切相关（许荣、肖海峰，2017）。

养殖户行为是内部和外部因素共同作用的结果。从内部因素来看，认知是行为先导（Corbett et al.，2019），风险认知是农户理性决策的心理动因（Roche-Cerasi et al.，2013）。作为市场经营主体，养殖户从事生猪养殖必然会考虑到疫情疫病损害和市场价格风险；同时，养殖户也承担法律法规要求的废弃物治理和公共卫生参与等风险防控责任（Si et al.，2019）。在非洲猪瘟等疫情冲击和生猪市场价格波动情境下，风险认知成为驱动养殖户实施无害化处理行为最为重要的心理因素。从外部情境因素来看，病死猪无害化处理正外部效应较为明显，以致部分养殖户选择丢弃或出售病死猪。因此，政府通过实施监管惩罚、补贴补助和技术引导等环境规制措施，旨在约束养殖户实施无害化处理行为。可见，环境规制成为养殖户实施无害化决策行为最主要的外部情境因素。然而，现有文献主要从风险认知或环境规制某一个方面进行研究，而未将风险认知与环境规制整体进行考量；鲜有学者对风险认知或环境规制不同维度的影响效应进行分析，得出的结论往往过于笼统，缺乏政策针对性。此外，风险认知和环境规制对养殖户无害化决策行为的影响机制与传导路径尚未揭示。

本章的主要贡献在于：一是探讨风险认知、环境规制对养殖户无害化决策行为的影响并分析环境规制在风险认知对养殖户无害化决策行为影响中的调节效应；二是检验风险规避在风险认知影响养殖户无害化决策行为中的中介效应及其在环境规制影响养殖户无害化决策行为中的调节效应；三是进一步考察风险认知、环境规制对不同规模养殖户的影响效应。

二、理论分析和研究假设

(一) 风险认知对养殖户无害化决策行为的影响

风险认知用以描述和解释个体行为决策时最主要的心理变化和活动 (Lennart，2000)。风险认知主要通过风险规避和风险管理机制影响养殖户无害化决策行为。具体而言，从风险规避来看，户主的年龄、性别、受教育程度以及社会职务等因素对农户风险规避具有显著影响 (巩前文等，2010)。养殖户在行为决策前可通过增加疫情疫病设施或产品投入，降低病死猪发生率和死亡率，从根源上减缓生产安全和公共卫生安全风险实现。养殖户在行为决策时可通过出售或丢弃等不当处理行为减少无害化处理成本，实现生态安全和食品安全风险分散和转移。从风险管理来看，农户在行为决策前可通过风险应对措施降低风险损害，并以最低成本实施风险防控策略。丁士军和陈传波 (2001) 认为发展中国家农户通常是风险厌恶者，既可以通过多样化的活动来分散风险，又可以通过灵活的投入策略回避风险，前者如多渠道增加收入及预期可控风险等，后者如购买商业保险及生产分散投资等。养殖户在无害化处理决策之前主要考虑到行为决策对家庭收入影响，包括无害化处理可获取的保险赔偿和补贴收益。因此，生产安全和公共卫生安全风险认知水平较高，养殖户通常选择购买生猪保险以应对病死猪产生的安全风险。基于此，提出如下假设：

H1：风险认知影响养殖户无害化决策行为的方向不确定；

H1a：生态安全风险认知负向影响养殖户无害化决策行为；

H1b：生产安全风险认知正向影响养殖户无害化决策行为；

H1c：食品安全风险认知负向影响养殖户无害化决策行为；

H1d：公共卫生安全风险认知正向影响养殖户无害化决策行为。

(二) 环境规制对养殖户无害化决策行为的影响

环境规制主要通过监管处罚、补贴补助、技术引导和契约承诺等规制措施约束养殖户实施无害化处理。具体而言，命令型规制强调畜牧执法部门对养殖户实施病死猪无害化处理过程进行动态监管，对丢弃或出售病死猪等不当处理行为给予行政处罚，甚至吊销营业执照，强制其退出生猪养殖。激励型规制通过引入市场机制降低环境治理成本以增强养殖户无害化处理的主动性。政府通过实施无害化处理设施补助、无害化处理补贴、无害化处理与生猪保险理赔挂钩等优惠政策，大幅降低养殖户无害化处理成本，趋向实现环境治理成本内部化。无害化处理技术标准较高，处理过程存在病原体暴露风险，养殖户通常无法按照既定标准实施，这也是部分养殖户掩埋病死猪的重要原因。政府通过政策宣传和技术推广引导持续提升无害化处理的规范性，降低养殖户技术采用成本。环境治理本身存在污染主体、治理主体和监管主体之间信息不对称，非正式环境制度成为破解裂隙的重要砝码（原毅军、谢荣辉，2014）。政府、畜牧部门、其他养殖户与养殖户签订承诺书，通过契约形式界定权利义务关系，降低畜牧部门监管压力，有利于增强无害化处理的可持续性。基于此，提出如下假设：

H2：环境规制正向影响养殖户无害化决策行为；

H2a：命令型规制正向影响养殖户无害化决策行为；

H2b：激励型规制正向影响养殖户无害化决策行为；

H2c：引导型规制正向影响养殖户无害化决策行为；

H2d：自愿型规制正向影响养殖户无害化决策行为。

（三）环境规制在风险认知对养殖户无害化决策行为影响中的调节效应

无害化决策属于养殖户行为选择范畴。尽管养殖户认识到丢弃或出售病死猪引致安全风险，但其未必做出无害化处理决策（司瑞石等，2019）。环境规制作为约束养殖户无害化决策行为的外部力量，能够驱动养殖户从"理性选择"向"有限理性"转变，从某种程度上调节风险认知对养殖户无害化决策行为的影响，促使养殖户从不当处理向无害化处理行为转化。具体而言，命令型规制通过法律强制措施，以典型案例形式警示养殖户不当处理需要承担的法律责任，不断强化养殖户的风险认知水平，促使其做出无害化处理行为选择。激励型规制通过分散无害化处理成本以消除风险认知转化为无害化处理行为的现实障碍，减缓养殖户犹豫不决的决策状态，促使其实施无害化处理行为。引导型规制既可以通过政策宣传直接提高养殖户的风险认知水平，也可以通过技术引导形式减少技术获取成本，进而促进无害化处理标准化实施。自愿型规制通过双方平等协商形式拓宽风险管理媒介，为风险认知无条件向无害化处理转化提供便捷通道。基于此，提出如下假设：

H3：环境规制正向调节风险认知对养殖户无害化决策行为的影响；

H3a：命令型规制正向调节风险认知对养殖户无害化决策行为的影响；

H3b：激励型规制正向调节风险认知对养殖户无害化决策行为的影响；

H3c：引导型规制正向调节风险认知对养殖户无害化决策行为的影响；

H3d：自愿型规制正向调节风险认知对养殖户无害化决策行为的影响。

三、变量选取和研究方法

(一) 变量选取

1. 被解释变量

本章被解释变量为养殖户无害化决策行为，即养殖户是否实施无害化处理。如果养殖户选择深埋、焚烧、化制、堆肥、发酵、碳化等遵从处理行为1项以上的，赋值为1；如果养殖户选择丢弃、出售、自食等不当处理行为1项以上的，赋值为0。可见，养殖户无害化决策行为属于二元离散变量。考虑到养殖户对病死猪丢弃或出售等行为较为敏感，并会做出不真实回答，以致数据获取与实际情况存在较大偏差。因此，在问卷设计和调研过程中通过多个问题相互佐证以确保数据获取相对真实，如"您是否将病死猪丢弃、出售或自食？""您认为病死猪可以丢弃或出售吗？""您认为病死猪高温加热后可以使用吗？"在514份样本中，选择实施无害化处理的有470户，选择实施不当处理的有44户。为便于实证研究，样本假设不存在既实施无害化处理又实施不当处理的情况。

2. 解释变量

解释变量为风险认知和环境规制。在第四章中通过因子分析法测得养殖户的风险认知水平与环境规制强度。

3. 控制变量

同第五章。各变量描述性统计如表6-1所示。

表 6-1　各变量赋值和描述性统计分析

变量名称	变量赋值	最小值	最大值	均值	标准差
被解释变量					
无害化处理决策	选择无害化处理＝1，选择不当处理＝0	0	1	0.914 4	0.280 0
解释变量					
风险认知	第四章因子分析测得	−1.459 5	0.955 8	0	0.495 6
生态安全风险认知	同上	−1.966 0	1.978 0	0	1
生产安全风险认知	同上	−1.986 8	1.853 9	0	1
食品安全风险认知	同上	−4.531 9	1.910 0	0	1
公共卫生安全风险认知	同上	−4.761 6	1.845 1	0	1
环境规制	第四章因子分析测得	−1.193 6	1.135 1	0	0.496 7
命令型规制	同上	−1.894 5	1.891 1	0	1
激励型规制	同上	−1.538 5	1.997 4	0	1
引导型规制	同上	−1.986 8	1.943 1	0	1
自愿型规制	同上	−1.888 8	1.990 7	0	1
控制变量					
性别	男性＝1，女性＝0	0	1	0.966 9	0.179 0
年龄	户主实际年龄（岁）	30	70	47.708 2	8.602 8
受教育程度	户主实际受教育年限（年）	1	16	8.850 2	2.523 0
家中是否有村干部或公务员	有＝1，无＝0	0	1	0.379 4	0.485 7
家中是否有畜牧技术人员	有＝1，无＝0	0	1	0.173 2	0.378 8
家庭净收入	家庭净收入金额（元）	−90	191.654 0	17.865 2	32.886 7
劳动力数量	年满16周岁劳动力人数（人）	1	8	2.581 7	1.828 5
手机或电脑数量	拥有手机或电脑数量（部/台）	0	9	4.155 6	2.238 9
养殖目的	主要收入＝1，补贴家用＝0	0	1	0.848 3	0.359 1
养殖年限	从事生猪养殖年限（年）	1	37	8.634 2	5.170 3
养殖规模	生猪出栏量与年底存量之和（头）	5	1 965	471.046 7	514.069 2

（续）

变量名称	变量赋值	最小值	最大值	均值	标准差
控制变量					
来往的养殖户	来往的其他养殖户数量（户）	0	70	10.881 3	9.288 5
来往的收购人	来往的生猪收购人数量（人）	1	17	5.815 2	3.847 3
圈舍是否属于禁养区	是=1，否=0	0	1	0.126 5	0.332 7
圈舍与畜牧部门距离	实际距离（里）	0	34	9.343 0	5.351 6
地区虚拟变量					
是否位于河北	是=1，否=0	0	1	0.377 4	0.485 2
是否位于湖北	是=1，否=0	0	1	0.319 1	0.466 6

（二）研究方法

采用 Logit 模型估计风险认知、环境规制对养殖户无害化决策行为的影响。Logit 模型主要针对二分类和多分类响应变量建立的回归模型，前提是假设数据服从 Logistic 分布，自变量包括定性数据和定量数据。鉴于因变量 Y 养殖户无害化决策行为属于二元离散变量，取值为 1 和 0；自变量为 x_1，x_2, $x_3 \cdots x_p$。Logit 模型形式为：

$$\text{Logit}\left(\frac{p(Y=1)}{1-p(Y=1)}\right) = a_i + \beta_1 x_1 + \beta_2 x_2 + \cdots + \beta_p x_p$$

$$(6-1)$$

式（6-1）中，$p(Y=1)$ 表示取概率值。根据因变量和自变量取值，可建立 Logit 回归方程如下：

$$\text{Logit} Y_i = a + \beta_1 x_1 + \beta_2 x_2 + \cdots + \beta_p x_p \qquad (6-2)$$

式（6-2）中，$i=0,1$；a 为常数项；$p=1,2,\cdots 15$。

四、实证结果分析

（一）统计推断

为判断风险认知、环境规制与养殖户无害化决策行为之间的关联关系，以决策行为作为分组标准，运用独立样本 t 检验对三者之间的关联关系进行统计推断。从表 6-2 可以发现：①风险认知在组别间均值差异并不显著，差值为 0.072 3，说明样本区选择实施无害化处理的养殖户与实施不当处理的养殖户在风险认知水平上差异较小。然而，组别间的生态和生产安全风险认知均值存在显著差异，差值分别为 -0.592 1 和 0.642 8；食品和公共卫生安全风险认知组别间均值差异并不显著。可见，风险认知组别间均值差异不显著的原因可能是不同风险认知异质引起并相互抵消。②环境规制在组别间均值存在显著差异，差值为 0.403 1。这种差异主要由命令型和引导型规制的均值差异引起，差值分别为 0.655 0 和 0.506 0；组别间激励型和自愿型规制的均值差值并不显著。

表 6-2 核心变量指标均值差异 t 检验

变量名称	分组变量		差值
	选择无害化处理组（A）	选择不当处理组（B）	A—B
风险认知	0.001 5	-0.070 8	0.072 3
生态安全风险认知	0.012 2	0.604 3	-0.592 1***
生产安全风险认知	0.081 0	-0.561 8	0.642 8***
食品安全风险认知	0.157 0	0.052 2	0.104 8
公共卫生安全风险认知	0.046 4	-0.132 1	0.178 5
环境规制	0.022 6	0.380 5	0.403 1***
命令型规制	0.075 4	-0.579 6	0.655 0***
激励型规制	-0.128 5	-0.179 3	0.050 8
引导型规制	0.020 6	-0.485 4	0.506 0***
自愿型规制	-0.076 1	-0.269 7	0.193 6

注：对差值进行独立样本 t 检验；*、**、*** 分别表示在 10%、5% 和 1% 的统计水平上显著。

此外，在第五章中对解释变量进行多重共线性检验的基础上，本章对核心解释变量风险认知和环境规制进行多重共线性检验。检验以生态安全风险认知为因变量，其他变量为自变量进行回归。通常认为当 VIF 值大于 10 则存在严重多重共线性问题，从表 6-3 可以发现，VIF 的最小值为 1.05，最大值为 1.14，均值为 1.10，表明核心解释变量间不存在严重多重共线性问题。

表6-3　多重共线性诊断

因变量	自变量	多重共线性诊断	
		VIF	1/VIF
生态安全风险认知	生产安全风险认知	1.14	0.877 2
	食品安全风险认知	1.13	0.885 0
	公共卫生安全风险认知	1.11	0.900 9
	命令型规制	1.10	0.909 1
	激励型规制	1.08	0.925 9
	引导型规制	1.08	0.925 9
	自愿型规制	1.05	0.952 4
	均值	1.10	

（二）风险认知、环境规制对养殖户无害化决策行为的影响

首先将风险认知和环境规制纳入基准回归模型（模型1），然后进一步探讨风险认知和环境规制不同维度的影响效应（模型2）。从表6-4可以发现，Wald卡方值分别为78.34和120.522，且在1%的统计水平上通过显著性检验；Pseudo-R^2值分别为0.295 6和0.384 7，表明模型拟合效果较优。具体而言：

（1）从模型1和模型2可以发现，风险认知在1%的统计水平上对养殖户无害化决策行为存在正向显著影响，即风险认知能够推动养殖户选择实施无害化处理，风险认知这种总效应主要由生产安全风险认知贡献，生产安全风险认知在5%的统计水平上对养殖户无害化决策行为存在正向显著影响，假设H1b证实。可能的解释为：生猪养殖是养殖户家庭收入的主要来源或补贴家用，维护生产安全是养殖经营最主要目的；养殖户通过评估无害化处理成本和收益，最终做出无害化处理决策。生态安全风险认知在1%的统计水平上对养殖户无害化决策行为具有抑制作用，即生态安全风险认知水平越高，养殖户选择实施无害化处理的可能性越低，假设H1a证实。可能的解释为：无害化处理产生的环境外部正效应尚未通过税费减免或补贴补助等路径实现内部化，养殖户实施无害化处理的愿意较低。此外，食品安全和公共卫生安全风险认知对养殖户无害化决策行为的影响并不显著，假设H1c和

H1d 证伪。

（2）环境规制总体上对养殖户无害化决策行为的影响并不显著，假设 H2 证伪。养殖户具有病死猪信息优势，畜牧部门与养殖户之间信息不对称状态固存，如果补贴等激励型规制强度不足，养殖户很难实施遵从处理行为。然而，命令型和引导型规制分别在 10%和 5%的统计水平上对养殖户无害化决策行为存在正向显著影响，假设 H2a 和 H2c 证实。可能的解释为：监管与处罚政策是畜牧部门持续推进病死猪无害化处理的最主要措施，并利用农业技术推广促进无害化处理标准化实施，最终消除病死猪处理的技术屏障。然而，激励型和自愿型规制的影响效应并不显著，假设 H2b 证伪。可能的解释为：无害化处理补贴以头数为标准进行计算，而忽视了病死猪的重量、尺寸、猪龄和种类等因素；生猪保险赔偿标准（尸长测量法）存在不合理性，一方面生猪肥瘦不均、尸长测量并未考虑尸重反映的养殖成本；另一方面生猪种类不同、价格不同、成本差异较大，而尸长测量仅属一般性评估标准。此外，政府、畜牧部门和其他养殖户与养殖户签订的承诺书并没有法律上的约束力，责任缺失使得养殖户违约风险较高，假设 H2d 证伪。

（3）部分控制变量对养殖户无害化决策行为存在显著影响。户主性别在 5%的统计水平上对养殖户无害化决策行为存在正向显著影响，即男性户主比女性户主更倾向于选择实施无害化处理行为。受教育程度在 1%的统计水平上对养殖户无害化决策行为存在正向显著影响，即养殖户受教育程度越高，容易接受产业发展新理念，能够综合评判无害化处理产生的多重效益，实施无害化处理的积极性更高。家中是否有畜牧技术人员在 5%的统计水平上对养殖户无害化决策行为存在正向显著影响，即畜牧技术人员能够识别病死猪可能携带的病原体，评估安全风险等级，并及时做出无害化处理决策。家庭劳动力数量在 1%的统计水平上对养殖户无害化决策行为存在正向显著影响，即家庭劳动力数量越多，养殖户采用深埋、堆肥、发酵等劳动密集型处理技术的可能性更大，实施无害化处理的意愿更高。手机或电脑数量在 10%的统计水平上对养殖户无害化处理决策行为存在正向显著影响，即手机或电脑等现代通信工具能够方便养殖户及时联络畜牧相关部门，并拓宽无害化处理相关政策知识获取渠道，养殖户实施无害化处理的技能不断提高。养殖规模在 10%的统计水平上对养殖户无害化决策行为存在正向显著影响，即出栏规模反映养殖户生猪养殖总量，也是生猪淘汰率的测度指标；病死猪数量越多，养殖户越具备实施无害化处理的物质条件。来往的生猪收购人在1%的统计水平上对养殖户无害化决策行为存在负向显著影响，即生猪收购人通常也是病死猪收购人，养殖户销售病死猪的渠道较便捷，在道德风险与逆向选择并存背景下，养殖户实施不当处理行为的风险较低。

表6-4　风险认知、环境规制对养殖户无害化决策行为的影响估计结果

解释变量	模型1	模型2
风险认知	0.066 6**	
	(0.026 1)	
生态安全风险认知		−0.051 8***
		(0.016 4)
生产安全风险认知		0.037 1**
		(0.016 6)
食品安全风险认知		−0.004 2
		(0.013 8)
公共卫生安全风险认知		1.79e−06
		(0.013 7)
环境规制	0.038 1	
	(0.036 4)	
命令型规制		0.023 6*
		(0.013 1)
激励型规制		0.027 8
		(0.019 6)
引导型规制		0.033 0**
		(0.013 9)
自愿型规制		−0.022 7
		(0.015 8)
性别	0.093 0**	0.066 2*
	(0.038 8)	(0.034 5)
年龄	0.000 9	0.000 1
	(0.002 0)	(0.002 0)
受教育程度	0.020 5***	0.015 3**
	(0.007 9)	(0.006 1)

（续）

解释变量	模型 1	模型 2
家中是否有村干部或公务员	−0.010 2 (0.026 6)	−0.012 0 (0.025 6)
家中是否有畜牧技术人员	0.096 6** (0.045 1)	0.060 8 (0.039 2)
家庭净收入	−0.000 1 (0.000 5)	−0.000 5 (0.000 4)
劳动力数量	0.031 5*** (0.009 2)	0.024 8*** (0.008 8)
手机或电脑数量	0.013 5* (0.007 9)	0.010 6 (0.007 2)
养殖目的	0.007 0 (0.037 4)	0.022 0 (0.029 1)
养殖年限	0.000 5 (0.002 1)	0.002 9 (0.002 6)
养殖规模	0.000 1* (0.000 1)	0.000 1* (0.000 1)
来往的养殖户	0.003 3 (0.002 5)	0.002 3 (0.002 4)
来往的收购人	−0.018 1*** (0.004 9)	−0.019 7*** (0.004 6)
圈舍是否属于禁养区	0.001 3 (0.051 3)	0.015 9 (0.047 9)
圈舍与畜牧部门距离	−0.001 2 (0.002 7)	−0.000 7 (0.002 3)
是否位于河北	−0.025 8 (0.042 9)	−0.048 2 (0.035 6)
是否位于湖北	−0.042 3 (0.030 8)	−0.040 2 (0.026 5)
Wald − chi^2	78.34***	120.52***
Log − likelihood	−105.817 3	−92.419 3
LR − test（p 值）	0.000 0	0.000 0
Pseudo − R^2	0.295 6	0.384 7
样本量	514	514

注：*、**、***分别表示在 10%、5%和 1%的统计水平上显著。

（三）环境规制在风险认知影响养殖户无害化决策行为中的调节效应

为检验环境规制在风险认知影响养殖户无害化决策行为中的调节效应，根据连续型变量的交互效应视为调节效应（温忠麟，2005），模型 3 和模型 4 分别引入风险认知和环境规制的交互项以及风险认知和命令型、激励型、引导型和自愿型规制的交互项。结果表明：①风险认知和环境规制的交互项并没有通过显著性检验，即环境规制没有在风险认知对养殖户无害化决策行为影响中发挥调节作用，假设 H3 证伪。②自愿型规制和风险认知的交互项在 5% 的统计水平上通过了显著性检验，即自愿型规制正向调节风险认知对养殖户无害化决策行为的影响。可能的解释为：政府与养殖户签订承诺书，养殖户承诺实施无害化处理，政府给予其无害化处理补贴、设施补助和信贷优惠等政策；组织与养殖户签订承诺书约定畜牧部门给予必要的技术指引，养殖户需要严格按照约定标准实施无害化处理；养殖户之间签订承诺书以防止因丢弃病死猪等不当处理引致公共卫生安全风险，降低病死猪携带病原体暴露和扩散的风险。可见，承诺书签订过程中能够让养殖户清晰认识到病死猪不当处理的危害性、风险性以及无害化处理的必要性，促使养殖户形成内在约束机制以指引其实施无害化处理，假设 H3a 证实。此外，命令型、激励型和引导型规制的调节效应并不显著，假设 H3a、H3b 和 H3c 证伪。

表 6-5　环境规制调节效应检验结果

解释变量	模型 3	模型 4
风险认知	0.082 5***	0.089 7***
	(0.027 2)	(0.025 9)
环境规制	0.026 5	0.026 8
	(0.040 1)	(0.040 5)
命令型规制		0.003 6*
		(0.001 9)
激励型规制		0.010 8
		(0.015 6)
引导型规制		0.023 5**
		(0.011 5)

（续）

解释变量	模型 3	模型 4
自愿型规制		−0.010 5
		(0.016 8)
风险认知×环境规制	0.054 0	
	(0.037 9)	
风险认知×命令型规制		0.022 1
		(0.024 3)
风险认知×激励型规制		0.024 0
		(0.039 6)
风险认知×引导型规制		−0.005 5
		(0.022 2)
风险认知×自愿型规制		0.069 7**
		(0.033 3)
控制变量	已控制	已控制
地区虚拟变量	已控制	已控制
$Wald - chi^2$	86.34***	86.59***
$Log - likelihood$	−105.023 1	−102.090 2
$LR - test$（p 值）	0.000 0	0.000 0
$Pseudo - R^2$	0.300 8	0.320 4
样本量	514	514

注：*、**、***分别表示在 10％、5％和 1％的统计水平上显著。

五、稳健性检验

采用 Logit 模型进行基准估计的前提是假设数据服从 logistic 分布，在模型处理时本章曾尝试假设数据服从正态分布并采用 Probit 模型进行估计，结果发现两个模型回归结果差异较小。然而，本书中因变量选择实施无害化处理的有 470 户，选择实施不当处理的只有 44 户，1 和 0 值差距较大，不当处理养殖户占比较低，此时误差分布可能是非对称的极值分布或称为 Gumbel 分布（邹伟等，2008）。因此，为了解决稀有事件偏差问题，将采用非对称极值分布的互补双对数模型（Complementary Log - Log Model，

Cloglog）进行稳健性检验。模型构建如下：

Cloglog 模型一般形式为：

$$\log\{-\log[1-p(Y\leqslant j)]\}=\alpha+\beta X \qquad (6-3)$$

式（6-3）中 $Y\leqslant j$ 表示取对数变量的个数小于因变量的个数，X 表示自变量。从而得出概率表达式为：

$$p(Y\leqslant j)=1-\frac{1}{e^{\exp(\alpha_j+\beta X)}} \qquad (6-4)$$

式（6-4）中，α_j 为解释变量不能解释的部分；β 为参数构成向量。当只有一个自变量，并且当 $X=x_i(i=1,2)$ 时，有性质：

$$p(Y>j\,|\,x_1)=p(Y>j\,|\,x_2)^{\exp[\beta(x_1-x_2)]} \qquad (6-5)$$

同时，采用最大似然估计法获取各自变量的回归系数。由于互补双对数函数是严格凹的，海森矩阵便是负的，可通过牛顿—拉夫森方法（Newton - Raphson）得到参数估计（张伏等，2015），然后对参数进行检验，并进行拟合优度检验（邢满荣、张鹏，2015）。稳健性检验模型回归结果如表6-6所示，可以发现，与 Logit 模型估计结果相比，Cloglog 模型使得结果标准误有所下降，但影响方向较为接近。因此，稀有事件对模型估计结果造成的偏差并不明显，模型估计结果具备良好的稳健性。

表6-6　基于 Cloglog 模型的稳健性检验结果

解释变量	模型5	模型6
风险认知	0.078 5***	0.082 4***
	（0.025 1）	（0.023 0）
环境规制	0.032 5	0.025 1
	（0.039 9）	（0.038 2）
命令型规制		0.003 4*
		（0.001 8）
激励型规制		0.010 2
		（0.012 6）
引导型规制		0.013 2**
		（0.006 2）
自愿型规制		−0.006 5
		（0.010 8）

（续）

解释变量	模型 5	模型 6
风险认知×环境规制	0.048 6 (0.036 5)	
风险认知×命令型规制		0.022 6 (0.021 2)
风险认知×激励型规制		0.023 5 (0.031 0)
风险认知×引导型规制		−0.004 8 (0.021 1)
风险认知×自愿型规制		0.058 6** (0.027 6)
控制变量	已控制	已控制
地区虚拟变量	已控制	已控制
Wald − chi^2	76.34	80.58
Log − likelihood	−103.113 2	−99.152 7
LR − test（p 值）	0.000 0	0.000 0
Pseudo − R^2	0.267 5	0.291 5
样本量	514	514

注：*、**、***分别表示在 10%、5%和 1%的统计水平上显著。

六、进一步讨论

（一）基于风险规避的中介和调节效应检验

理论上，任何解释农户行为决策模型都需要回答一个基本命题，即农户对风险的心理评价与农户的风险态度。风险认知（感知）用以描述主体对不确定性和损害后果的风险判断，具有风险损失与风险收益双重属性（Slovic，1987）。风险认知通常将主体置于沮丧或焦虑的状态，进而采取降低风险的措施以应对风险认知带来的心理负担（李华强等，2009）。然而，风险认知与主体行为决策之间是否存在直接因果关系存在较大争议。杨卫忠（2018）基于浙江省嘉兴市农村土地经营权流转案例研究发现，风险认知（感知）对农户土地经营权流转行为具有负向显著影响。司瑞石（2019）通过河北、河南和湖北生猪养殖户的调研数据研究发现，风险认知正向显著影响养殖户病死猪资源化处理行为。另有学者认为即使主体风险认知水平较高，也不一定做出风险规避的保守选择（Petrolia et al.，2013）。农户行为决策不仅受到风险认知的影响，还同时受到风险态度的影响。风险态度是主体心理上对待风险的态度，是基于某类事实或状态能够选择的一种信智状态、观点或者倾向（Hillson and Murray - Webster，2005）。发展中国家的农户通常被认为是厌恶风险者（Cardenas et al.，2005；De Brauw and Eozenou，2014），在风险认知作用农户生产决策中通常表现出风险规避的态度，并采取风险转移或风险管理的措施（吴昕桐等，2019）。部分学者认为风险规避（偏好）对农业生产和投入行为产生直接影响。小规模农户的风险规避程度较高，有助于解释其偏离利润最大化目标实施农业生产行为（仇焕广等，2014）。Liu和Huang（2013）研究发现，农户能否实施BT抗虫棉技术取决于风险规避程度，风险规避程度越高的农户，越倾向于推迟新技术采用。

可见，风险认知表现为主体对不确定性和危害性的评估，而风险态度涉及主体对风险问题的规避程度。在风险认知与风险规避之间的关系上，赵佳佳等（2017）认为农户在面临不确定性或损失时，风险态度可能会发生变化，即主体风险认知水平浮动也会带来风险态度的偏转。吴昕桐等（2019）通过292名大学生消费者进行问卷测量研究发现，风险态度在风险感知与购买意愿之间起着显著的中介效应。同理，如果养殖户风险认知范围扩大和水平提升，能够评判无害化处理的现时成本和预期收益，心理层面风险规避程度较强，容易抵制丢弃或出售等不当处理行为，推动病死猪标准化处理行为实施。因此，本章进一步引入风险规避变量，检验风险规避在风险认知影响养殖户无害化决策行为之间的中介效应。

与此同时，环境规制政策实效的发挥依赖于农户是否遵从。养殖户无害化决策行为隐蔽性较强，畜牧部门监管能力有限，环境规制强度高低不均，从某种程度上抑制了无害化处理进程，而风险规避强度异质则是调节环境规制对养殖户无害化决策行为影响的重要因素。一方面，环境规制政策实施能够增强病死猪风险的不确定性（风险客观存在且未被认知），对于风险规避较强的养殖户更倾向于选择实施深埋、焚烧、化制等无害化处理行为；另一方面，环境规制政策实施能够增强养殖户对风险损害后果感知，对于风险规避程度较低的养殖户更倾向于选择出售或丢弃病死猪。因此，本章进一步引入风险规避变量，检验风险规避在环境规制影响养殖户无害化决策行为中的调节效应。

此外，本章采用场景法，即通过询问养殖户在不同预期价格风险下的生产决策来判断风险规避程度。问卷中的问题为"出现以下哪种情况，您将继续生猪养殖？1＝在3～12元之间波动，平均价格是6.25元/斤；2＝在4～11元之间波动，平均价格是6.25元/斤；3＝在5～10元之间波动，平均价格是6.25元/斤；4＝在6～9元之间，平均价格是6.25元斤；5＝6.25元/斤，由政府统一收购"。如果养殖户选择1，表明养殖户风险规避程度最低；如果选择5，表示养殖户风险规避程度最高。可见，风险规避程度属于1～5变量。

1. 风险认知的传导机制：风险规避的中介效应

借鉴温忠麟等（2005）提出的中介效应检验程序，采用层级回归方法，分别建立自变量对因变量、自变量对中介变量、自变量和中介变量对因变量的回归模型，具体如下所示：

$$Y = cX + e_1$$
$$M = aX + e_2$$
$$Y = c'X + bM + e_3 \qquad (6-6)$$

式（6-6）中，X 表示自变量风险认知，M 表示中介变量风险规避，Y 表示因变量无害化决策。根据检验步骤和程序可得风险规避中介效应检验结果（表6-7）。可以发现，第一步中总效应回归系数 c 值显著，可以继续进行检验；第二步中回归系数 a 值显著，表明风险认知对养殖户风险规避程度存在正向显著影响；第三步中得出 b 值并不显著，直接进行 Sobel 间接效应检验。Sobel 检验在1%的统计水平上通过显著性检验，表明风险规避在风险认知影响养殖户无害化决策行为中发挥中介效应，并且中介效应占总效应的比重为26.75%。可能的解释为：样本区属于生猪养殖密集地区，生猪养殖是农业支柱产业，无论是家庭收入主要来源抑或是补贴家用，生猪养殖形成的产业文化历久弥新。随着风险认知内容不断丰富，范围不断扩大，养殖户风险规避程度不断增强，能够积极主动修建发酵池等无害化处理设施，购进焚烧炉等无害化处理设备，掌握无害化处理技术标准，积极主动实施病死猪无害化处理。

表 6-7　风险规避的中介效应检验结果

检验步骤	回归系数	标准误	P 值
第一步	c=0.118 9***	0.029 2	0.000
第二步	a=0.323 5**	0.139 9	0.021
第三步	c'=0.102 9***	0.030 1	0.000
	b=0.098 2	0.010 1	0.221
Sobel 检验	0.031 8***	0.010 1	0.000
直接效应	0.087 1***	0.041 1	0.012
间接效应	0.031 8***	0.010 1	0.000
总效应	0.118 9***	0.029 2	0.000

注：*、**、***分别表示在10%、5%和1%的统计水平上显著。

2. 环境规制的传导机制：风险规避的调节效应

将风险规避变量以均值为中心点进行分组，高于均值为风险规避程度高组，低于均值为风险规避程度低组，然后采用分组回归模型检验风险规避在环境规制影响养殖户无害化决策行为中的调节效应，模型回归结果如表 6-8 所示。可以发现：

（1）在模型 7 和模型 8 中，环境规制对风险规避程度低组养殖户无害化决策行为不存在显著影响，养殖户风险规避程度越低，越倾向于冒险实施丢弃或出售病死猪等不当处理行为。具体来看，引导型规制在 5% 的统计水平上对风险规避程度低组养殖户无害化决策行为存在正向显著影响，命令型、激励型和自愿型规制的影响效应并不显著。可能的解释为：风险规避程度较低的养殖户以中小规模养殖为主，圈舍布局范围较广且选址较为分散，养殖户风险认知水平较低，加之政府监管力量薄弱和补贴标准较低，通过契约形式约束养殖户实施无害化处理难以实现。而畜牧部门和村委会组织通过媒体广播、宣传标语和入户宣传等引导型规制能够不断提高风险规避程度低组养殖户的风险应对和管理水平，养殖户更倾向于通过深埋等方式实施无害化处理。

（2）在模型 9 和模型 10 中，环境规制在 10% 的统计水平上对高组养殖户无害化决策行为具有正向显著影响。可能的解释为：随着风险认知水平提高，养殖户风险规避程度提高，其在事前疫情防控、事中疫病应对和事后废弃物管理风险的措施越积极有效。具体来看，命令型和激励型规制对高组养殖户无害化决策行为存在正向显著影响。可能的解释为：专业和规模养殖户是畜牧部门监管的主要对象，养殖户风险规避程度较高，通常会建造无害化处理室或购买焚烧炉等设施实施无害化处理；畜牧部门实施病死猪无害化处理与生猪保险挂钩政策，即只有被认定病死猪无害化处理的养殖户保险公司才给予理赔，增强了对养殖户无害化处理的约束力。

表 6-8　风险规避的调节效应检验结果

解释变量	风险规避程度低组		风险规避程度高组	
	模型 7	模型 8	模型 9	模型 10
环境规制	0.065 8		0.111 6*	
	(0.044 0)		(0.060 3)	
命令型规制		0.019 5		0.033 4*
		(0.016 7)		(0.019 6)
激励型规制		0.017 5		0.022 1**
		(0.018 8)		(0.010 1)
引导型规制		0.040 6**		0.056 0
		(0.019 3)		(0.049 9)
自愿型规制		−0.043 2		0.025 9
		(0.035 8)		(0.030 0)
控制变量	已控制		已控制	
地区虚拟变量	已控制		已控制	
Wald − chi^2	71.98***	86.31***	54.17***	50.11***
Log − likelihood	−62.335 0	−60.385 5	−26.141 8	−24.999 7
LR − test（p 值）	0.000 0	0.000 0	0.000 0	0.000 0
Pseudo − R^2	0.411 9	0.430 3	0.370 1	0.397 6
样本量	364		150	

注：*、**、*** 分别表示在 10%、5% 和 1% 的统计水平上显著。

（二）基于养殖规模异质的影响效应分析

表 6-9 给出了风险认知、环境规制对不同规模养殖户无害化决策行为

的影响效应，可以发现：①模型 11 和模型 12 显示，风险认知在 10% 的统计水平上对散养户无害化决策行为存在正向显著影响，即风险认知能够推动散养户做出无害化处理决策。引导型规制在风险认知影响散养户无害化决策行为中发挥正向调节作用。可见，提高散养户风险认知水平以及畜牧部门和村委会组织加强无害化处理的政策宣传是政府推动散养户实施无害化处理的主要力量。②模型 13 和模型 14 显示，风险认知在 5% 的统计水平上对专业养殖户无害化决策行为存在正向显著影响，即风险认知能够推动专业养殖户做出无害化处理决策。同时，环境规制在 10% 的统计水平上正向调节风险认知对专业养殖户无害化决策行为的影响，其中命令型和激励型规制在 5% 的统计水平上正向调节风险认知对专业养殖户无害化决策行为的影响。可见，监管处罚和补贴补助政策是约束专业养殖户实施无害化处理的主要外部因素。③模型 15 和模型 16 显示，风险认知和环境规制对规模养殖户无害化决策行为存在正向显著影响。同时，环境规制在 10% 的统计水平上正向调节风险认知对规模养殖户无害化决策行为的影响，其中命令型、激励型和自愿型规制正向调节风险认知对规模养殖户无害化决策行为的影响。可见，规模养殖户风险认知水平较高，风险管理能力较强，实施无害化处理的意愿较为强烈；同时，规模养殖户作为龙头企业或较大农场，社会责任感较强，自愿型规制的影响效应最强。

表 6-9　基于不同规模养殖户的影响效应估计结果

解释变量	散养户		专业养殖户		规模养殖户	
	模型 11	模型 12	模型 13	模型 14	模型 15	模型 16
风险认知	0.010 2*	0.009 7*	0.032 1**	0.029 0**	0.022 6***	0.039 7***
	(0.005 4)	(0.005 1)	(0.015 3)	(0.014 5)	(0.007 5)	(0.014 7)
环境规制	0.035 1	0.015 8	0.030 5	0.029 1	0.026 5*	0.016 5*
	(0.029 9)	(0.032 5)	(0.028 8)	(0.030 6)	(0.014 8)	(0.008 6)
风险认知×环境规制	0.024 2		0.014 2*		0.054 0*	
	(0.030 5)		(0.007 8)		(0.030 8)	
风险认知×命令型规制		0.017 1		0.008 1**		0.009 1*
		(0.038 2)		(0.003 5)		(0.004 8)

（续）

解释变量	散养户		专业养殖户		规模养殖户	
	模型 11	模型 12	模型 13	模型 14	模型 15	模型 16
风险认知× 激励型规制		0.024 1 (0.029 5)		0.111 0** (0.050 6)		0.012 0* (0.006 3)
风险认知× 引导型规制		0.025 5* (0.014 4)		0.010 5 (0.090 2)		0.006 5 (0.012 2)
风险认知× 自愿型规制		0.019 1 (0.018 2)		0.029 5 (0.035 1)		0.029 9** (0.013 9)
控制变量	已控制		已控制		已控制	
地区虚拟变量	已控制		已控制		已控制	
$Wald-chi^2$	56.27***	57.12***	64.28***	67.22***	50.27***	51.29***
$Log-likelihood$	−25.404 5	−25.239 2	−32.428 5	−35.230 1	−22.419 5	−22.230 5
$LR-test$（p 值）	0.000 0	0.000 0	0.000 0	0.000 0	0.000 0	0.000 0
$Pseudo-R^2$	0.340 2	0.357 7	0.313 2	0.302 9	0.318 8	0.320 4
样本量	169		195		150	

注：*、**、*** 分别表示在 10%、5% 和 1% 的统计水平上显著。

七、本章小结

本章基于课题组 2018 年 7—8 月对全国生猪养殖密集地区的河北、河南和湖北 3 省 23 县进行的实地调研数据，探讨了风险认知、环境规制对养殖户无害化决策行为的影响并分析环境规制在风险认知对养殖户无害化决策行为影响中的调节效应。主要结论如下：

（1）生产安全风险认知能够推动养殖户做出无害化处理决策；生态安全风险认知对养殖户无害化决策行为具有较强抑制作用。命令型和引导型规制能够约束养殖户做出无害化处理决策。自愿型规制正向调节风险认知对养殖户无害化决策行为的影响。

（2）风险规避在风险认知影响养殖户无害化决策行为中发挥中介效应，且中介效应占总效应的比重为 26.75%。引导型规制对低组养殖户无害化决策行为存在正向显著影响；命令型和激励型规制对风险规避程度高组养殖户无害化决策行为具有显著促进作用。

（3）风险认知能够推动散养户做出无害化处理决策，引导型规制在风险认知影响散养户无害化决策行为中发挥正向调节作用。可见，提高散养户风险认知水平以及加强政策宣传是政府推动散养户实施无害化处理的主要措施。风险认知能够推动专业养殖户做出无害化处理决策，同时命令型和激励型规制正向调节风险认知对专业养殖户无害化决策行为的影响。可见，监管处罚和补贴补助政策是约束专业养殖户实施无害化处理的主要因素。风险认知和环境规制对规模养殖户无害化决策行为存在正向促进作用。同时，命令型、激励型和自愿型规制正向调节风险认知对规模养殖户无害化决策行为的影响。可见，规模养殖户风险管理能力较强，无害化处理的意愿强烈，社会责任感较强，已经成为无害化处理的带动者。

第七章 风险认知、环境规制对养殖户无害化实施行为的影响

一、问题的提出

在养殖户做出无害化决策的基础上，需要解决的主要问题是采取何种最优处理方式，即无害化实施行为。从国内外研究来看，无害化集中处理和资源化处理是最主要的处理方式，这也成为各国政府推动病死猪无害化处理的主要措施（司瑞石等，2019）。从实施主体来看，养殖户既可以选择自行处理病死猪，也可以委托处理厂（点）或无害化处理中心实施，而后者又称为无害化集中处理。与自行处理相比，病死猪集中处理可以降低养殖户建造或购买无害化处理设施成本和畜牧部门监管成本，消除病死猪不当处理引致的安全风险，提高无害化处理效率（金喜新等，2019）。与简易处理相比，资源化处理可以降低简易处理引致的二次污染，资源化产品会增加养殖户收益，不断提高废弃物治理的可持续性（Si et al.，2019）。自 2013 年以来，我国持续加强病死猪无害化体系建设，通过无害化集中处理厂（点）和处理中心建设，推进病死猪无害化集中处理和资源化处理。时至今日，养殖户委托处理（无害化集中处理）和资源化处理的意愿仍旧较低，病死猪集中处理和资源化处理率较低。本章在无害化决策的基础上，分别研究养殖户无害化实施行为，包括委托处理行为和资源化处理行为两部分。

已有文献主要从运行模型构建、监管机制完善和实施效果评价等方面对病死猪集中处理进行研究（熊道国等，2019；李海等，2018；毕朝斌等，2015），而对养殖户委托处理行为的研究相对较少，且实证研究

不足。无害化集中处理主要是通过政府扶持合作社等新型经营主体创办病死猪处理厂（点）或引入社会资本建设无害化集中处理中心，由处理厂（点）和处理中心具体实施、自负盈亏，政府按照"谁处理、补给谁"的原则给予无害化处理的病死猪 80 元/头补贴。可见，无害化集中处理属于公共服务供给范畴，对于养殖户而言，则表现为其接纳或参与公共服务的意愿和程度。钱文荣和应一逍（2014）研究发现，家庭收入状况、家族姓氏和家庭成员的健康状况、项目的公平程度、农户对村委会主任选举的关注程度对农户参与农村公共基础设施有显著影响；李晓庆和郑逸芳（2017）研究认为，家庭总人口数、对农村公共产品的了解程度及周围人的参与程度是影响农户参与农村公共品供给的重要因素。可见，鲜有学者从风险认知和环境规制角度对农户参与环保类公共品供给行为进行研究。

近年来，学者也探讨了养殖户病死猪资源化处理行为的影响因素。国外研究普遍认为技术创新是影响病死猪资源化处理的关键因素。部分学者认为工业油脂提取法虽然降低了潜在的环境风险，但养殖户资源化处理成本较大，超过了提取工业油脂获得的收益（Linton and Van，2006）；另有学者认为化制法和微生物发酵法作为生物工程方法是理想的环保替代法（Cartwright，2006），安全性高且符合资源化处理理念，被认为是优良的资源化处理技术（Keener et al.，2000）。国内学者对病死猪资源化处理影响因素的研究较少，司瑞石等（2018）认为与德国、日本和美国等国家相比，中国立法上的缺位抑制了病死猪资源化处理的进程；乔娟和舒畅（2017）认为养殖规模、与居民点距离及参加合作社对养殖户病死猪资源化处理行为具有正向显著影响。综上所述，鲜有学者实证研究风险认知、环境规制与养殖户病死猪资源化处理行为之间的关联关系。

本章主要研究内容包括：一是分别探讨风险认知、环境规制对养殖户委托处理行为和资源化处理行为的影响以及环境规制在风险认知影响养殖户委托处理行为和资源化处理行为影响中的调节效应；二是基于组织参与和养殖规模异质性，探讨风险认知、环境规制对养殖户委托处理行为的影响以及基于养殖规模和技术属性异质，探讨风险认知、环境规制对养殖户资源化处理行为的影响。

二、风险认知、环境规制对养殖户委托处理行为的影响

(一)理论分析与研究假设

1. 风险认知对养殖户委托处理行为的影响

风险策略选择是养殖户基于风险认知的行为响应。从已有研究来看,以边际效用和期望效用为导向而实施风险策略成为农户的理性选择(徐美芳,2012)。一方面,农业生产面临较高的自然、市场和疾病风险,但农户通常缺乏较好的风险抵御能力(Rosenzweig,1993),他们对风险防范和处理的手段依次为减少开支、运用储蓄与借贷等(丁世军、陈传波,2001)。然而,也有学者认为农户缺乏风险规避机制,社会网络内的风险统筹和跨期收入转移的作用有限。可见,风险认知并非完全能够促进风险策略高效实施,还与风险策略实施的边际效用相关。病死猪不当处理引致的生态、生产、食品和公共卫生安全的风险等级较高,养殖户自行处理产生的边际效用远远低于委托处理,除了自行处理获取无害化处理补贴外,养殖户可能承担疫情疫病扩散、政府监管处罚和生猪养殖停滞等更为严重的风险损害。另一方面,农户做出风险策略选择与期望效用密切相关。不同风险策略的期望效用不同,理性决策者能够对其进行合理排序。病死猪委托处理的期望效用可能比自行处理更高。养殖户追求生产和公共卫生安全的效用远远高于生态和食品安全,因为后者的外部效应较为明显。因此,通过委托无害化处理厂(点)或处理中心以转移各类安全风险理应成为养殖户普遍的行为选择。基于此,提出如下假设:

H1:风险认知正向影响养殖户委托处理行为;

H1a:生态安全风险认知负向影响养殖户委托处理行为;

H1b:生产安全风险认知正向影响养殖户委托处理行为;

H1c:食品安全风险认知负向影响养殖户委托处理行为;

H1d:公共卫生安全风险认知正向影响养殖户委托处理行为。

2. 环境规制对养殖户委托处理行为的影响

成本收益估算是养殖户能否遵从环境规制措施的关键,成本收益多寡也决定了环境治理成本内部化的程度(Qi,2013)。环境规制通过监管处罚、

补贴补助、宣传引导和契约承诺等路径推动养殖户实施委托处理。具体来看，畜牧部门高强度动态巡查降低了丢弃或出售病死猪等不当处理的可能性，加之养殖户建造无害化处理设施的成本较大，其选择委托处理的意愿更为强烈；由于病死猪无害化处理遵循"谁处理、补给谁"的原则，如果养殖户选择委托处理病死猪，则无害化处理补贴直接补给处理厂（点）或处理中心，养殖户委托处理意愿可能较低；引导型规制以政策宣传和技术引导为主要内容推动养殖户实施委托处理，养殖户能够充分意识到委托处理具备便捷、高效和经济等多项优势，其选择委托处理的积极性更为强烈；政府、畜牧部门与其他养殖户与养殖户签订无害化处理承诺书，养殖户与无害化处理厂（点）或处理中心达成委托处理协议，能够以"无成本＋服务外包"模式带动和促进养殖户实施委托处理。基于此，提出如下假设：

H2：环境规制正向影响养殖户委托处理行为；

H2a：命令型规制正向影响养殖户委托处理行为；

H2b：激励型规制负向影响养殖户委托处理行为；

H2c：引导型规制正向影响养殖户委托处理行为；

H2d：自愿型规制正向影响养殖户委托处理行为。

3. 环境规制在风险认知影响养殖户委托处理行为中的调节效应

学术界普遍认为农户行为是内部和外部因素共同作用的结果，外部因素通过成本分担、过程控制和损失降低等路径从某种程度上增强内部因素的影响效应。具体而言，命令型规制要求养殖户按照既定标准实施无害化处理，养殖户预期投入较大，选择实施委托处理的积极性较高；激励型规制将无害化处理补贴直接补给处理厂（点）或处理中心，而养殖户委托处理无须支付额外费用，势必增强其委托处理意愿；引导型规制面向养殖户宣传委托处理优势以及对处理厂（点）或处理中心给予技术指引，提高养殖户风险认知水平，有助于病死猪在委托—受托之间实现及时处理；自愿型规制将养殖户委托以及养殖户与处理厂（点）或处理中心之间的委托处理关系规范化，明确了多主体之间在委托处理中的利益关系，有助于提高病死猪无害化处理率。基于此，提出如下假设：

H3：环境规制正向调节风险认知对养殖户委托处理行为的影响；

H3a：命令型规制正向调节风险认知对养殖户委托处理行为的影响；

H3b：激励型规制正向调节风险认知对养殖户委托处理行为的影响；

H3c：引导型规制正向调节风险认知对养殖户委托处理行为的影响；

H3d：自愿型规制正向调节风险认知对养殖户委托处理行为的影响。

（二）变量选取和研究方法

由于本节是在养殖户做出无害化处理决策的基础上，进一步探讨处理方式（委托处理还是自行处理）选择问题。因此，仅使用选择无害化处理的470户养殖户数据进行实证分析。同理，第七章第三节是在养殖户做出无害化处理决策的基础上，进一步探讨处理方式（资源化处理还是简易处理）选择问题。因此，也使用选择无害化处理的470户养殖户数据进行实证分析。

需要补充说明的是：样本区主要以两种模式推进病死猪集中处理：一是处理厂（点）堆肥和发酵法处理模式，即在乡镇建造无害化处理厂（点），生猪养殖大户、养殖场或合作社为经营主体，并采用堆肥发酵法处理病死猪。各厂（点）接到报告后委派专职人员负责病死猪回收，同时收运员定期对重点区域进行巡查，畜牧部门给予各厂（点）每头80元补贴，处理厂（点）给予收运员每头10～20元补贴。二是无害化集中处理中心运营模式，即在县（区）通过养殖龙头企业或政府引入社会资本方式建造无害化处理中心，养殖户发现病死猪后向中心报告，中心负责运输、入库和出库，每个环节参与主体均需要签署收据、统计表和登记表等文书。政府给予中心建造补助，中心独立运营，畜牧部门给予无害化处理的病死猪每头80元补贴。

1. 变量选取

（1）被解释变量

本节被解释变量为养殖户委托处理行为，包括委托处理决策和委托处理程度两部分。如果养殖户选择委托无害化处理厂（点）或无害化处理中心实施病死猪无害化处理的，赋值为1；反之，如果养殖户选择自行处理的，赋值为0。因此，委托处理决策属于二元离散变量。委托处理程度用病死猪委托处理头数与病死猪总头数之比表示，属于0到1之间的连续型变量。需要说明的是：样本区为我国生猪养殖密集地区，也是生猪产能稳定供应地。政府和畜牧部门均将病死猪无害化处理纳入猪污染防治重点工作，1～2个乡镇建立一座无害化处理厂（点），1～3个县建造一座无害化处理中心，以实现无害化处理全域覆盖。

（2）解释变量

解释变量为风险认知和环境规制。采用因子分析法对实施无害化处理的470户养殖户的风险认知水平与环境规制强度进行测度。

（3）控制变量

同第五章。各控制变量描述性统计如表7-1所示。

表7-1　各变量赋值和描述性统计分析

变量名称	变量赋值	最小值	最大值	均值	标准差
被解释变量					
委托处理决策	选择无害化处理厂（点）或处理中心实施的＝1，自行处理的＝0	0	1	0.693 6	0.461 5
委托处理程度	委托处理头数/病死猪头数	0	1	0.307 2	0.301 6
解释变量					
风险认知	因子分析测得	−1.762 4	0.989 5	0	0.506 1
生态安全风险认知	同上	−2.881 7	2.496 3	0	1
生产安全风险认知	同上	−2.538 5	1.797 9	0	1
食品安全风险认知	同上	−4.265 2	1.782 0	0	1
公共卫生安全风险认知	同上	−5.987 3	1.789 0	0	1
环境规制	因子分析测得	−1.236 7	1.202 6	0	0.510 1
命令型规制	同上	−1.580 6	2.479 2	0	1
激励型规制	同上	−2.601 2	2.105 7	0	1
引导型规制	同上	−2.564 6	2.587 9	0	1
自愿型规制	同上	−1.800 5	2.625 8	0	1
控制变量					
性别	男性＝1，女性＝0	0	1	0.972 3	0.164 1
年龄	户主实际年龄（岁）	30	68	47.563 8	8.559 3
受教育程度	户主实际受教育年限（年）	1	16	8.866 0	2.539 5

（续）

变量名称	变量赋值	最小值	最大值	均值	标准差
控制变量					
家中是否有村干部或公务员	有=1，无=0	0	1	0.387 2	0.487 6
家中是否有畜牧技术人员	有=1，无=0	0	1	0.185 1	0.388 8
家庭净收入	家庭净收入金额（元）	−90	191.654	18.630 6	34.052 0
劳动力数量	年满 16 周岁劳动力人数（人）	1	8	2.508 5	1.797 6
手机或电脑数量	拥有手机或电脑数量（部/台）	1	9	4.438 2	1.770 2
养殖目的	主要收入=1，补贴家用=0	0	1	0.851 1	0.356 4
养殖年限	从事生猪养殖年限（年）	1	37	8.606 4	5.105 3
养殖规模	生猪出栏量与年底存量之和（头）	5	1 960	467.902 1	495.195 7
来往的养殖户	来往的其他养殖户数量（户）	1	70	10.895 7	8.799 3
来往的收购人	来往的生猪收购人数量（人）	1	17	5.631 9	3.711 1
圈舍是否属于禁养区	是=1，否=0	0	1	0.131 9	0.338 8
圈舍与畜牧部门距离	实际距离（里）	1	34	9.091 1	5.157 5
地区虚拟变量					
是否位于河北	是=1，否=0	0	1	0.387 2	0.487 6
是否位于湖北	是=1，否=0	0	1	0.308 5	0.462 4

2. 研究方法

（1）因子分析法

由于样本量缩减，本节采用 SPSS 23.0 软件对第三章中风险认知 16 项表征指标及环境规制 15 项表征指标进行探索性因子分析，分别求得风险认知水平和环境规制强度。

首先，风险认知的 KMO 值为 0.813，Bartlett 球形检验近似卡方值为 2 970.004（$sig=0.000$），克朗巴哈系数（Cronbach's α）为 0.661；环境规制的 KMO 值为 0.711，Bartlett 球形检验近似卡方值为 3 001.746（$sig=0.000$），克朗巴哈系数（Cronbach's α）为 0.682，表明测度风险认知和环境规制的各项指标适合做因子分析。

其次，选取最大方差法进行因子旋转，运用主成分法分别提取特征根大于 1 的公因子 4 个，风险认知与环境规制的累计方差贡献率分别为 60.472% 和 61.091%，符合 60% 以上的基本要求（吴明隆，2010）。从风险认知来看，公因子 1~公因子 4 的方差贡献率分别为 16.67%、16.91%、15.81% 和 10.09%，分别命名为生态安全风险认知、生产安全风险认知、食品安全风险认知和公共卫生安全风险认知；从环境规制来看，公因子 1~公因子 4 分别为 18.69%、17.71%、13.61% 和 11.08%，分别命名为命令型规制、激励型规制、引导型规制和自愿型规制。

再次，分别计算风险认知和环境规制各维度因子得分值，因子分析是将公共因子表示为变量的线性组合，即因子得分函数可表示为：

$$F_j = \beta_{j1}X_1 + \beta_{j2}X_2 + \cdots + \beta_{jp}X_p (j=1,2,\cdots,4) \quad (7-1)$$

其中，F_j 为样本第 j 个因子得分值；$X_1 \sim X_P$ 为不同维度所包含的变量；$\beta_{j1} \sim \beta_{jp}$ 为各变量相应的权重。

最后，以各公因子的方差贡献率为权重，分别对风险认知和环境规制各维度的因子得分（F1~F4）加权求和，分别计算风险认知水平与环境规制强度。具体计算公式为：

风险认知水平＝（16.668×F1＋16.905×F2＋15.811×F3＋11.089×F4）÷60.473

环境规制强度＝（18.689×F1＋17.708×F2＋13.612×F3＋11.081×F4）÷61.091

（2）Probit 模型

由于委托处理决策属于二元离散变量，假设原始数据服从正态分布，故采用 Probit 模型分析风险认知、环境规制对养殖户委托处理决策的影响。模型设定如下：

$$\text{Prob}(decision=1|riskregu,X) = \varphi(\alpha + riskregu\beta + X\theta + \varepsilon)$$

$$(7-2)$$

其中，*decision* 表示委托处理决策，*decision* = 1 表示养殖户委托处理，*decision* = 0 表示养殖户自行处理；*riskregu* 为风险认知和环境规制变量，包括风险认知和环境规制各维度；*X* 为控制变量；β 和 θ 分别为回归模型的系数估计值向量；ε 表示独立同分布的随机误差项；$\varphi(\cdot)$ 为正态分布的概率函数。

（3）Tobit 模型

考虑到养殖户并非将所有病死猪实施委托处理，需要进一步分析风险认知、环境规制对养殖户委托处理程度的影响。考虑到委托处理程度在 0 到 1 之间，属于双向受限连续型归并数据。为此，采用 Tobit 模型探讨风险认知、环境规制对养殖户委托处理程度的影响。模型构建如下：

$$\begin{cases} degree^* = \alpha + riskregu\gamma + X\rho + \varepsilon \\ degree = \max(0, degree^*) \end{cases} \quad (7-3)$$

其中，*degree** 为潜变量，*degree* 表示养殖户委托处理程度，γ 和 ρ 分别为回归模型的系数估计值向量，其他变量含义同（7-2）。

（4）调节效应模型

通过构建风险认知和环境规制的交互项检验环境规制的调节效应；通过分组回归分别检验基于组织参与和养殖规模异质的风险认知和环境规制的影响效应。

（三）风险认知、环境规制对养殖户委托处理行为影响的实证分析

1. 风险认知、环境规制对养殖户委托处理行为的影响

考虑到养殖户委托处理决策方程与处理程度方程可能存在关联性，使得被解释变量截断和存在样本选择偏误，因此采用 Heckman 样本选择模型进行联立估计。结果显示，独立性检验结果（rho=0）无法拒绝两式独立性的原假设。因此，分别采用 Probit 模型和 Tobit 模型对养殖户委托处理决策方程和处理程度方程独立估计。首先，将风险认知和环境规制引入方程（模型 1 和模型 3）；然后，探讨风险认知和环境规制各维度的影响效应（模型 2 和模型 4）。表 7-2 给出了模型估计结果，可以发现，模型 1 到模型 4 的 Wald 卡方值在 1% 的统计水平上通过了显著性检验，分别为 76.51、84.15、55.69 和 79.68，表明模型拟合效果良好。具体来看：

（1）风险认知在5％的统计水平上正向影响养殖户委托处理决策，即风险认知能够推动养殖户将病死猪委托给附近无害化处理厂（点）或处理中心进行处理。然而，这种影响效应主要由生态和公共卫生安全风险认知贡献，生产和食品安全风险认知的影响并不显著。可能的解释为：随着农村环境整治力度不断加大，养殖户生态环保意识不断增强，更加注重人居环境改善和生活质量提高，较少实施丢弃病死猪不当处理行为，并更愿意将病死猪委托给当地处理厂（点）或处理中心实施无害化处理。此外，病死猪携带大量病原体，疫情疫病扩散风险是病死猪最大风险，自行处理风险隐患较大，养殖户选择委托处理病死猪更多担忧的是疫病扩散带来的生产性损害。

风险认知对养殖户委托处理程度的影响并不显著，尽管风险认知能够驱动养殖户做出无害化处理决策，但其不能激励养殖户提高委托处理程度，假设H1得到部分证实。然而，这种总效应并不能遮蔽内部维度的影响效应，生态安全风险认知在1％的统计水平对养殖户委托处理程度存在正向显著影响，生产、食品和公共卫生安全风险认知的影响效应并不显著，假设H1a证实，H1和H1d部分证实，H1b和H1c证伪。可能的解释为：与其他风险认知维度相比，生态安全风险认知对养殖户环保行为选择和投入具有重要影响（刘雪芬等，2013；赵丽平等，2015）。养殖户生态风险认知水平越高，越倾向于增加无害化处理设施投入，并不断提高委托处理程度。

（2）环境规制在5％的统计水平上对养殖户委托处理行为存在正向显著影响，即环境规制能够约束养殖户选择将病死猪委托给无害化处理厂（点）或处理中心进行处理，并不断提高委托处理程度，假设H2证实。这种影响效应主要由于命令型和自愿型规制引起，激励型和引导型规制的影响效应并不显著，假设H2a和H2d证实，H2c和H2d证伪。可能的解释：一是样本区畜牧部门通过动态监管和常态巡查加强自行处理过程监管，养殖户很难实施丢弃或出售病死猪等不当处理，委托处理病死猪成为便捷高效的理性选择；二是政府、畜牧部门与其他养殖户分别与养殖户签订承诺书，约定养殖户可以向无害化处理厂（点）或处理中心报告，由专职人员负责收运并实施无害化处理，这种契约式承诺对面子观念和群体压力较强的养殖户约束力更强；三是除政府直接将无害化处理补贴直接补给受托实施主体外，无害化处理与保险赔偿挂钩政策的连接机制并不顺畅，部分保险公司并没有按照无害化处理场（点）或处理中心开具的凭证给予养殖户快速理赔，养殖户委托处理积极性大幅降低；同时，养殖户报告病死猪后等待时间较长，因担心病原体扩散而选择自行处理病死猪。四是畜牧部门宣传仅停留在纸面告知或展示，养殖户对委托处理政策尚不清晰；同时，无害化处理技术指导主要面向专业和规模养殖户或者受托实施主体，且存在指导次数较少和理论性较强等问题。

（3）部分控制变量对养殖户委托处理行为存在显著影响。户主年龄在10％的统计水平上对养殖户委托处理决策存在负向显著影响，可能的解释为：户主年龄越大，安全风险和遵规守纪意识越弱，加之样本区年龄大的养殖户饲养规模较小，随意丢弃、出售获利甚至自食病死猪时有发生。家中是否有畜牧技术人员在1％的统计水平上对养殖户委托处理决策存在负向显著影响，可能的解释为：病死猪无害化处理程序复杂，标准较为严格，畜牧技术人员能够迅速掌握处理工艺，并能够规范化和标准化实施；养殖户家中畜牧技术人员越多，越能够以最低成本自行处理病死猪，并获得畜牧部门无害化补贴。劳动力数量在1％的统计水平上对养殖户委托处理决策存在正向显著影响，可能的解释为：家庭劳动力越多，从事养殖经营人数越多，生猪养殖规模越大，病死猪产生量可能越多，其更倾向于选择委托处理病死猪，并分配更多时间、物力和财力参与养殖经营。养殖年限在10％的统计水平上对养殖户委托处理行为存在正向显著影响，可能的解释为：养殖年限越长，养殖经验越丰富，养殖户更容易判断病死猪不当处理的损害结果，从而实施委托处理行为。养殖规模在5％的统计水平上对养殖户委托处理决策存在负向显著影响，可能解释为：养殖规模越大，病死猪产量越多，合作社或龙头企业等经营主体越可以自行建造或配备无害化处理设施，抑或是充当无害化处理厂（点）或处理中心运营主体，而不必实施委托处理。来往的养殖户和来往的收购人越多，养殖户社会关系网络较为稠密，群体监督作用较强，无害化处理意识较强，更倾向于选择实施委托处理。此外，与河南相比，河北养殖户更倾向于实施委托处理行为，这与当地委托处理政策、集中处理设施配给等因素相关，但与湖北养殖户的差距并不明显。

表 7 - 2 风险认知、环境规制对养殖户委托处理行为影响的估计结果

解释变量	处理决策		处理程度	
	模型 1	模型 2	模型 3	模型 4
风险认知	0.389 6**		0.035 2	
	(0.167 9)		(0.047 5)	
生态安全风险认知		0.420 1***		0.077 4***
		(0.105 7)		(0.028 4)
生产安全风险认知		−0.020 3		−0.026 5
		(0.076 5)		(0.020 3)
食品安全风险认知		0.129 3		0.006 2
		(0.082 9)		(0.023 6)
公共卫生安全风险认知		0.221 7***		0.027 9
		(0.081 3)		(0.022 5)
环境规制	0.380 0**		0.123 6**	
	(0.171 9)		(0.050 7)	
命令型规制		0.198 4**		0.066 5***
		(0.086 5)		(0.023 4)
激励型规制		0.125 6		0.050 2
		(0.113 6)		(0.031 8)
引导型规制		−0.077 3		−0.025 2
		(0.090 2)		(0.025 0)
自愿型规制		0.173 1*		0.059 8**
		(0.104 7)		(0.026 9)
性别	0.554 3	0.438 3	0.025 1	0.026 7
	(0.375 3)	(0.348 5)	(0.109 9)	(0.110 3)
年龄	−0.017 3*	−0.013 2	−0.003 9	−0.003 2
	(0.009 5)	(0.010 1)	(0.003 0)	(0.003 0)
受教育程度	−0.048 9	−0.066 9*	−0.025 8**	−0.029 6***
	(0.036 0)	(0.037 8)	(0.010 5)	(0.010 4)
家中是否有村干部或公务员	0.191 8	0.239 8	0.011 5	0.026 9
	(0.144 4)	(0.152 2)	(0.040 7)	(0.040 0)
家中是否有畜牧技术人员	−0.450 1***	−0.433 2**	−0.066 2	−0.059 1
	(0.174 6)	(0.184 7)	(0.052 9)	(0.052 8)

（续）

解释变量	处理决策		处理程度	
	模型 1	模型 2	模型 3	模型 4
家庭净收入	0.000 8	0.001 4	0.000 7	0.000 8
	(0.002 6)	(0.002 6)	(0.000 8)	(0.000 7)
劳动力数量	0.140 6***	0.122 5**	0.020 1	0.015 4
	(0.050 6)	(0.051 9)	(0.015 4)	(0.014 8)
手机或电脑数量	−0.028 3	−0.024 7	−0.001 6	0.003 0
	(0.034 7)	(0.036 7)	(0.010 9)	(0.011 0)
养殖目的	−0.050 5	−0.079 6	0.000 5	0.001 1
	(0.199 8)	(0.211 7)	(0.055 8)	(0.055 7)
养殖年限	0.030 9*	0.016 0	0.007 9*	0.002 5
	(0.015 9)	(0.016 9)	(0.004 2)	(0.004 6)
养殖规模	−0.000 4**	−0.000 4**	−0.000 1	−0.000 1*
	(0.000 2)	(0.000 2)	(0.000 1)	(0.000 1)
来往的养殖户	0.018 1**	0.015 0	0.001 1	0.000 1
	(0.008 2)	(0.009 2)	(0.002 4)	(0.002 5)
来往的收购人	0.061 9**	0.060 6**	0.016 7**	0.017 4**
	(0.024 4)	(0.025 8)	(0.006 9)	(0.007 0)
圈舍是否属于禁养区	−0.266 5	−0.359 6	−0.065 8	−0.078 9
	(0.226 0)	(0.228 1)	(0.067 5)	(0.066 4)
圈舍与畜牧部门距离	−0.021 3	−0.016 6	−0.002 2	−0.001 7
	(0.013 2)	(0.014 8)	(0.003 8)	(0.003 9)
是否位于河北	0.974 3***	1.226 7***	0.195 7***	0.245 4***
	(0.188 1)	(0.203 3)	(0.050 5)	(0.051 5)
是否位于湖北	−0.162 2	−0.139 0	−0.081 4	−0.075 3
	(0.172 0)	(0.175 0)	(0.052 9)	(0.051 9)
Wald − chi^2	76.51***	84.15***	55.69***	79.68***
Log − pseudolikelihood（Probit）/ Log − likelihood（Tobit）	−258.187 0	−243.669 7	−309.174 3	−297.182 9
Prob＞chi^2	0.000 0	0.000 0	0.000 0	0.000 0
Pseudo − R^2	0.353 1	0.300 7	0.382 6	0.318 2
样本量	470	470	470	470

注：表中报告的是系数，括号内为稳健标准误，下同；*、**、***分别表示在10%、5%和1%的统计水平上显著。

2. 环境规制在风险认知影响养殖户委托处理行为中的调节效应

为进一步检验环境规制在风险认知对养殖户委托处理行为影响中的调节效应，本节进一步引入风险认知和环境规制的交互项（模型 5 和模型 7）以及风险认知和环境规制不同维度的交互项（模型 6 和模型 8）进行回归。研究发现，模型 5 到模型 8 的 Wald 卡方值均在 1% 的统计水平上通过显著性检验，分别为 77.93、88.97、59.33 和 76.48，表明模型拟合效果良好。表 7-3 给出了模型估计结果，可以发现：①环境规制分别在 1% 和 10% 的统计水平上正向调节风险认知对养殖户委托处理决策和处理程度的影响，假设 H3 得到证实。结果进一步证实，从影响效应来看，农户行为是主客观因素共同影响下的结果；从影响路径来看，外部因素能够强化内部因素的影响效应（黄祖辉，2005）。②环境规制这种调节效应主要由自愿型规制引起，自愿型规制分别在 5% 和 1% 的统计水平上正向调节风险认知对养殖户委托处理决策和处理程度的影响，命令型、激励型和引导型规制的调节效应并不显著，假设 H3d 证实，H3a、H3b 和 H3c 证伪。可能的解释为：病死猪无害化处理外部效应较强，养殖户规避风险能力较弱，单纯依赖畜牧部门监管难以实现委托处理常态化；养殖户实施委托处理后，畜牧部门将补贴资金直接补给处理厂（点）或处理中心，并对其开展技术指导，激励型和引导型规制对养殖户的影响较弱。契约式治理成为农村环境治理的主要措施，通过融入农户利益诉求，增强其参与环境治理的积极性，有助于提高环境治理的可持续性（吴惟予、肖萍，2015）；政府、畜牧部门与其他养殖户分别与养殖户签订无害化处理承诺，在群体压力和面子观念双重约束下，养殖户通常遵从自己的承诺选择实施便捷高效的委托处理，从而积极实施无害化集中处理。

表 7-3 环境规制的调节效应检验结果

解释变量	处理决策		处理程度	
	模型 5	模型 6	模型 7	模型 8
风险认知	0.499 1*** (0.170 8)	0.608 0*** (0.176 5)	0.053 8 (0.048 4)	0.070 9 (0.049 4)
环境规制	0.290 0* (0.175 0)		0.098 1* (0.052 3)	

（续）

解释变量	处理决策		处理程度	
	模型 5	模型 6	模型 7	模型 8
命令型规制		0.156 2*		0.054 0**
		(0.087 6)		(0.023 8)
激励型规制		0.208 7*		0.058 3*
		(0.113 9)		(0.031 4)
引导型规制		−0.112 7		−0.033 8
		(0.091 0)		(0.026 1)
自愿型规制		0.266 3**		0.075 2***
		(0.109 9)		(0.027 7)
风险认知× 环境规制	0.893 9***		0.156 9*	
	(0.274 1)		(0.082 3)	
风险认知× 命令型规制		0.212 2		0.041 4
		(0.152 0)		(0.043 5)
风险认知× 激励型规制		−0.130 4		0.033 9
		(0.218 1)		(0.060 2)
风险认知× 引导型规制		0.238 9		0.013 4
		(0.154 0)		(0.046 1)
风险认知× 自愿型规制		0.455 3**		0.101 1*
		(0.208 1)		(0.055 4)
控制变量	已控制	已控制	已控制	已控制
地区虚拟变量	已控制	已控制	已控制	已控制
$Wald-chi^2$	77.93	88.97	59.33	76.48
Log-pseudolikelihood（Probit）/ Log likelihood（Tobit）	−254.090 5	−246.928 5	−307.356 7	−298.779 6
$Prob>chi^2$	0.000 0	0.000 0	0.000 0	0.000 0
$Pseudo-R^2$	0.366 5	0.390 0	0.388 0	0.313 5
样本量	470	470	470	470

注：*、**、***分别表示在10%、5%和1%的统计水平上显著。

3. 稳健性检验

养殖户能否实施委托处理和委托处理程度如何，在很大程度上依赖于所在乡镇是否有病死猪无害化处理厂（点）或所在县（区）是否有无害化处理中心。通过访谈可知，样本区生猪养殖密度不同，政府为合理分配无害化处理设施，并非每个乡镇都设置无害化处理厂（点），每个县（区）也不一定建造无害化处理中心。实践上，1座处理厂（点）负责1～2个村，1座处理中心负责1～3个县（区），以实现样本区域无害化处理全覆盖。此外，尽管病死猪无害化处理并不需要养殖户运输，但调研中部分养殖户普遍反映处理厂（点）或处理中心的辐射效能较低。

因此，本节在删除养殖户所在乡镇没有无害化处理厂（点），并且所在县（区）没有无害化集中处理中心的样本175户，剩余有效样本339户，其中委托处理有186户，并采用Probit模型和Tobit模型进一步验证基准回归结果的稳健性。表7-4给出了模型回归结果，可以发现：除变量系数发生较大变动以及部分变量显著水平发生改变外，核心解释变量的影响方向并没有发生变动，表明基准回归模型具有较好的稳健性。

表7-4　稳健性检验结果

解释变量	处理决策		处理程度	
	模型9	模型10	模型11	模型12
风险认知	0.123 6**		0.125 2	
	(0.058 9)		(0.097 6)	
生态安全风险认知		0.250 2***		0.187 2***
		(0.080 7)		(0.049 3)
生产安全风险认知		−0.120 5		−0.086 2
		(0.096 5)		(0.060 3)
食品安全风险认知		0.139 0		0.016 5
		(0.092 1)		(0.022 4)
公共卫生安全风险认知		0.123 7***		0.157 9
		(0.044 2)		(0.112 2)
环境规制	0.280 1**		0.273 6***	
	(0.127 3)		(0.078 2)	
命令型规制		0.168 5*		0.136 2***
		(0.093 6)		(0.037 8)
激励型规制		0.220 6		0.120 2
		(0.183 2)		(0.091 8)

(续)

解释变量	处理决策		处理程度	
	模型 9	模型 10	模型 11	模型 12
引导型规制		−0.060 9		−0.065 2
		(0.081 2)		(0.055 1)
自愿型规制		0.223 1*		0.094 8**
		(0.117 4)		(0.044 3)
Wald − chi^2	42.52***	38.15***	32.65***	30.68***
Log − pseudolikelihood（Probit）/ Log − likelihood（Tobit）	−121.132 0	−110.660 2	−109.124 5	−97.142 2
Prob＞chi^2	0.000 0	0.000 0	0.000 0	0.000 0
Pseudo − R^2	0.323 1	0.330 7	0.362 6	0.388 2
样本量	339	339	339	339

注：表格报告的是系数，括号内为稳健标准误；*、**、***分别表示在10％、5％和1％的统计水平上显著。

(四) 基于组织参与和养殖规模异质的讨论

1. 基于组织参与异质的讨论

组织参与是新古典经济学、交易成本经济学和博弈论框架下农户优化风险策略和减缓风险冲击的制度性安排（徐美芳，2012）。农户参与合作社和行业协会等经营性或公益性组织可以降低技术采用风险和市场经营风险，可以获得规模经济、降低交易成本、减少中间环节等（Sexton，1986；Fulton，1995），还可以享有组织参与带来的信息资源和优惠政策。加入合作社或行业协会等组织成为农户风险规避的重要途径（陈先勇等，2007）。周玉新（2014）研究发现，加入合作社等组织对农户实施环保型农业生产行为具有正向显著影响。然而，另有学者认为合作社等组织存在股份化（徐旭初，2005）和空壳化（蒋颖、郑文堂，2014），合作社等组织对农户行为影响并不明显（邓衡山，2016）。因此，本节以养殖户是否成立或参与合作社或行业协会等组织作为划分标准，并采用分组回归模型进一步探讨风险认知、环境规制对养殖户委托处理行为的影响。样本中有 278 户成立或参与合作社或养殖协会（选择实施委托处理的 214 户），192 户没有参加任何组织（选择实施委托处理的 112 户）。表 7 - 5 给出了分组回归估计结果，可以发现：

风险认知在 10% 的统计水平上对组织参与户委托处理决策和处理程度均存在正向显著影响。与基准回归结果相比，除生态和公共卫生安全风险认知影响不变外，生产安全风险认知在 10% 的统计水平上正向影响组织参与户委托处理行为。风险认知在 5% 的统计水平上正向影响未参与户委托处理决策，但对处理程度的影响并不显著，并且风险认知的这种影响效应主要由公共卫生安全风险认知贡献，其他类型风险认知的影响效应并不显著。可能的解释为：养殖户建立或参与生猪合作社或养殖协会的利益联结机制主要表现为合作社或养殖协会与社员（会员）之间在品种推广、母猪繁育、仔猪销售、成猪包装、疫情防控等方面的一体化经营与管理；病死猪委托处理属于疫情疫病防控和生态环境治理的重要组成部分，合作社或养殖协会通过政策宣传、技术帮扶和监督管理等措施，不断提高社员的生态、生产和公共卫生安全风险认知水平，从而促使养殖户实施委托处理行为。

环境规制在 5% 的统计水平上对参与户委托处理决策和处理程度均存在正向显著影响。与基准回归相比，除命令型和自愿型规制影响不变外，激励型规制在 5% 的统计水平上对参与户委托处理决策存在正向显著影响。同时，环境规制分别在 10% 和 5% 的统计水平上对未参与户委托处理决策和处理程度存在正向显著影响，并且这种影响效应主要由自愿型规制引起。可能的解释为：养殖户参与的合作社等组织通常是无害化处理厂（点）或处理中心的实际运营主体，支持、维护和促进合作社利益是社员的共同诉求，养殖户实施委托处理率更高；养殖协会能够第一时间获悉行业相关资讯、能及时掌握无害化处理政策，通过技术研讨、资源共享和意见反馈等不断提高病死猪处理标准化程度。

表 7 - 5　基于组织参与异质的影响效应估计结果

解释变量	组织参与		组织未参与	
	处理决策	处理程度	处理决策	处理程度
风险认知	0.092 6*	0.065 2*	0.078 6**	0.085 8
	(0.050 1)	(0.034 9)	(0.034 1)	(0.060 3)

（续）

解释变量	组织参与		组织未参与	
	处理决策	处理程度	处理决策	处理程度
生态安全风险认知	0.092 2**	0.087 8*	0.152 2	0.097 2
	(0.040 1)	(0.046 2)	(0.120 7)	(0.079 5)
生产安全风险认知	0.152 1*	0.120 2*	−0.162 5	−0.096 6
	(0.085 4)	(0.068 1)	(0.126 4)	(0.070 4)
食品安全风险认知	0.069 2	0.056 6	0.069 2	0.046 4
	(0.082 5)	(0.062 4)	(0.082 2)	(0.032 9)
公共卫生安全风险认知	0.103 5**	0.107 9	0.142 7***	0.097 9
	(0.047 6)	(0.082 2)	(0.050 1)	(0.102 5)
环境规制	0.150 2**	0.143 6**	0.120 1*	0.153 0***
	(0.068 3)	(0.062 4)	(0.068 6)	(0.049 0)
命令型规制	0.088 5***	0.105 2*	0.048 5*	0.121 2**
	(0.025 3)	(0.055 9)	(0.025 9)	(0.055 1)
激励型规制	0.130 4**	0.050 2	0.150 6	0.100 2
	(0.059 3)	(0.074 8)	(0.126 2)	(0.081 2)
引导型规制	−0.120 9	−0.085 2	−0.080 4	−0.075 4
	(0.091 4)	(0.065 5)	(0.091 2)	(0.051 4)
自愿型规制	0.073 1*	0.044 5**	0.143 2**	0.064 5**
	(0.039 3)	(0.020 8)	(0.065 1)	(0.030 1)
控制变量	已控制		已控制	
地区虚拟变量	已控制		已控制	
样本量	278		192	

注：表格报告的是系数，括号内为稳健标准误；*、**、***分别表示在10%、5%和1%的统计水平上显著。

2. 基于养殖规模异质的讨论

本节进一步讨论基于养殖规模异质下风险认知和环境规制的影响效应。具体而言：

（1）从表7-6可以发现，风险认知总体上并没有对散养户委托处理行为产生显著影响。然而，风险认知总影响效应存在遮蔽效应，生产安全风险认知在10%的统计水平上对散养户委托处理决策存在正向显著影响，生态安全风险认知在5%的统计水平上对散养户委托处理程度存在正向显著影响。可见，维持家庭稳定生产成为养殖户实施委托处理最主要的内在动机。同时，结果也表明多渠道环保政策宣传有助于提高散养户委托处理程度。环境规制在10%的统计水平上对散养户委托处理决策存在正向显著影响，但对处理程度影响不显著。其中，命令型规制在10%的统计水平上对散养户委托处理决策存在正向显著影响，自愿型规制在5%的统计水平上对散养户委托处理程度存在正向显著影响。结果表明：尽管畜牧部门执法监管能够约束养殖户选择委托处理，但以契约治理为代表的基层社会治理才能提高散养户委托处理率。

表 7-6 基于散养户的影响效应估计结果

解释变量	处理决策		处理程度	
风险认知	0.043 7		0.035 2	
	(0.054 9)		(0.040 6)	
生态安全风险认知		0.056 2		0.077 2**
		(0.062 7)		(0.035 9)
生产安全风险认知		0.032 5*		0.024 2
		(0.018 2)		(0.040 6)
食品安全风险认知		0.039 0		0.066 5
		(0.042 6)		(0.052 4)
公共卫生安全风险认知		0.073 2		0.017 9
		(0.062 9)		(0.032 5)
环境规制	0.084 1*		0.120 3	
	(0.046 7)		(0.098 2)	
命令型规制		0.140 5*		0.157 2
		(0.073 9)		(0.127 8)
激励型规制		0.000 6		0.040 2
		(0.000 4)		(0.061 2)
引导型规制		−0.120 0		−0.025 5
		(0.092 5)		(0.052 1)
自愿型规制		0.000 1		0.044 8**
		(0.006 2)		(0.021 1)
控制变量	已控制	已控制	已控制	已控制
地区虚拟变量	已控制	已控制	已控制	已控制
样本量	149	149	149	149

注：表格报告的是系数，括号内为稳健标准误；*、**、***分别表示在10%、5%和1%的统计水平上显著。

(2) 从表7-7可以发现，风险认知在5%的统计水平上对专业养殖户委托处理决策存在正向显著影响，这种影响效应由生态和公共卫生安全风险认知引起。环境规制在5%的统计水平上对专业养殖户委托处理行为存在正向显著影响，这种影响效应主要由命令型和自愿型规制贡献。可能的解释为：专业养殖户多以家庭农场或合作社等组织形式开展经营，资金实力相对薄弱，主要将全部资金用于生产环节养殖经营，粪污排泄物和病死猪处理设施或设备建设不足，其也成为政府监管的重点对象。因此，专业养殖户在应对病死猪等疫情疫病和环境污染的风险源时，更倾向于实施委托处理以降低自行无害化处理带来的经济负担。此外，调研中发现，专业养殖户受教育程度普遍较高，遵规守约意识较强，能够积极践行与政府、畜牧部门和其他养殖户达成的承诺书。

表7-7 基于专业养殖户的影响效应估计结果

解释变量	处理决策	处理程度
风险认知	0.253 4 ** (0.110 2)	0.085 2 (0.090 6)
生态安全风险认知	0.200 2 ** (0.092 2)	0.217 8 *** (0.069 3)
生产安全风险认知	−0.140 2 (0.126 2)	−0.006 2 (0.012 3)
食品安全风险认知	0.159 6 (0.122 4)	0.046 2 (0.032 4)
公共卫生安全风险认知	0.173 5 *** (0.040 4)	0.127 1 * (0.070 6)
环境规制	0.120 2 ** (0.054 6)	0.110 6 ** (0.050 2)
命令型规制	0.198 4 *** (0.060 6)	0.266 2 *** (0.080 8)
激励型规制	0.060 1 (0.093 2)	0.100 2 (0.091 5)
引导型规制	−0.120 9 (0.090 2)	−0.025 2 (0.054 5)

（续）

解释变量	处理决策		处理程度	
自愿型规制		0.120 1*		0.034 8**
		(0.070 1)		(0.016 2)
控制变量	已控制	已控制	已控制	已控制
地区虚拟变量	已控制	已控制	已控制	已控制
样本量	173	173	173	173

注：表格报告的是系数，括号内为稳健标准误；＊、＊＊、＊＊＊分别表示在10％、5％和1％的统计水平上显著。

（3）从表7-8可以发现，风险认知分别在5％和10％的统计水平上对规模养殖户委托处理决策和处理程度存在正向显著影响。这种影响效应主要由生态和公共卫生安全风险认知引起，生产安全风险认知在5％的统计水平上对规模养殖户委托处理决策存在正向显著影响。可能的解释为：规模养殖户多为龙头企业，集生猪生产、销售和加工于一体，生猪养殖规模较大，产业依赖性较强，内部专业技术人员较多，疫情疫病防控意识较强。同时，规模养殖户作为生猪养殖企业代表，社会责任感较强，能够积极参与环境治理和履行环保责任，并将生态安全风险认知转化为行动实践，主动实施委托处理行为。环境规制分别在5％和1％的统计水平上对规模养殖户委托处理决策和处理程度存在正向显著影响。这种影响效应主要由激励型规制和自愿型规制引起，命令型规制仅在10％的统计水平对养殖户委托处理决策存在正向显著影响。可能的解释为：规模养殖户多为病死猪受托实施主体，畜牧部门给予80元/头补贴能够提高受托处理的积极性。同时，畜牧部门定期对规模养殖户开展常规巡查，并与其签订病死猪集中处理承诺，能够推动规模养殖户实施委托处理。可见，规模养殖户已成为病死猪集中处理的引领和带动者。

表7-8　基于规模养殖户的影响效应估计结果

解释变量	处理决策		处理程度	
风险认知	0.253 2**		0.085 1*	
	(0.109 6)		(0.047 2)	
生态安全风险认知		0.152 2***		0.257 2***
		(0.043 5)		(0.070 3)

（续）

解释变量	处理决策		处理程度	
生产安全风险认知	0.090 5**		0.186 2	
	(0.033 5)		(0.220 3)	
食品安全风险认知	0.179 2		0.026 8	
	(0.142 1)		(0.042 4)	
公共卫生安全风险认知	0.153 7**		0.067 9*	
	(0.064 1)		(0.037 7)	
环境规制	0.160 9**		0.162 6***	
	(0.069 9)		(0.050 8)	
命令型规制	0.308 5*		0.136 2	
	(0.162 4)		(0.167 8)	
激励型规制	0.090 6**		0.210 2**	
	(0.041 2)		(0.095 5)	
引导型规制	−0.190 2		−0.095 2	
	(0.221 2)		(0.085 1)	
自愿型规制	0.083 5*		0.114 8**	
	(0.043 8)		(0.051 9)	
控制变量	已控制	已控制	已控制	已控制
地区虚拟变量	已控制	已控制	已控制	已控制
样本量	148	148	148	148

注：表格报告的是系数，括号内为稳健标准误；*、**、***分别表示在10%、5%和1%的统计水平上显著。

三、风险认知、环境规制对养殖户资源化处理行为的影响

（一）理论分析与研究假设

1. 风险认知对养殖户资源化处理行为的影响

学术界主要从理性期望法则和风险分散法则两个方面阐述风险认知对主体行为决策的影响机制。一是理性期望法则构建的成本与效用评价机制，即通过综合评价风险损害的成本与规避风险的效用，不断加强风险管理并做出行为决策（Katherine et al.，2010）。从生产安全风险来看，养殖户实施简

易处理行为仍可能受到罚款、停业整顿或吊销营业执照等行政处罚，造成养殖户出栏量降低或退出生猪养殖，甚至危及饲料、兽药等相关产业发展；从公共安全风险来看，养殖户实施简易处理行为也可能引发病死猪携带的病原体快速传播，造成疫情扩散或人畜共患传染病（张海明等，2014）；从食品安全风险来看，道德风险和信息不对称促使养殖户将患病猪及时抛向市场，以弥补疫情疫病带来的经营损失，从而将食品安全风险转嫁于公众；从生态安全风险来看，养殖户掩埋或焚烧病死猪可能造成土壤重金属残留及水体和空气质量下降，加之资源化产品收益较低，养殖户采用资源化处理技术的意愿较低（沈生泉、梁英香，2014）。可见，生产与公共卫生安全风险能够直接影响生猪养殖收益，养殖户规避风险的成本较大，能够约束其实施资源化处理行为。二是风险分散法则构建的风险转移机制，即通过比较分析风险承担和风险转移的外部条件，提升风险防控能力并做出行为决策（Yates and Stone，1992）。市场经济条件下，风险转移比风险承担能够以更低的成本实现帕累托最优（谢晓非、陆静怡，2014）。浦华和白裕兵（2014）研究发现，食品安全风险认知对养殖户兽药施用行为存在正向显著影响；但王瑜（2009）认为食品安全风险认知对小规模养殖户添加剂使用行为的影响并不显著。此外，已有研究关于生态安全风险认知与农户环境友好行为的关系也存在较大分歧（Notani，1998；胡浩等，2009）。与生产和公共卫生安全风险相比，养殖户既可能通过简易处理行为将食品安全风险与生态安全风险转嫁给他人，也可能感知到简易处理行为需要支付较高成本而承担风险。基于此，本书提出如下假设：

H1：风险认知正向影响养殖户资源化处理行为；

H1a：生态安全风险认知对养殖户资源化处理行为的影响不确定；

H1b：生产安全风险认知正向影响养殖户资源化处理行为；

H1c：食品安全风险认知对养殖户资源化处理行为的影响不确定；

H1d：公共卫生安全风险认知正向影响养殖户资源化处理行为。

2. 环境规制对养殖户资源化处理行为的影响

首先，由监管、处罚、技术种类和技术标准组合而成的规制政策，不仅促使养殖户能够预知风险损害后果，还进一步明确了资源化处理的技术规范，不断降低风险管理成本，约束其实施资源化处理行为。其次，由财政补贴、保险挂钩、设施补助和贷款贴息等政策组合而成的激励型规制，既可以通过弥补病死猪带来的经济损失，增强养殖户的风险防控能力，提高主体风险认知水平；也可以缓解购置木屑、发酵床等设备的成本压力，不断增加资源化处理产品收益，大幅降低养殖户规避风险意愿，最终提高资源化处理程度（黄泽颖、王济民，2016）。再次，政府通过宣传、培训和技术指导有助于提高养殖户对补贴、补助、技术种类和技术标准等政策的知晓度，使得养殖户能够综合评判资源化处理的多重效益，进而主动实施资源化处理行为。最后，自愿型规制通过融入养殖户利益诉求不断强化政府、组织与养殖户签订资源化处理承诺书以及养殖户之间签订承诺书的规制效果。此外，承诺书并非单方格式条款，实施的阻力较小，并能够获得无偏差执行（许晖等，2013）。基于此，本书提出如下假设：

H2：环境规制正向影响养殖户资源化处理行为；

H2a：命令型规制正向影响养殖户资源化处理行为；

H2b：激励型规制正向影响养殖户资源化处理行为；

H2c：引导型规制正向影响养殖户资源化处理行为；

H2d：自愿型规制正向影响养殖户资源化处理行为。

3. 环境规制在风险认知影响养殖户资源化处理行为中的调节效应

命令型规制可以拓展风险认知的内容和范围，促使养殖户明确深埋和焚烧等简易处理可能引致的二次污染以及病死猪资源化产品产生的收益，提高风险认知实现的可能性，促使养殖户选择实施资源化处理行为。无害化补贴、补助以及无害化处理与保险挂钩政策能够降低养殖户风险损害和无害化处理成本负担，减少养殖户资源化处理决策中犹豫不决状态，促使其主动实施资源化处理行为。当政府扩大农技推广范围及提高推广频次时，养殖户对资源化处理补贴等相关政策熟知，更倾向于采用资源化处理技术；当政府根据养殖规模和地域禀赋的异质性提供匹配的技术培训时，培训的针对性和实效性有助于提高技术采用的受偿度和满意度，激励养殖户实施资源化处理行为。政府对病死猪资源化处理政策进行宣传，对不同规模养殖户开展堆肥、发酵和化制法等技术专项培训，能够减少养殖户对政策和技术的理解偏差，促进政府与养殖户达成契约，并提高养殖户契约遵从效果，不断提高资源化处理程度。可见，环境规制在风险认知对养殖户资源化处理行为中发挥"增

强剂"的作用。基于此,提出如下假设:

H3:环境规制正向调节风险认知对养殖户资源化处理行为的影响;

H3a:命令型规制正向调节风险认知对养殖户资源化处理行为的影响;

H3b:激励型规制正向调节风险认知对养殖户资源化处理行为的影响;

H3c:引导型规制正向调节风险认知对养殖户资源化处理行为的影响;

H3d:自愿型规制正向调节风险认知对养殖户资源化处理行为的影响。

(二) 变量选取和研究方法

1. 变量选取

(1) 被解释变量

被解释变量资源化处理决策和处理程度,前者属于二元离散变量,如果实施堆肥、发酵和化制等方法1项以上的,赋值为1;反之,如果养殖户实施深埋、焚烧等简易处理的,赋值为0。后者用"资源化处理率(资源化处理量与病死猪数量之比)"来表示,属于连续型变量。

(2) 核心解释变量

核心解释变量为风险认知和环境规制。在第七章第二节中通过因子分析法测得风险认知水平与环境规制强度。

(3) 控制变量

同第五章。各变量赋值和描述性统计如表7-9。

表7-9 各变量赋值和描述性统计分析

变量名称	变量赋值	最小值	最大值	均值	标准差
被解释变量					
处理决策	选择堆肥、发酵和化制等方法1项以上的=1,选择深埋和焚烧等1项以上的=0	0	1	0.600 0	0.490 4
处理程度	资源化处理头数/病死猪头数	0	1	0.590 5	0.311 7
解释变量					
风险认知	因子分析测得	−1.762 4	0.989 5	0	0.506 1
生态安全风险认知	同上	−2.881 7	2.496 3	0	1

（续）

变量名称	变量赋值	最小值	最大值	均值	标准差
解释变量					
生产安全风险认知	同上	−2.538 5	1.797 9	0	1
食品安全风险认知	同上	−4.265 2	1.782 0	0	1
公共卫生安全风险认知	同上	−5.987 3	1.789 0	0	1
环境规制	因子分析测得	−1.236 7	1.202 6	0	0.510 1
命令型规制	同上	−1.580 6	2.479 2	0	1
激励型规制	同上	−2.601 2	2.105 7	0	1
引导型规制	同上	−2.564 6	2.587 9	0	1
自愿型规制	同上	−1.800 5	2.625 8	0	1
控制变量					
性别	男性＝1，女性＝0	0	1	0.972 3	0.164 1
年龄	户主实际年龄（岁）	30	68	47.563 8	8.559 3
受教育程度	户主实际受教育年限（年）	1	16	8.866 0	2.539 5
家中是否有村干部或公务员	有＝1，无＝0	0	1	0.387 2	0.487 6
家中是否有畜牧技术人员	有＝1，无＝0	0	1	0.185 1	0.388 8
家庭净收入	家庭净收入金额（元）	−90	191.654	18.630 6	34.052 0
劳动力数量	年满 16 周岁劳动力人数（人）	1	8	2.508 5	1.797 6
手机或电脑数量	拥有手机或电脑数量（部/台）	1	9	4.438 2	1.770 2
养殖目的	主要收入＝1，补贴家用＝0	0	1	0.851 1	0.356 4
养殖年限	从事生猪养殖年限（年）	1	37	8.606 4	5.105 3
养殖规模	生猪出栏量与年底存量之和（头）	5	1 960	467.902 1	495.195 7
来往的养殖户	来往的其他养殖户数量（户）	1	70	10.895 7	8.799 3

（续）

变量名称	变量赋值	最小值	最大值	均值	标准差
控制变量					
来往的收购人	来往的生猪收购人数量（人）	1	17	5.631 9	3.711 1
圈舍是否属于禁养区	是=1，否=0	0	1	0.131 9	0.338 8
圈舍与畜牧部门距离	实际距离（里）	1	34	9.091 1	5.157 5
地区虚拟变量					
是否位于河北	是=1，否=0	0	1	0.387 2	0.487 6
是否位于湖北	是=1，否=0	0	1	0.308 5	0.462 4

2. 研究方法

参考 Cragg（1971）和谢先雄等（2018）的相关研究，采用 Double Hurdle 模型探讨风险认知、环境规制对养殖户资源化处理行为的影响。模型构建如下：

首先，考察养殖户是否实施资源化处理，构建方程如下：

$$probit[y_i = 0 \mid x_{1i}] = 1 - \varphi(ax_i)$$
$$probit[y_i > 0 \mid x_{2i}] = \varphi(ax_i) \qquad (7-4)$$

式（7-4）中，y_i 表示养殖户是否实施资源化处理，x_i 表示自变量；$\varphi(\bullet)$ 为标准正态分布的累积函数，a 为相应的待估计系数，i 表示第 i 个观测样本。

$$E[y_i \mid y_i > 0, x_{2i}] = \beta x_{2i} + \eta \lambda(\beta x_{2i}/\eta) \qquad (7-5)$$

式（7-5）中，$E(\bullet)$ 表示条件期望，即资源化处理程度；$\lambda(\bullet)$ 为逆米尔斯比率，β 为相应的待估计系数；η 为截取的正态分布标准差。

根据式（7-4）和式（7-5），可建立对数似然函数：

$$L = \sum_{y_i}\{\ln[1-\varphi(ax_i)]\} + \sum_{y_i}\{\ln\varphi(ax_i) - \ln\varphi(\beta x_{2i}/\eta) - \ln(\eta)\} +$$
$$\ln\{\varphi[(y_i - \beta x_{2i}/\eta)]\} \qquad (7-6)$$

然后，利用最大似然估计法估算 $\ln L$ 的对数似然函数值，最终得到本研究需要的相关参数。

（三）风险认知、环境规制对养殖户资源化处理行为影响结果分析

1. 风险认知、环境规制对养殖户资源化处理行为的影响

为探讨风险认知、环境规制对养殖户资源化处理行为的影响，首先采用 Double Hurdle 模型对核心解释变量及不同维度进行层次回归。从表 7 - 10 可以发现，模型回归结果的 Wald 统计量均通过了 1% 的显著性检验，表明模型整体拟合情况良好。此外，考虑到核心解释变量与控制变量可能存在内部相关性，本节对各自变量进行多重共线性诊断。通常认为 VIF 方差膨胀因子大于 10 时，自变量之间存在高度多重共线性。诊断结果发现，VIF 的最高值为 1.715，最低值为 1.007，均值为 1.324，说明数据并没有多重共线性问题。具体而言：

（1）风险认知分别在 5% 和 10% 的统计水平上对养殖户资源化处理决策和处理程度存在正向显著影响，即养殖户的风险认知水平越高，越倾向于做出资源化处理的决策，并持续提高资源化处理程度。养殖户能够预判简易处理引致的安全风险，并及时采取资源化处理措施控制或管理各类风险，以应对或避免风险实现造成的经营损失，假设 H1 得到证实。生产和公共卫生安全风险认知分别在 5% 和 10% 的统计水平上正向影响养殖户资源化处理行为，但生态和食品安全风险认知对养殖户资源化处理行为的影响并不显著，假设 H1b 和 H1d 证实，H1a 和 H1c 证伪。

上述结果可能的解释为：一是近 70% 的养殖户以合作社、家庭农场和龙头企业等新型农业经营主体从事养殖，除日常生猪经营外，还参与母猪和仔猪销售、兽药和饲料配给、设备和技术服务等相关产业经营。因此，生产安全风险认知成为推动养殖户实施资源化处理的首要心理因素。二是病死猪携带的病原体是疫情疫病传播的重要来源。在非洲猪瘟等疫情冲击下，病死猪资源化处理是彻底消灭疫点或疫区内病原体的主要措施，既可以降低圈舍间生猪传染的风险，也会降低不同养殖户、地区和猪产业间的疫情疫病传播，维持生猪持续供应及稳定市场价格。因此，公共卫生安全风险认知成为促进养殖户实施资源化处理的重要因素。三是病死猪资源化处理具有环境公共品属性，在资源化产品收益及补贴额度较低的双重约束下，养殖户生态安

全风险认知较弱，并未构成其实施资源化处理的动因。同时，部分养殖户选择出售病死猪以分散经营损失，将食品安全风险转移至公众，在信息不对称及风险防控能力较弱的现实情境下，转移食品安全风险以获取经济效益成为养殖户的"理性"选择。

（2）环境规制在 5% 和 10% 的统计水平上对养殖户资源化处理行为存在正向显著影响，即环境规制强度越大，养殖户更倾向于实施资源化处理，并持续提高资源化处理程度。近年来，政府持续优化环境规制措施推进病死猪资源化处理，这也是养殖业绿色发展的基本要求，假设 H2 证实。激励型、引导型和自愿型规制对养殖户资源化处理行为存在正向显著影响，命令型规制对养殖户资源化处理行为的影响并不显著，假设 H2b、H2c 和 H2d 证实，H2a 证伪。

结果可能的解释为：第一，考虑到病死猪资源化处理存在技术瓶颈、公共卫生安全风险和实施成本较大，政府只是鼓励养殖户实施资源化处理。第二，病死猪资源化利用技术要求高，养殖户技术获取难度较大，已成为促进资源化处理的瓶颈因素。而样本区畜牧部门将资源化处理技术作为农村公共物品，通过培育专业合作社、龙头企业等新型农业经营主体，逐步提高技术的扩散、影响和带动效应。同时，畜牧部门推行病死猪无害化集中处理，处理中心具备成熟的资源化处理技术，进而提高了养殖户病死猪资源化处理程度。第三，畜牧部门与养殖户签订资源化处理承诺书，这种"公私承诺"在熟人社会的约束力较强。多数养殖户表示，如果违背承诺，很可能对其销售、借贷等行为产生负面影响，从而约束养殖户实施资源化处理行为。第四，资源化处理补贴政策和保险挂钩政策不合理。

（3）从控制变量上来看，受教育程度在 10% 的统计水平上对养殖户资源化处理决策存在正向显著影响，但对处理程度影响不显著，可能的解释是：受教育程度较高的户主多是合作社社长、家庭农场主和公司经理，企业家社会责任感较强，能够响应政府相关政策，带动其他养殖户实施资源化处理行为。然而，调研中也发现，堆肥发酵等资源化处理设备容量不足，处理能力难以适应规模化养殖的发展要求。家中是否有畜牧技术人员在 1% 的统计水平上对养殖户资源化处理决策存在正向显著影响，但对处理程度影响不显著，可能的解释是：碳化、化制等资源化处理技术标准较高，设备选用、材料配比等操作程序复杂，只有接受过专项技能培训的人员能够规范化处理。但是，样本区资源化处理技能培训较少，畜牧技术人员匮乏，从某种程度上抑制了资源化处理程度。家庭净收入分别在 1% 和 5% 的统计水平上正向影响养殖户资源化处理决策和处理程度，可能的解释是：资源化处理需要投入大量资金，有机肥、化制油脂等资源化产品生产周期较长，并且与其他替代产品竞争优势不明显，家庭收入是养殖户实施资源化处理行为的重要保障。养殖规模在 5% 的统计水平上对养殖户资源化处理行为存在正向显著影响，可能的解释为：尽管样本区生猪养殖规模较大，但标准化养殖程度不高，加之生猪养殖密度较高，病原体传播速度较快，生猪死亡数量较多，这成为养殖户实施资源化处理的物质基础。养殖年限在 1% 的统计水平上对养殖户资源化处理决策存在正向显著影响，但对处理程度影响不显著，可能的解释为：养殖年限越长，养殖经验越丰富，养殖户越能够及时捕捉补贴保险、技术标准、成本收益等相关信息，进而做出资源化处理决策；圈舍面积既包括生猪养殖占地面积，还包括与养殖相关的饲料储备、处理等其他附属设施占地面积。堆肥发酵等资源化处理需要大量土地，圈舍面积越大，可用于建造堆肥间、发酵池等设施的面积越大，养殖户资源化处理的能力越高。圈舍是否属于禁养区对养殖户资源化处理行为存在负向显著影响，可能的解释是：尽管禁养区范围内的养殖户可从事禁养规模标准以下的生猪养殖，但饲养规模普遍较小，病死猪产量较低，兼业养殖成为家庭经营的主要形式，养殖户实施资源化处理的意愿较低。

表 7-10　风险认知、环境规制对养殖户资源化处理行为影响的估计结果

解释变量	处理决策	处理程度
风险认知	0.083 4** (0.038 8)	0.029 9* (0.016 1)
生态安全风险认知	0.021 8 (0.079 1)	0.028 4 (0.019 9)
生产安全风险认知	0.060 7** (0.027 6)	0.040 4** (0.020 3)
食品安全风险认知	0.021 1 (0.067 8)	0.001 5 (0.017 3)

（续）

解释变量	处理决策		处理程度	
公共卫生安全 风险认知	0.065 4* (0.035 3)		0.011 8* (0.006 7)	
环境规制	0.150 1** (0.068 2)		0.093 6 * (0.050 3)	
命令型规制	0.068 4 (0.080 5)		0.076 5 (0.048 4)	
激励型规制	0.105 6 (0.125 2)		0.055 2 (0.047 6)	
引导型规制	0.037 3*** (0.011 6)		0.045 2*** (0.015 6)	
自愿型规制	0.073 5* (0.040 8)		0.050 8* (0.026 7)	
性别	0.448 0 (0.337 0)	0.417 0 (0.334 0)	0.144 0 (0.103 0)	0.153 0 (0.103 0)
年龄	0.010 4 (0.009 4)	0.008 9 (0.009 4)	0.003 9 (0.002 6)	0.004 1 (0.002 6)
受教育程度	0.063 8* (0.033 4)	0.061 6* (0.033 5)	0.009 2 (0.009 3)	0.010 5 (0.009 4)
家中是否有村干部 或公务员	0.078 0 (0.134 0)	0.076 5 (0.134 0)	0.086 3** (0.033 6)	0.083 2** (0.033 6)
家中是否有畜牧 技术人员	0.641 0*** (0.192 0)	0.619 0*** (0.192 0)	0.060 1 (0.038 8)	0.061 5 (0.038 7)
家庭净收入	0.013 2*** (0.003 4)	0.012 9*** (0.003 3)	0.001 0** (0.000 5)	0.000 9** (0.000 4)
劳动力数量	−0.030 9 (0.051 8)	−0.023 2 (0.052 9)	0.009 7 (0.012 9)	0.005 0 (0.013 4)
手机或电脑数量	0.023 6 (0.045 4)	0.020 6 (0.046 7)	0.038 9*** (0.011 7)	0.034 9*** (0.012 1)
养殖目的	0.107 0 (0.181 0)	0.198 0 (0.180 0)	0.010 7 (0.056 4)	0.012 3 (0.056 3)
养殖年限	0.036 5*** (0.012 7)	0.036 8*** (0.012 8)	0.000 2 (0.003 5)	0.000 5 (0.003 6)

（续）

解释变量	处理决策		处理程度	
养殖规模	0.057 9**	0.060 2**	0.012 6**	0.011 6**
	(0.025 3)	(0.025 1)	(0.005 8)	(0.005 8)
来往的养殖户	−0.009 1	−0.008 8	0.000 7	0.000 2
	(0.007 8)	(0.008 1)	(0.002 0)	(0.002 1)
来往的收购人	−0.013 2	−0.006 9	0.023 9***	0.023 2***
	(0.021 7)	(0.021 3)	(0.005 6)	(0.005 3)
圈舍是否属于禁养区	−0.255 0**	−0.260 0**	−0.020 7*	−0.016 6*
	(0.118 9)	(0.123 8)	(0.011 0)	(0.008 9)
圈舍与畜牧部门距离	−0.015 8	−0.017 2	0.002 9	0.003 0
	(0.012 7)	(0.012 4)	(0.003 3)	(0.003 3)
是否位于河北	0.174 2	0.200 7	0.195 7	0.245 4
	(0.228 1)	(0.203 3)	(01 505)	(0.151 5)
是否位于湖北	0.062 2**	0.039 0**	0.085 4**	0.065 8**
	(0.027 0)	(0.018 1)	(0.042 6)	(0.030 3)
Wald − chi^2	71.55***	75.41***	—	—
Log − likelihood	−261.637 2	−257.077 8	—	—
Prob＞chi^2	0.000 0	0.000 0	—	—
样本量	470	470	—	—

注：表中报告的是系数，括号内为稳健标准误，下同；*、**、***分别表示在10%、5%和1%的统计水平上显著。

2. 环境规制在风险认知对养殖户废弃物资源化处理行为影响中的调节效应

为探讨环境规制在风险认知对养殖户资源化处理行为影响中的调节效应，本节进一步引入风险认知和环境规制的交互项以及风险认知和环境规制不同维度交互项。模型回归结果（表7-11）的 Wald 统计量均通过了1%的显著性检验，表明模型整体拟合情况良好。

结果显示：总体上看，环境规制分别在5%和10%的统计水平上正向调节风险认知对养殖户资源化处理决策和处理程度的影响，且风险认知变量的主效应仍然显著，表明环境规制通过提升养殖户的风险应对能力、加强风险管理和优化风险策略，促使风险认知直接作用于养殖户资源化处理决策，并持续提高资源化处理程度，假设 H3 证实。具体来看，命令型规制在 5% 的统计水平上正向调节风险认知对养殖户资源化处理决策的影响，但对处理程度的调节效应不明显，可能的解释是：样本区畜牧部门通过动态巡查、网格管理及多元监督等方式加强资源化处理监管，监督内容主要为养殖户是否在技术种类和技术标准的范围内实施资源化处理，以防控病死猪不规范处理引致的各类安全风险。然而，病死猪资源化处理存在技术瓶颈及养殖户处理能力有限，畜牧部门较少采用吊销营业执照等处罚措施，加之养殖户病死猪处理行为隐蔽性较强和基层执法监管力量薄弱，仅依赖命令型规制难以约束养殖户不断提高资源化处理程度，假设 H3a 证实。激励型规制在风险认知对养殖户资源化处理行为影像中并未发挥调节效应，可能的解释是现有补贴补助政策和标准难以弥补养殖户的风险损失和资源化处理的设施或设备投入，养殖户选择资源化处理的动力不足，假设 H3b 证伪。引导型规制在 5% 的统计水平上正向调节风险认知对养殖户资源化处理行为的影响，可能的解释为：畜牧部门资源化处理技术推广有助于降低养殖户技术获取困难程度，养殖户心理负担减轻，促使风险认知向具体实践转化。自愿型规制分别在 5% 和 10% 的统计水平上正向调节风险认知对养殖户资源化处理决策和处理程度的影响，可能的解释是：契约承诺能够融入养殖户的利益诉求，强化和稳定养殖户的风险认知水平，约束养殖户实施废弃物资源化处理行为，假设 H3d 证实。

表 7-11　环境规制的调节效应检验结果

解释变量	处理决策	处理程度	处理决策	处理程度
风险认知	0.056 8**	0.030 2*	0.083 9*	0.007 2*
	(0.028 3)	(0.016 7)	(0.047 9)	(0.003 9)
环境规制	0.100 1*	0.060 6*		
	(0.055 6)	(0.033 6)		
命令型规制			0.091 2	0.078 3
			(0.072 6)	(0.055 6)
激励型规制			0.036 1*	0.020 0
			(0.020 2)	(0.018 7)
引导型规制			0.075 1*	0.055 9*
			(0.042 7)	(0.030 1)

（续）

解释变量	处理决策	处理程度	处理决策	处理程度
自愿型规制			0.060 3**	0.052 4*
			(0.030 1)	(0.027 5)
风险认知×	0.113 2**	0.005 7*		
环境规制	(0.053 1)	(0.003 0)		
风险认知×			0.029 7**	0.001 2
命令型规制			(0.012 6)	(0.000 9)
风险认知×			0.033 6	0.001 6
激励型规制			(0.026 7)	(0.006 5)
风险认知×			0.035 2**	0.007 7**
引导型规制			(0.017 5)	(0.003 5)
风险认知×			0.030 3**	0.002 4*
自愿型规制			(0.013 9)	(0.001 3)
控制变量	已控制		已控制	
地区虚拟变量	已控制		已控制	
Log - likelihood	−260.725 5		256.203 5	
样本量	470		470	

注：*、**、***分别表示在10%、5%和1%的统计水平上显著。

3. 稳健性检验

为进一步检验基准回归估计结果的稳健性，借鉴于艳丽等（2017）相关研究，本节采用样本随机抽取法，抽取85%的样本量进行 Double Hurdle 模型回归，如果核心解释变量依然显著，表明模型估计结果具备良好的稳健性；如果回归结果中核心变量不显著，说明基准回归结果不具有稳健性。表7-12给出了稳健性检验结果，可以发现核心解释变量风险认知和环境规制除系数和显著水平发生变动外，对养殖户资源化处理行为依然存在积极促进作用，表明基准回归模型结果具备良好的稳健性。

表 7 - 12　稳健性检验

解释变量	处理决策	处理程度
风险认知	0.060 4**	0.031 5**
	(0.026 3)	(0.015 7)

（续）

解释变量	处理决策	处理程度
环境规制	0.090 2*	0.063 8*
	(0.047 4)	(0.034 1)
控制变量	已控制	
地区虚拟变量	已控制	
Wald $- chi^2$	71.22***	
Log $-$ likelihood	$-259.130\ 2$	
Prob $>$ chi^2	0.000 0	
样本量	470	

注：*、**、***分别表示在10%、5%和1%的统计水平上显著。

（四）基于养殖规模和技术属性异质的讨论

已有关于养殖户环境友好行为的研究多以养殖规模作为分类标准，主要考虑到不同规模养殖嵌入的经济结构和社会结构具有异质性（潘丹，2016；张玉梅，2014），即散养户、专业养殖户和规模养殖户环境友好行为的影响因素存在较大差异。但也有学者认为养殖规模并不能完全解释养殖户的生产与环境行为（饶静、张燕琴，2018），环境技术属性和养殖户的技术选择偏好也与养殖户的环境友好行为密切相关。具体而言，碳化法处理病死猪具有减量化、无害化与资源化特征，但碳化室建设投资较大、无氧热解温度较高及烟气净化系统标准较高，可将这类废弃物技术归纳为资本密集型技术，即家庭净收入较多的养殖户可能采用该类技术。堆肥发酵法投入的锯末、秸秆和有益微生物菌种成本较低，但过程处理需要投入大量劳动力，可将这类技术归纳为劳动密集型技术，即家庭劳动力资源充足或雇佣成本较低的养殖户更倾向于采用该类技术；化制法需要投入一定成本对病死猪尸块进行高温高压灭菌处理，但产生的工业油脂、骨粉等产品可获取经济利润，该类技术属于中性技术。因此，本节在探讨风险认知和环境规制主效应的基础上，进一步检验基于养殖规模和技术属性异质的风险认知和环境规制的影响效应。

1. 基于养殖规模异质的影响效应分析

表7-13～表7-15分别给出了风险认知、环境规制对散养户、专业养殖户和规模养殖户资源化处理行为的影响效应。检验结果显示：

（1）从影响效应来看，风险认知和环境规制能够推动散养户实施资源化处理行为。从影响路径来看，自愿型规制在风险认知影响散养户资源化处理行为中发挥促进作用。可能的解释为：一是散养户经营范围较广，散点布局经营，养殖规模较小，生产行为隐蔽性较强，畜牧部门监管难度较大，罚款、吊销营业执照等规制措施难以约束其实施资源化处理行为。二是以资源化处理技术专项培训为主的社会化服务供给主要面向专业养殖户和规模养殖户，散养户被排斥在社会化服务体系之外，宣传、培训和示范等技术信息内容连续性较差，加之散养户年龄普遍较大，受教育程度较低，技术信息获取能力较低，实施资源化处理的意愿较低。三是散养户与合作社、行业协会等组织签订承诺书，这些组织通过技术帮扶、集中处理和产品销售等方式带动散养户实施资源化处理行为。此外，养殖户之间签订的承诺书在关系网络中形成内部监督机制，有效降低政府风险防控成本，促使散养户主动实施资源化处理行为。

表 7-13　基于散养户的影响效应估计结果

解释变量	处理决策	处理程度	处理决策	处理程度
风险认知	0.265 5**	0.012 2**	0.251 7*	0.008 9*
	(0.119 1)	(0.006 0)	(0.140 6)	(0.004 8)
环境规制	0.080 1*	0.040 6*		
	(0.043 0)	(0.021 3)		
命令型规制			0.021 1	0.048 3
			(0.032 6)	(0.050 1)
激励型规制			0.031 1	0.029 0
			(0.029 2)	(0.019 7)
引导型规制			0.105 1	0.050 9
			(0.082 7)	(0.038 1)
自愿型规制			0.090 3**	0.062 4*
			(0.042 0)	(0.033 0)
风险认知× 环境规制	0.248 7*	0.055 3*		
	(0.130 2)	(0.029 4)		
风险认知× 命令型规制			0.173 2	0.031 0
			(0.260 3)	(0.072 0)

（续）

解释变量	处理决策	处理程度	处理决策	处理程度
风险认知× 激励型规制			0.053 6 (0.046 7)	0.011 6 (0.009 5)
风险认知× 引导型规制			0.336 0 (0.294 5)	0.018 2 (0.020 1)
风险认知× 自愿型规制			0.206 7** (0.089 5)	0.018 4** (0.007 6)
控制变量	已控制		已控制	
地区虚拟变量	已控制		已控制	
Log - likelihood	−65.780 5		−62.203 4	
样本量	149		149	

注：*、**、***分别表示在10%、5%和1%的统计水平上显著。

（2）从影响效应来看，风险认知、环境规制对专业养殖户资源化处理行为存在正向显著影响。从影响路径来看，环境规制正向调节风险认知对专业养殖户资源化处理行为的影响，但这种调节效应主要由命令型和自愿型规制引起，引导型规制正向调节养殖户资源化处理决策，但对处理程度的调节效应不显著。可能的解释为：一是专业养殖户是散养户向规模养殖户过渡的一种经营业态，主要以合作社、家庭农场等组织形式开展经营，生猪养殖规模较大，但标准化养殖程度较低，生猪死亡率较高、淘汰量较大，加之其资源化处理设施覆盖率较低，专业养殖户成为畜牧部门执法监管的重点。二是专业养殖户通过与政府签订承诺书，主要表现为政策"契约"关系，在实施资源化处理后，养殖户可享受信贷、补偿等优惠政策，对于投资能力薄弱的专业养殖户，违约的风险概率较低。三是尽管专业养殖户是政府农技推广的重点，但在调研中发现，样本区农技推广存在开展次数较少、内容理论性较强、推广效果较差等问题，技术信息供给难以引导专业养殖户提高资源化处理效率。

表7-14　基于专业养殖户影响效应的估计结果

解释变量	处理决策	处理程度	处理决策	处理程度
风险认知	0.242 3* (0.130 3)	0.063 5* (0.034 3)	0.195 2** (0.081 0)	0.060 6** (0.026 2)

（续）

解释变量	处理决策	处理程度	处理决策	处理程度
环境规制	0.251 0**	0.064 0*		
	(0.117 8)	(0.036 5)		
命令型规制			0.260 2*	0.075 2*
			(0.153 0)	(0.043 7)
激励型规制			0.030 8	0.029 6
			(0.029 5)	(0.019 8)
引导型规制			0.075 1**	0.080 9**
			(0.032 6)	(0.037 8)
自愿型规制			0.090 3*	0.062 4*
			(0.047 5)	(0.033 7)
风险认知× 环境规制	0.331 7**	0.009 0**		
	(0.148 7)	(0.003 8)		
风险认知× 命令型规制			0.103 6*	0.009 3*
			(0.060 5)	(0.004 9)
风险认知× 激励型规制			0.033 9	0.016 6
			(0.040 7)	(0.019 5)
风险认知× 引导型规制			0.237 8*	0.012 5
			(0.136 6)	(0.032 2)
风险认知× 自愿型规制			0.034 7**	0.047 8*
			(0.014 1)	(0.025 9)
控制变量	已控制		已控制	
地区虚拟变量	已控制		已控制	
Log - likelihood	−69.882 5		−66.252 4	
样本量	173		173	

注：*、**、***分别表示在10%、5%和1%的统计水平上显著。

（3）从影响效应来看，风险认知、环境规制对规模养殖户资源化处理行为存在正向显著影响，这种影响效应主要由激励型、引导型和自愿型规制引起。从影响路径来看，环境规制正向调节风险认知对规模养殖户资源化处理行为的影响，但这种调节效应主要由激励型、引导型和自愿型规制贡献，命令型规制的调节效应并不显著。可能的解释为：一是规模养殖户主要是龙头企业，能够积极响应与实施政府相关政策，资本实力雄厚，标准化养殖程度较高，资源化处理设备齐全，技术人员较为充足，资源化处理程度较高，畜牧部门监管的力度较低。二是规模养殖户是技术服务供给的重点对象，畜牧部主要通过引导规模养殖户实施资源化处理，并充分发挥其在政策宣传、技术扩散、内部监督中的辐射、影响和带动效应。三是规模养殖户的户主多是农业致富带头人，社会身份获得感和认同感较强，遵约守信意识较强，积极落实与政府签订的承诺书，并广泛接受社会监督，因此规模养殖户更倾向于实施资源化处理行为。

表 7 - 15　基于规模养殖户影响效应的估计结果

解释变量	处理决策	处理程度	处理决策	处理程度
风险认知	0.027 8*	0.052 1*	0.251 7*	0.008 9*
	(0.015 7)	(0.027 0)	(0.140 6)	(0.004 8)
环境规制	0.080 1*	0.040 6*		
	(0.043 0)	(0.021 3)		
命令型规制			0.081 2	0.068 8
			(0.062 6)	(0.056 1)
激励型规制			0.091 1*	0.069 0*
			(0.050 6)	(0.036 3)
引导型规制			0.125 2***	0.058 9*
			(0.040 7)	(0.031 5)
自愿型规制			0.084 3*	0.062 5
			(0.047 0)	(0.053 6)
风险认知×环境规制	0.056 7**	0.031 1**		
	(0.023 4)	(0.015 0)		
风险认知×命令型规制			0.076 8	0.019 3
			(0.061 5)	(0.256)
风险认知×激励型规制			0.033 1***	0.041 6
			(0.011 0)	(0.039 5)
风险认知×引导型规制			0.022 4*	0.006 7**
			(0.011 9)	(0.002 9)
风险认知×自愿型规制			0.098 6*	0.035 6*
			(0.053 3)	(0.019 4)
控制变量	已控制		已控制	

（续）

解释变量	处理决策	处理程度	处理决策	处理程度
地区虚拟变量	已控制		已控制	
Log - likelihood	−64.100 5		−61.403 4	
样本量	148		148	

注：* 、* * 、* * * 分别表示在 10%、5% 和 1% 的统计水平上显著。

2. 基于技术属性异质的影响效应分析

表 7 - 16～表 7 - 18 分别给出了基于处理技术属性异质的风险认知、环境规制对养殖户资源化处理行为的影响效应。样本中有碳化法等资本密集型采用户 86 户、堆肥发酵法等劳动密集型技术采用户 95 户、化制法等中性技术采用户 101 户。如果养殖户采用某类技术实施资源化处理的，赋值为 1；反之，赋值为 0。模型回归结果显示：

（1）风险认知对养殖户资本密集型技术采用存在正向显著影响，然而环境规制的影响效应并不显著，这主要是因为资本密集型技术采用可替代方案较多，养殖户投资较大，外部监管和单方承诺难以推动养殖户实施资源化处理行为。环境规制正向调节风险认知对养殖户实施碳化法处理行为的影响，但是这种调节效应主要由引导型规制引起，可能的解释为：一方面，碳化法等资本密集型技术采用需要养殖户持续投入大量资金，主要用于碳化室建设、技术标准控制和尾气处理等，养殖户经济负担较重。然而，畜牧部门或合作社等社会组织给予的技术指导能够大幅降低养殖户的技术采用成本，在碳化骨粉等有机肥料市场价格稳定及竞争力不断提高的现实情境下，养殖户采用碳化法处理废弃物的积极性较高。另一方面，收益和成本是影响养殖户病死猪资源化处理技术采用的主要因素，碳化法处理病死猪的成本较大，加之短期内碳化骨粉等产品经济效益并不明显，强制型和自愿型规制难以约束养殖户采用碳化法等资本密集型技术。

表 7 - 16　基于碳化法等资本密集型技术的估计结果

解释变量	处理决策	处理程度	处理决策	处理程度
风险认知	0.032 5**	0.045 1**	0.012 5**	0.010 1**
	(0.013 8)	(0.022 5)	(0.005 7)	(0.004 5)

（续）

解释变量	处理决策	处理程度	处理决策	处理程度
环境规制	0.085 8 (0.063 0)	0.030 6 (0.025 3)		
命令型规制			−0.024 1 (0.035 6)	−0.040 3 (0.058 1)
激励型规制			0.091 1** (0.041 4)	0.021 0 (0.019 7)
引导型规制			0.040 4** (0.018 7)	0.039 0** (0.019 2)
自愿型规制			0.110 5 (0.082 2)	0.065 4 (0.043 0)
风险认知× 环境规制	0.026 1* (0.014 1)	0.020 1* (0.011 4)		
风险认知× 命令型规制			0.031 8 (0.041 5)	0.027 3 (0.055 6)
风险认知× 激励型规制			0.013 6 (0.030 7)	0.015 6 (0.019 5)
风险认知× 引导型规制			0.031 4* (0.016 8)	0.021 0** (0.009 3)
风险认知× 自愿型规制			0.073 8 (0.131 8)	0.011 6 (0.049 4)
控制变量	已控制		已控制	
地区虚拟变量	已控制		已控制	
Log-likelihood	−261.302 5		−255.708 5	
样本量	470		470	

注：*、**、***分别表示在10%、5%和1%的统计水平上显著。

（2）风险认知、环境规制对养殖户劳动密集型技术采用存在正向显著影响。同时，环境规制正向调节风险认知对养殖户堆肥发酵法等劳动密集型技术采用行为，但是这种调节效应主要由命令型和自愿型规制引起。可能的解释为：一方面，堆肥发酵法等劳动密集型技术需要养殖户投入大量劳动力，主要用于堆肥发酵池建设、拌料配备、过程控制等，加之处理周期较长及处理能力有限，畜牧部门主要采用监管等方式推动养殖户实施堆肥发酵法处理。另一方面，通过与畜牧部门、合作社等组织及其他养殖户签订承诺书，契约式自主管理可以促使养殖户重新配置家庭劳动力资源，不断延长资源化产品产业链条及拓展产品销售渠道，提升养殖户安全风险管理能力，最终提高病死猪资源化处理效率。

表 7 - 17　基于堆肥发酵法等劳动密集型技术的估计结果

解释变量	处理决策	处理程度	处理决策	处理程度
风险认知	0.051 8**	0.024 1**	0.073 4**	0.018 3**
	(0.024 1)	(0.011 3)	(0.031 9)	(0.008 1)
环境规制	0.092 5**	0.025 1**		
	(0.040 7)	(0.011 5)		
命令型规制			0.051 8*	0.008 3
			(0.028 7)	(0.020 1)
激励型规制			0.046 1	0.026 6
			(0.039 2)	(0.029 7)
引导型规制			0.125 1	0.050 9
			(0.092 7)	(0.039 3)
自愿型规制			0.018 1**	0.012 2**
			(0.008 5)	(0.005 4)
风险认知×环境规制	0.076 1*	0.020 1**		
	(0.041 1)	(0.009 4)		
风险认知×命令型规制			0.056 2*	0.023 3
			(0.029 5)	(0.025 6)
风险认知×激励型规制			0.003 6	0.010 6
			(0.016 5)	(0.009 4)
风险认知×引导型规制			0.042 9	0.010 1
			(0.031 9)	(0.022 9)
风险认知×自愿型规制			0.048 5**	0.015 6**
			(0.020 2)	(0.006 6)
控制变量	已控制		已控制	
地区虚拟变量	已控制		已控制	
Log - likelihood	−64.784 5		−60.603 4	
样本量	470		470	

注：*、**、***分别表示在10%、5%和1%的统计水平上显著。

（3）风险认知、环境规制能够推动养殖户采用中性技术处理病死猪，并且环境规制正向调节风险认知对养殖户化制法等中性技术采用行为，但是这种调节效应主要由引导型和自愿型规制贡献，命令型和激励型规制对养殖户化制法等中性技术采用决策发挥调节作用，但对处理程度的调节效应不显著。可能的解释为：养殖户能否采用化制法等中性技术主要依赖于工业油脂等化制产品的市场价格。近年来，随着植物油脂等替代品市场竞争力不断增强，工业油脂的市场价格并不稳定。部分样本区畜牧部门通过强制集中化制处理等方式推进病死猪化制处理，即通过风险转移给政府的途径提升养殖户的风险防控能力。同时，政府与集中处理机构签订承诺书，通过给予其补贴补偿、税费减免、技术指引等优惠政策，不断提高病死猪资源化处理效率。

表 7 - 18　基于化制法等中性技术的估计结果

解释变量	处理决策	处理程度	处理决策	处理程度
风险认知	0.030 9＊＊ (0.014 2)	0.010 1＊ (0.005 4)	0.050 1＊ (0.026 4)	0.048 2＊＊ (0.022 8)
环境规制	0.042 5＊＊ (0.017 8)	0.020 6＊＊ (0.008 9)		
命令型规制			0.021 1 (0.032 6)	0.048 3 (0.050 1)
激励型规制			0.031 1 (0.029 2)	0.029 0 (0.019 7)
引导型规制			0.105 1 (0.082 7)	0.050 9 (0.038 1)
自愿型规制			0.030 8＊＊ (0.013 8)	0.012 9＊＊ (0.005 3)
风险认知× 环境规制	0.036 7＊＊ (0.015 8)	0.011 2＊＊ (0.004 7)		
风险认知× 命令型规制			0.073 2 (0.060 3)	0.051 0 (0.072 8)
风险认知× 激励型规制			0.050 8 (0.048 7)	0.010 6 (0.009 9)
风险认知× 引导型规制			0.026 5＊＊ (0.012 8)	0.025 3 (0.050 6)

（续）

解释变量	处理决策	处理程度	处理决策	处理程度
风险认知×			0.012 5*	0.020 6*
自愿型规制			(0.006 8)	(0.010 9)
控制变量	已控制		已控制	
地区虚拟变量	已控制		已控制	
Log‐likelihood	−63.210 4		−60.208 5	
样本量	470		470	

注：表中报告的是系数，括号内为稳健标准误；*、**、***分别表示在10%、5%和1%的统计水平上显著。

四、本章小结

本章基于课题组 2018 年 7—8 月对全国生猪养殖密集地区的河北、河南和湖北 3 省 23 县进行的实地调研数据，分别探讨了风险认知、环境规制对养殖户委托处理行为和资源化处理行为的影响效应以及环境规制的调节效应。主要结论如下：

（1）风险认知能够推动养殖户作出委托处理决策，这种影响效应主要由生态和公共卫生安全风险认知贡献。环境规制能够约束养殖户选择将病死猪委托给无害化处理厂（点）或处理中心进行处理，并不断提高委托处理程度，这种影响效应主要由命令型和自愿型规制引起。同时，自愿型规制能够增强风险认知对养殖户委托处理行为的影响效应。

（2）风险认知是组织参与户实施委托处理行为的重要动因，并且这种动力来源于生态、生产和公共卫生安全风险认知；风险认知对参与户委托处理决策存在促进作用，但对处理程度的影响效应并不明显。环境规制能够约束组织参与户实施委托处理行为，并且这种促进作用源于命令型、激励型和自愿型规制的影响。

（3）命令型和自愿型规制对散养户委托处理行为发挥促进作用。公共卫生和生态安全风险认知对专业养殖户委托处理决策存在促进影响；命令型和自愿型规制能够约束专业养殖户实施委托处理行为。生态、生产和公共卫生安全风险认知对规模养殖户委托处理行为存在促进作用；命令型、激励型和自愿型规制能够约束规模养殖户实施委托处理行为。

（4）生产和公共卫生安全风险认知积极促进养殖户实施资源化处理行为，生态和食品安全风险认知对养殖户资源化处理行为的影响不明显。环境规制对养殖户资源化处理行为存在正向促进作用，环境规制强度越大，养殖户越倾向于实施资源化处理，并持续提高资源化处理程度。同时，命令性、引导型和自愿型规制在风险认知对养殖户资源化处理行为的影响中发挥着增强性的调节作用。

（5）在考虑养殖规模异质时，自愿型规制正向调节风险认知对散养户资源化处理行为的影响，命令型规制和自愿型规制正向调节风险认知对专业养殖户资源化处理行为的影响，引导型规制和自愿型规制正向调节风险认知对规模养殖户资源化处理行为的影响。在考虑技术属性异质时，引导型规制在风险认知影响养殖户碳化法等资本密集型技术采用行为中发挥激励作用；命令型和自愿型规制在风险认知影响养殖户堆肥发酵法等劳动密集型技术采用行为中发挥促进作用；引导型和自愿型规制在风险认知影响养殖户化制法等中性技术采用行为中发挥促进作用。

第八章　风险认知、环境规制对养殖户无害化处理效果的影响

一、问题的提出

病死猪无害化处理效果关乎地域生态环境管护、生猪产能稳定供给、餐桌食品安全捍卫以及动物疫情疫病防控（王建华等，2019；吴林海等，2017；乔娟、刘增金，2015）。2011年，国务院办公厅印发《关于促进生猪生产平稳健康持续发展　防止市场供应和价格大幅波动的通知》，明确要求对病死猪要坚决做到不准宰杀、不准食用、不准出售、不准转运，必须进行无害化处理。2013年原农业部先后印发《关于进一步加强病死猪无害化处理监管工作的通知》和《建立病死猪无害化处理长效机制试点方案的通知》，明确病死猪无害化处理的运行机制、收集体系、处理方式和监管责任等内容。2014年中央1号文件首次提出"支持开展病死猪无害化处理"。2015—2019年中央1号文件以及农业农村部畜牧工作要点多次强调加强病死猪无害化处理长效机制建设。然而，课题组实地调研也发现，我国病死猪无害化处理率仅为70%左右，不当处理风险依然较大。

与此同时，学术界对无害化处理效果进行了探讨。肖和良和王志伟（2019）以河南洞口县为例，研究发现无害化集中处理模式能够有效解决病死猪不当处理问题。舒畅和乔娟（2016）研究发现，多数养殖场（户）能够无害化处理病死猪；其中未购买养殖保险的养殖场户多选择掩埋、焚烧等简易无害化处理；购买养殖保险正向显著影响养殖场（户）选择生物发酵等资源化处理。吴志坚等（2015）研究发现，堆积发酵法和高温生物降解法处理病死猪效果良好，操作简单、成本较低、安全环保，并且处理产物可以资源

化循环利用。然而，另有学者认为无害化处理成本较高使得病死猪无害化处理政策推行困难（代三妹、谢云，2018）。李燕凌等（2014）研究发现，病死猪无害化处理补贴政策实施之后，养殖户选择无害化处理方式占比提高，销售或食用病死猪行为减少，但无处理弃尸依然普遍。可见，关于病死猪无害化处理的效果尚未形成一致性结论，并且侧重宏观政策方面探讨，而实证研究不足。此外，养殖户是生产环节病死猪无害化处理的责任主体，其实施无害化处理的效果如何对无害化处理整体效果起着至关重要的作用；同时，无害化处理效果至少应涵盖主客观层面的生态、生产、食品和公共卫生等多方面效果评价，而现有研究主要从某一个或两个方面进行研究。

本章的主要贡献在于：一是从主客观两个方面刻画养殖户无害化处理效果，其中拟用"无害化处理率"表征客观效果，拟用生态、生产、食品和公共卫生四个方面测度主观效果。二是探讨风险认知、环境规制对养殖户无害化处理效果的影响，并对环境规制在风险认知影响养殖户无害化处理效果中的调节效应进行检验。

二、理论分析与研究假设

病死猪无害化处理效果是养殖户能否实施无害化处理以及选取何种方式实施无害化处理的影响结果。因此，正如前述章节所述，病死猪无害化处理效果同样是主客观因素相互作用的结果。具体来看，养殖户行为决策直接影响到行为效果，并归因于风险实现程度，与风险规避和风险控制密切相关（王兆林等，2013；米建伟等，2012），这也是"低风险认知＋效果优良"与"高风险认知＋效果较差"同时并存的重要原因。对于生产和公共卫生安全风险认知，养殖户风险规避程度较高，通过建造无害化处理设施或将病死猪委托给处理厂（点）进行处理；而对于生态和食品安全风险认知，养殖户风险规避程度可能较低，丢弃或出售病死猪以转移风险在典型事件中得以验证。同理，生产和公共卫生安全风险认知直接关乎养殖户生产经营效益，养殖户更倾向于通过增加消毒品投入降低死亡率、购买无害化处理设施及商业保险分散风险损害；反之，生态和食品安全风险认知作用于无害化处理效果甚微。基于此，提出如下假设：

H1：风险认知正向影响养殖户无害化处理效果；

H1a：生态安全风险认知负向影响养殖户无害化处理效果；

H1b：生产安全风险认知正向影响养殖户无害化处理效果；

H1c：食品安全风险认知负向影响养殖户无害化处理效果；

H1d：公共卫生安全风险认知正向影响养殖户无害化处理效果。

与风险认知等内部驱动因素相比，环境规制能够对养殖户无害化处理效果产生直接影响。环境规制的影响效应强弱更多依赖于规制工具类型与适应性（张平等，2016；王德鑫等，2018）。具体而言，环境规制工具主要通过负向约束（命令型规制）、正向激励（激励型和引导型规制）以及自我承诺（自愿型规制）提高无害化处理效果。然而，环境规制工具在农村环境治理中面临政策边缘化的挑战，与养殖户生产布局和经营特征不可分割，信息不对称较为严重，病死猪无害化治理难度较大（司瑞石等，2018）。因此，如何优化环境规制类型和内部构造，增强规制效果成为病死猪无害化处理的重点。基于此，提出如下假设：

H2：环境规制正向影响养殖户无害化处理效果；

H2a：命令型规制正向影响养殖户无害化处理效果；

H2b：激励型规制正向影响养殖户无害化处理效果；

H2c：引导型规制正向影响养殖户无害化处理效果；

H2d：自愿型规制正向影响养殖户无害化处理效果。

按照态度—情景—行为理论，外部情境因素会增强或减弱态度对行为的影响。同理，环境规制在风险认知影响养殖户无害化处理效果中发挥着调节作用。具体而言，命令型规制能够降低养殖户风险规避程度，促使其加强风险控制和管理，积极主动参与无害化处理过程；激励型规制能够提高无害化处理的边际效用，降低无害化处理成本，提高养殖户风险管理能力，增强无害化处理效果；引导型规制能够降低养殖户犹豫不决状态，清除无害化处理技术屏障，促进风险认知向无害化处理效果转化和实现；自愿型规制通过融入养殖户利益诉求，增强群体压力和社会责任，促使无害化处理标准化实施。基于此，提出如下假设

H3：环境规制正向调节风险认知对养殖户无害化处理效果的影响；

H3a：命令型规制正向调节风险认知对养殖户无害化处理效果的影响；

H3b：激励型规制正向调节风险认知对养殖户无害化处理效果的影响；

H3c：引导型规制正向调节风险认知对养殖户无害化处理效果的影响；

H3d：自愿型规制正向调节风险认知对养殖户无害化处理效果的影响。

三、变量选取和研究方法

（一）变量选取

1. 被解释变量

被解释变量包括无害化处理客观和主观效果。客观效果用无害化处理率表示，即采用"无害化处理数量与病死猪数量之比"来表示。因此，客观效果是介于 0 到 1 之间的连续型变量。然而，病死猪无害化处理具有维护生态、生产、食品和公共卫生安全四个方面效果，受专业背景和研究方法限制，无法从客观上全面测度，借鉴贾蕊（2018）对于水土保持措施效果评价法，从生态、生产、食品和公共卫生安全等方面表征养殖户无害化处理的主观效果，以补充和佐证无害化处理的客观效果。问卷中的问题分别是"实施病死猪无害化处理对维护生态安全有影响吗？""实施病死猪无害化处理对维护生产安全有影响吗？""实施病死猪无害化处理对维护食品安全有影响吗？"和"实施病死猪无害化处理对维护公共卫生安全有影响吗？"分别赋值 1～5，1 表示影响很小、5 表示影响很大。

2. 解释变量

解释变量为风险认知和环境规制。通过第四章中因子分析法对养殖户的风险认知水平与环境规制强度进行测度。

3. 控制变量同第五章

各控制变量描述性统计如表 8-1 所示。

表 8-1　各变量赋值和描述性统计分析

变量名称	变量赋值	最小值	最大值	均值	标准差
被解释变量					
客观处理效果	无害化处理率（无害化处理头数/病死猪死亡头数）	0	1	0.722 4	0.350 6

（续）

变量名称	变量赋值	最小值	最大值	均值	标准差
主观处理效果					
对生态安全的影响	1＝没有任何影响、2＝没有影响、3＝一般、4＝有影响、5＝影响很大	1	5	3.138 1	0.996 3
对生产安全的影响	同上	2	5	4.465 0	0.647 3
对食品安全的影响	同上	2	5	4.396 9	0.632 2
对公共卫生安全的影响	同上	1	5	3.544 8	0.960 7
解释变量					
风险认知	第四章因子分析测得	−1.459 5	0.955 8	0	0.495 6
生态安全风险认知	同上	−1.966 0	1.978 0	0	1
生产安全风险认知	同上	−1.986 8	1.853 9	0	1
食品安全风险认知	同上	−4.531 9	1.910 0	0	1
公共卫生安全风险认知	同上	−4.761 6	1.845 1	0	1
环境规制	第四章因子分析测得	−1.193 6	1.135 1	0	0.496 7
命令型规制	同上	−1.894 5	1.891 1	0	1
激励型规制	同上	−1.538 5	1.997 4	0	1
引导型规制	同上	−1.986 8	1.943 1	0	1
自愿型规制	同上	−1.888 8	1.990 7	0	1
控制变量					
性别	男性＝1，女性＝0	0	1	0.966 9	0.179 0
年龄	户主实际年龄（岁）	30	70	47.708 2	8.602 8
受教育程度	户主实际受教育年限（年）	1	16	8.850 2	2.523 0
家中是否有村干部或公务员	有＝1，无＝0	0	1	0.379 4	0.485 7

（续）

变量名称	变量赋值	最小值	最大值	均值	标准差
控制变量					
家中是否有畜牧技术人员	有＝1，无＝0	0	1	0.173 2	0.378 8
家庭净收入	家庭净收入金额（元）	－90	191.654 0	17.865 2	32.886 7
劳动力数量	年满 16 周岁劳动力人数（人）	1	8	2.581 7	1.828 5
手机或电脑数量	拥有手机或电脑数量（部/台）	0	9	4.155 6	2.238 9
养殖目的	主要收入＝1，补贴家用＝0	0	1	0.848 3	0.359 1
养殖年限	从事生猪养殖年限（年）	1	37	8.634 2	5.170 3
养殖规模	出栏量与年底存量之和（头）	5	1 965	471.046 7	514.069 2
来往的养殖户	来往的其他养殖户数量（户）	0	70	10.881 3	9.288 5
来往的收购人	来往的生猪收购人数量（人）	1	17	5.815 2	3.847 3
圈舍是否属于禁养区	是＝1，否＝0	0	1	0.126 5	0.332 7
圈舍与畜牧部门距离	实际距离（里）	0	34	9.343 0	5.351 6
地区虚拟变量					
是否位于河北	是＝1，否＝0	0	1	0.377 4	0.485 2
是否位于湖北	是＝1，否＝0	0	1	0.319 1	0.466 6

（二）研究方法

1. Tobit 和 CEM 模型

考虑到被解释变量中无害化处理率是介于 0 到 1 之间的受限归并数据，故首先采用 Tobit 模型分析风险认知、环境规制对养殖户无害化处理率的影响。模型构建如下：

$$\begin{cases} effect^* = \alpha + riskregulation\gamma + X\rho + \varepsilon \\ effect = \max(0, effect^*) \end{cases} \quad (8-1)$$

其中，$effect^*$ 为潜变量，$effect$ 表示养殖户无害化处理客观效果（无害化处理率），X 为控制变量，γ 和 ρ 分别为回归模型的系数估计值向量，ε 表示独立同分布的随机误差项。

同时，为了进一步分析风险认知和环境规制影响的净效应，采用粗略精确匹配法（Coarsened Exact Matching，CEM）对风险认知和环境规制影响的净效应进行测度。与倾向得分匹配法（PSM）相比，选用CEM模型主要基于三个方面优势：第一，CEM是通过控制观测数据中混杂因素对结果进行评估的一种非参数估计方法，通过保证协变量数据的平衡性，增强对照组与处理组的可比性，并通过权重变量（Weight）平衡匹配后对照组与处理组的样本量（Stefano et al.，2012）。第二，CEM不需要处理组与对照组的特征分数具有共同支撑区域，而是根据原始数据经验分布进行匹配，满足一致性原则。第三，CEM减少对模型的依赖程度，PSM模型首选需要Probit或Logit模型拟合特征分数，然后根据特征分数才能进行匹配，而CEM模型直接根据协变量理论分布进行匹配，最终求得风险认知和环境规制对养殖户无害化处理客观效果影响的净效应（周忠良等，2017）。

CEM模型运算步骤：首先，对协变量进行理论分层为对照组和处理组。以风险认知和环境规制以及各维度的平均值作为中心点进行分组，划分为高风险认知水平组和低风险认知水平组，环境规制强度高组和环境规制强度低组，内部各维度与之对应。其次，对每层的研究对象进行精确匹配，保证每层至少有一个处理组和一个对照组的研究对象匹配成功。再次，运用匹配后的数据库估算风险认知和环境规制对养殖户无害化处理客观效果的影响。最后，进行非平衡性检验，即比较匹配前后数据的非平衡性值 τ_1，$\tau_1 \in [0,1]$，其中 $\tau_1 = 0$ 表示两组数据平衡性较好，$\tau_1 = 1$ 表示平衡性较差。风险认知和环境规制的平均处理效应（ATT）表示为：

$$ATT = (Y_1 \mid M = 1) - E(Y_0 \mid M = 0) \qquad (8-2)$$

式（8-2）中，Y_1 表示处于风险认知水平高组和环境规制强度高组的养殖户，Y_0 与之相反。平均处理效应（ATT）表示养殖户无害化处理客观效果的净效应。

2. Oprobit 模型

养殖户无害化处理主观效果包括生态、生产、食品和公共卫生安全四个方面，分别赋值1~5，均属于离散次序变量。传统意义上的OLS回归无法实现无偏有效估计，故采用Oprobit模型探讨风险认知、环境规制对养殖户无害化处理主观效果的影响。在 Oprobit 模型中，y 表示无害化处理主观效果，同时引入不可观测的潜变量 y^*，方程表达式为：

$$y^* = a_0 + a_1 x_1 + a_2 x_2 + a_3 x_3 + \cdots + a_m x_n$$
$$= X'a + \varepsilon_i (i = 1, 2, \cdots, n) \quad (8-3)$$

式（8-3）中，a 为待估参数变量，ε 为截距误差项。因变量 y 与潜变量 y^* 的对应关系如下：

$$y = \begin{cases} 1 & \text{如果 } y^* \leqslant \beta_1 \\ 2 & \text{如果 } \beta_1 < y^* \leqslant \beta_2 \\ 3 & \text{如果 } \beta_2 < y^* \leqslant \beta_3 \\ 4 & \text{如果 } \beta_3 < y^* \leqslant \beta_4 \\ 5 & \text{如果 } \beta_4 < y^* \end{cases} \quad (8-4)$$

假设 $\varepsilon \sim N(0,1)$，则：

$$P(y=1 \mid X) = P(y^* \leqslant \beta_1 \mid x) = P(X'\beta + \varepsilon_i \leqslant \beta_1 \mid x)$$
$$= P(\varepsilon_i \leqslant \beta_1 - X'\beta \mid x) = \Phi(\beta_1 - X'\beta)$$

$$P(y=2 \mid X) = P(\beta_1 < y^* \leqslant \beta_2 \mid x) = P(y^* \leqslant \beta_2 \mid x) - P(y^* \leqslant \beta_1 \mid x)$$
$$= P(X'\beta + \varepsilon_i \leqslant \beta_2 \mid x) - \Phi(\beta_1 - X'\beta)$$
$$= P(\varepsilon \leqslant \beta_2 - X'\beta \mid x) - \Phi(\beta_1 - X'\beta)$$
$$= \Phi(\beta_2 - X'\beta) - \Phi(\beta_1 - X'\beta) \quad (8-5)$$

同理，可求得：$P(y=3 \mid X)$、$P(y=4 \mid X)$ 和 $P(y=5 \mid X)$

其中，$\beta_1 < \beta_2 < \beta_3 < \beta_4 < \beta_5$ 是待估计参数，也成为切点；$j = 1, 2, 3, 4, 5$，表示无害化处理主观效果等级；X 为自变量，包括风险认知、环境规制及其各维度以及各控制变量，其他变量同式（8-4）。

四、实证结果分析

（一）风险认知、环境规制对养殖户无害化处理客观效果的影响

1. 基于 Tobit 模型的影响效应估计

表 8-2 和表 8-3 分别给出了风险认知、环境规制对养殖户无害化处理客观效果（无害化处理率）的影响效应以及环境规制的调节效应。从模型 1

和 2 可以发现，LR $-chi^2$ 值分别为 252.04 和 281.10，且在 1‰ 的统计水平上通过显著性检验；Pseudo $-R^2$ 值分别为 0.389 9 和 0.434 8，表明模型拟合效果良好。具体而言：风险认知在 1‰ 的统计水平上对养殖户病死猪无害化处理率存在正向显著影响，并且这种影响效应主要由生态、生产和公共卫生安全风险认知引起，即养殖户生态、生产和公共卫生安全风险认知水平越高，其更倾向于提高无害化处理率，无害化处理的客观效果愈发明显。假设 H1、H1b 和 H1d 得到证实，H1a 和 H1c 证伪。环境规制在 1‰ 的统计水平上对养殖户无害化率存在正向显著影响，并且这种影响效应主要由命令型、激励型和引导型规制引起，自愿型规制对养殖户无害化处理率存在负向显著影响，即环境规制内部维度影响效应存在较强异质性。假设 H2、H2a、H2b 和 H2c 得到证实，H2d 证伪。可见，养殖户无害化处理客观效果是内部和外部因素共同作用的结果，同时也应当注重不同维度影响效应的异质性考察，分析"木桶"或"短板"效应，这是提高病死猪无害化处理率的关键。

此外，部分控制变量对养殖户无害化处理率也存在显著影响。具体而言：户主年龄越大，风险认知水平越低，风险防控与管理能力较弱，加之生猪养殖规模较小，无害化处理设备配给不足，无害化处理率较低；家中有畜牧技术人员的养殖户具备病死猪无害化处理的风险判断能力与专业技能，实施无害化处理的概率更高；家中手机或电脑数量越多，养殖户获取病死猪无害化处理技术和补贴等政策信息越便利，其实施无害化报告的渠道越通畅，无害化处理率越高；养殖规模越大，无害化处理设备越完善和处理能力越高，养殖户实施无害化处理率越高。

表 8-2　风险认知、环境规制对养殖户无害化处理客观效果影响的估计结果

解释变量	模型 1	模型 2
风险认知	0.308 5*** (0.057 9)	
生态安全风险认知		0.143 5*** (0.031 8)
生产安全风险认知		0.075 5*** (0.015 7)
食品安全风险认知		0.019 0 (0.018 1)

（续）

解释变量	模型 1	模型 2
公共卫生安全风险认知		0.035 0*
		(0.018 9)
环境规制	0.231 1***	
	(0.050 1)	
命令型规制		0.065 6***
		(0.018 0)
激励型规制		0.074 1***
		(0.024 3)
引导型规制		0.099 1***
		(0.019 2)
自愿型规制		−0.065 0***
		(0.020 5)
性别	0.106 5	0.096 9
	(0.086 6)	(0.084 8)
年龄	−0.006 0**	−0.005 6**
	(0.002 3)	(0.002 3)
受教育程度	−0.002 7	−0.004 4
	(0.008 1)	(0.007 9)
家中是否有村干部或公务员	0.023 1	0.025 9
	(0.031 9)	(0.031 0)
家中是否有畜牧技术人员	0.102 1**	0.109 8***
	(0.040 9)	(0.040 3)
家庭净收入	−0.000 3	−0.000 4
	(0.000 6)	(0.000 6)
劳动力数量	−0.014 5	−0.022 1*
	(0.012 2)	(0.012 0)
手机或电脑数量	0.017 9**	0.033 5***
	(0.008 7)	(0.008 7)
养殖目的	−0.020 1	−0.017 7
	(0.044 0)	(0.043 2)
养殖年限	0.006 4*	0.004 9
	(0.003 3)	(0.003 5)

（续）

解释变量	模型 1	模型 2
养殖规模	0.000 1**	0.000 2***
	(0.000 0)	(0.000 0)
来往的养殖户	0.001 8	−0.003 7*
	(0.001 9)	(0.002 0)
来往的收购人	−0.002 4	−0.006 3
	(0.005 4)	(0.005 4)
圈舍是否属于禁养区	−0.066 4	−0.019 0
	(0.052 2)	(0.051 1)
圈舍与畜牧部门距离	−0.007 0**	−0.003 5
	(0.003 1)	(0.003 1)
是否位于河北	−0.020 5	−0.037 0
	(0.039 2)	(0.039 2)
是否位于湖北	0.018 5	0.004 8
	(0.040 6)	(0.039 3)
Log - likelihood	−197.213 7	−182.683 5
LR - chi^2	252.04***	281.10***
Prob > chi^2	0.000 0	0.000 0
Pseudo - R^2	0.389 9	0.434 8
样本量	514	514

注：*、**、***分别表示在 10%、5%和 1%的统计水平上显著。

表 8-3 进一步显示了环境规制在风险认知影响养殖户无害化处理率中存在调节效应。可以发现，从总体上看（模型 3），环境规制并没有在风险认知对养殖户无害化处理率的影响中发挥"增强剂"作用。然而，这总调节效应存在较强遮蔽效应，即引导型规制在 5%的统计水平上正向调节风险认知对养殖户无害化处理率的影响，自愿型规制在 1%的统计水平上负向调节风险认知对养殖户无害化处理率的影响。假设 H3、H3c 得到证实，H3a、H3b 和 H3d 证伪。可能的解释为：引导型规制通过政策宣传形成较强舆论氛围，严厉惩治病死猪丢弃和出售等不当处理行为深入人心；畜牧部门通过专题讲座和技术示范等路径持续提高无害化处理标准化程度，降低养殖户技术获取难度或实施成本，养殖户无害化处理率大幅提高。根据前述章节发

现，自愿型规制能够约束养殖户实施无害化处理行为，但是不能促进养殖户提高无害化处理率，可能的原因是：自愿型规制通常表现为政府、畜牧部门和其他养殖户与养殖户签订的承诺书，这种承诺已经成为部分样本区村规民约的重要组成部分。然而，调研中发现，自愿型规制存在"短期"效应，即在实施初期多主体履约较好，承诺的影响效应较强，但是承诺书缺乏强有力的监督和约束机制，随着时间推移和政府监管弱化，加之违约道德风险较高，无害化处理率不断降低。

表 8-3　环境规制调节效应检验结果

解释变量	模型 3	模型 4
风险认知	0.292 9***	0.260 6***
	(0.058 4)	(0.058 6)
环境规制	0.258 5***	
	(0.051 5)	
命令型规制		0.067 4***
		(0.018 3)
激励型规制		0.096 8***
		(0.023 7)
引导型规制		0.088 9***
		(0.019 8)
自愿型规制		−0.081 6***
		(0.020 9)
风险认知×环境规制	0.076 8	
	(0.060 7)	
风险认知×命令型规制		0.004 2
		(0.034 9)
风险认知×激励型规制		−0.032 8
		(0.045 9)
风险认知×引导型规制		0.073 3**
		(0.035 6)
风险认知×自愿型规制		−0.179 3***
		(0.041 8)
控制变量	已控制	已控制
地区虚拟变量	已控制	已控制

（续）

解释变量	模型 3	模型 4
Log - likelihood	-194.029 7	-180.111 2
LR - chi^2	258.41	286.24
LR - test（p 值）	0.000 0	0.000 0
Pseudo - R^2	0.399 7	0.442 8
样本量	514	514

注：*、**、***分别表示在 10%、5%和 1%的统计水平上显著。

2. 基于 CEM 模型的净效应估计

本节以风险认知水平和环境规制强度以及不同维度的均值为中心点分为10 组，高于均值称为风险认知（环境规制）高组，赋值为 1；反之，赋值为0。由于养殖户风险认知水平是多种因素共同作用的结果，与资本禀赋一样，短期内养殖户不存在"自选择"问题。因此，采用粗略精确匹配法（CEM模型）测算风险认知水平（环境规制强度）高组养殖户的无害化处理率（净效应）。同时，考虑到养殖户无害化处理客观效果是主客观因素共同作用的结果，故在测算风险认知影响净效应的同时，将环境规制纳入控制变量。

表 8-4 给出了组别间无害化处理率之间的差异。可以发现：风险认知组别间养殖户无害化处理率存在显著差异，差值为 0.378 6；其中，生态、生产和公共卫生安全风险认知组别间无害化处理率存在显著差异，差值分别为 0.303 3、0.178 2 和 0.129 6，食品安全风险认知组别间无害化处理率的差异并不显著。环境规制组别间无害化处理率存在显著差异，差值为 0.241 8；其中，命令型、激励型和引导型规制组别间无害化处理率存在显著差异，差值分别为 0.147 3、0.213 3 和 0.179 0，自愿型规制组别间无害化处理率存在负向显著差异，差值为 -0.104 3，即自愿型规制低组养殖户的无害化处理率显著高于高组养殖户。此外，通过组别间的户数可以发现，高低组户数相对均衡，CEM 模型运行匹配适宜。

表 8-4　风险认知（环境规制）组别间无害化处理率比较

	户数	处理率	处理率差值（高—低）	t 值
风险认知高组	254	0.906 0	0.378 6	3.405 0***
风险认知低组	260	0.527 4		

（续）

	户数	处理率	处理率差值（高—低）	t 值
生态安全风险认知高组	261	0.863 8	0.303 3	2.102 5**
生态安全风险认知低组	253	0.560 5		
生产安全风险认知高组	276	0.797 0	0.178 2	2.752 1***
生产安全风险认知低组	238	0.618 8		
食品安全风险认知高组	263	0.766 0	0.105 5	1.460 2
食品安全风险认知低组	251	0.660 5		
公共卫生安全风险认知高组	298	0.769 0	0.129 6	1.820 1*
公共卫生安全风险认知低组	216	0.639 4		
环境规制高组	289	0.820 4	0.241 8	2.956 4***
环境规制低组	225	0.578 6		
命令型规制高组	251	0.789 9	0.147 3	3.010 5***
命令型规制低组	263	0.642 6		
激励型规制高组	245	0.826 1	0.213 3	2.783 0***
激励型规制低组	269	0.612 8		
引导型规制高组	257	0.804 0	0.179 0	3.012 2***
引导型规制低组	257	0.625 0		
自愿型规制高组	259	0.585 8	−0.104 3	2.174 3**
自愿型规制低组	255	0.690 1		

注：*、**、***分别表示在 10%、5%和 1%的统计水平上显著。

表 8-5 给出了样本匹配最大损失样本量，可以发现匹配后样本损失差异较小。限于篇幅，本章仅展示风险认知和环境规制两组样本匹配结果。具体而言：风险认知方程中，处理组损失 27 个样本，对照组损失 35 个样本，225 个样本参与匹配；环境规制方程中，处理组损失 40 个样本，对照组损失 23 个样本，202 个样本参与匹配，表明对照组和处理组样本匹配结果良好。

表 8-5 基于 CEM 模型的样本匹配量

	风险认知方程			环境规制方程		
	未匹配样本	匹配样本	总计	未匹配样本	匹配样本	总计
对照组	35	225	260	23	202	225

（续）

	风险认知方程			环境规制方程		
	未匹配样本	匹配样本	总计	未匹配样本	匹配样本	总计
处理组	27	227	254	40	249	289
总计	62	452	514	63	451	514

注：除风险认知和环境规制方程，还包括 8 个维度方程，分别以低组为对照组、高组未处理组进行粗略精确匹配。

表 8-6 给出了基于 CEM 模型的匹配结果，可以发现：

（1）风险认知高组比低组养殖户病死猪无害化处理率提高了 17.86%，可能的解释为：养殖户风险认知水平越高，风险规避程度越强，更倾向于增加无害化处理设施投入或积极实施委托处理，不断提高无害化处理的时效性和标准化。生态安全风险认知高组比低组养殖户无害化处理率提高了 3.92%，可能的解释为：随着农村人居生活水平提高，养殖户更加注重生存环境改善，加之畜牧和环保等部门持续推进农村环境卫生综合整治，养殖户丢弃病死猪事件减少，无害化处理率不断提高。生产和公共卫生安全风险认知高组比低组养殖户无害化处理率分别提高 7.17% 和 6.48%，可能的解释为：消除病死猪携带的病原体是养殖户无害化处理的基础动因，事关生产经营稳定和家庭收入增长；避免不当处理病死猪而受到的行政处罚是生猪养殖经营的重要保障。食品安全风险认知高组与低组养殖户无害化处理率差异不明显，可能的原因为：养殖户也可能购买到病死猪肉及相关制品。

（2）环境规制高组比低组养殖户无害化处理率提高了 16.22%，可能解释为：环境规制通过监管处罚提高违法成本、补贴补助降低处理成本、宣传引导提供技术支撑以及契约承诺增强内生驱动等路径促使养殖户实施无害化处理行为。命令型规制高组比低组养殖户无害化处理率提高了 1.94%，可能的解释为：如果畜牧部门持续增强无害化处理监管处罚强度，养殖户不当处理成本大幅增加，甚至面临被强制退出生猪养殖的风险，养殖户实施无害化处理的意愿更强，无害化处理效果不断增强。激励型规制高组比低组养殖户无害化处理率提高了 7.37%，可能的解释为：无害化处理补贴能够增强养殖户报告病死猪的积极性，设施补助能够降低无害化处理设备购置成本压力，养殖户无害化处理成本降低与效益提高，从而能够自愿参与病死猪无害化处理。引导型规制高组比低组养殖户无害化处理率提高了 7.91％，可能的解释为：畜牧部门为养殖户开展深埋、焚烧、堆肥、发酵和化制等技术培训，降低养殖户技术获取成本，并提高技术采用标准化程度。然而，自愿型规制作为农村环境治理的重要措施并没有发挥内部约束效应，与承诺监督约束机制不完善密切相关，这也是未来研究的重点。

表 8-6 基于 CEM 模型的估计结果

项目	组别	处理率（ATT）	标准差	95％置信区间	差值（ATT）
风险认知	高组	0.416 1	0.260 5	[−0.104 9, 0.937 1]	0.178 6***
	低组	0.237 5	0.142 6	[−0.047 7, 0.522 7]	
生态安全风险认知	高组	0.500 8	0.289 5	[−0.078 2, 1.079 8]	0.039 2**
	低组	0.461 6	0.201 2	[0.059 2, 0.864 0]	
生产安全风险认知	高组	0.487 5	0.301 2	[−0.116 5, 1.089 9]	0.071 7**
	低组	0.415 8	0.106 5	[−0.202 8, 0.628 8]	
食品安全风险认知	高组	0.482 0	0.165 0	[0.152 0, 0.812 0]	0.021 6
	低组	0.460 4	0.142 5	[0.175 4, 0.745 4]	
公共卫生安全风险认知	高组	0.464 0	0.285 0	[−0.109 6, 1.034 0]	0.064 8*
	低组	0.399 2	0.180 4	[0.038 4, 0.760 0]	
环境规制	高组	0.420 4	0.300 1	[−0.179 8, 1.020 6]	0.162 2***
	低组	0.258 2	0.206 5	[−0.154 8, 0.671 2]	
命令型规制	高组	0.501 9	0.326 2	[−0.150 5, 1.154 3]	0.019 4***
	低组	0.482 5	0.220 4	[0.041 7, 0.923 3]	
激励型规制	高组	0.426 2	0.305 5	[−0.184 8, 1.037 2]	0.073 7***
	低组	0.352 5	0.201 9	[−0.091 3, 0.716 3]	
引导型规制	高组	0.404 2	0.283 5	[−0.162 8, 0.971 2]	0.079 1**
	低组	0.325 1	0.130 6	[0.063 9, 0.586 4]	
自愿型规制	高组	0.385 5	0.167 2	[0.051 1, 0.719 9]	−0.005*
	低组	0.390 5	0.168 0	[0.054 5, 0.726 5]	

注：对处理率差值进行 t 检验；*、**、***分别表示在 10％、5％和 1％的统计水平上显著。

为保证匹配质量，还应进一步讨论对照组和处理组之间的平衡性。限于篇幅，图 8-1 仅给出了风险认知和环境规制组别间的非平衡性 τ_1 值。可以发现，风险认知和环境规制高组匹配后的 τ_1 值渐趋于 0。因此，对照组和处理组数据平衡性良好，模型 CEM 具有良好的稳健性。

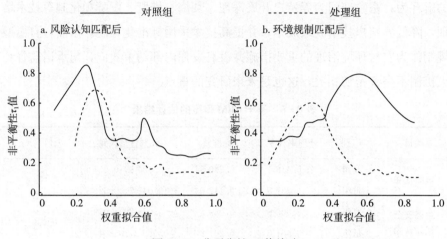

图 8-1 非平衡性 τ_1 值检验

（二）风险认知、环境规制对养殖户无害化处理主观效果的影响

表 8-7 到表 8-10 分别给出了风险认知和环境规制对养殖户无害化处理主观效果（生态、生产、食品和公共卫生安全）的影响。具体来看：

（1）风险认知在 1% 的统计水平上对生态安全具有正向显著影响

即风险认知有助于病死猪无害化处理生态效果发挥，并且这种影响效应主要由生态和公共卫生安全风险认知贡献。环境规制对生态安全影响不显著，但激励型规制对生态安全存在正向显著影响，引导型和自愿型规制存在负向显著影响。同时，激励型规制在风险认知影响生态安全中存在调节效应。可能的解释为：病死猪无害化处理减少丢弃或浅埋病死猪造成的土壤、水体和空气等生态损害，具有较强的正外部效应。如果养殖户生态安全风险认知水平较高，更加注重生态环境参与或治理，实施无害化处理的积极性更强，带来的生态效果更加明显。现有关于生态环境治理的重要激励机制是生态补偿，无害化处理补贴补助等措施属于生态补偿范畴，能够大幅降低养殖户因病死猪造成的经济损失或无害化处理产生的成本压力，有效激励养殖户报告病死猪、减少出售行为以及实施无害化处理。可见，无害化处理生态效果发挥主要依赖于养殖户的生态安全风险认知以及补贴补助等政府规制措施。

表 8-7　风险认知、环境规制对生态安全影响的估计结果

变量名称	模型 5	模型 6	模型 7	模型 8
风险认知	0.592 4*** (0.126 5)		0.595 8*** (0.128 9)	0.619 1*** (0.134 3)
生态安全风险认知		0.186 1** (0.074 7)		
生产安全风险认知		0.067 1 (0.054 4)		
食品安全风险认知		0.061 4 (0.062 4)		
公共卫生安全风险认知		0.208 2*** (0.060 8)		
环境规制	0.109 7 (0.134 0)		0.105 2 (0.137 9)	
命令型规制		0.075 3 (0.062 4)		0.049 2 (0.063 6)
激励型规制		0.168 8** (0.084 5)		0.180 9** (0.082 9)
引导型规制		−0.112 9* (0.066 4)		−0.162 8** (0.068 7)
自愿型规制		−0.212 0*** (0.070 8)		−0.160 6** (0.072 9)
风险认知×环境规制			0.031 0 (0.220 6)	
风险认知×命令型规制				−0.038 7 (0.118 2)
风险认知×激励型规制				−0.215 9 (0.160 7)
风险认知×引导型规制				0.166 2 (0.122 2)
风险认知×自愿型规制				−0.020 8 (0.145 5)
控制变量	已控制	已控制	已控制	已控制

（续）

变量名称	模型 5	模型 6	模型 7	模型 8
虚拟变量	已控制	已控制	已控制	已控制
Log - likelihood	−637.554 1	−630.074 4	−637.544 2	−628.104 1
LR - chi^2	164.27***	179.23***	164.29***	183.17***
Prob>chi^2	0.000 0	0.000 0	0.000 0	0.000 0
Pseudo - R^2	0.314 1	0.324 5	0.314 1	0.327 3
样本量	514	514	514	514

注：*、**、***分别表示在10%、5%和1%的统计水平上显著。

（2）风险认知在1%的统计水平上对维护生产安全存在正向显著影响

这种影响效应主要由生产和公共卫生安全风险认知贡献。环境规制在1%的统计水平上对维护生产安全具有正向显著影响，并且这种规制效应主要由激励型和引导型规制引起。同时，引导型规制在风险认知影响生产安全中发挥调节效应。可能的解释为：生猪养殖经营是养殖户实施无害化处理最主要的目的。作为理性经济人，养殖户在实施无害化处理前必然考虑成本和收益。从风险实现角度来看，生产和公共卫生安全风险认知直接影响养殖户收益，成为其实施无害化处理最主要的内在因素；从外部约束来看，补贴补助和技术指引能够降低无害化处理成本的同时，提高养殖户无害化处理收益。与此同时，畜牧部门宣传引导有助于扩大政策宣传和影响效应，养殖户无害化处理技术采用率较高。

表8-8　风险认知、环境规制对生产安全影响的估计结果

变量名称	模型 9	模型 10	模型 11	模型 12
风险认知	0.150 3*** (0.035 2)		−0.054 0 (0.156 7)	0.034 9 (0.168 5)
生态安全风险认知		0.111 5 (0.093 6)		
生产安全风险认知		0.144 3** (0.068 6)		
食品安全风险认知		−0.052 2 (0.084 3)		

（续）

变量名称	模型 9	模型 10	模型 11	模型 12
公共卫生安全风险认知		0.162 0**		
		(0.071 9)		
环境规制	0.453 9***		0.533 7***	
	(0.160 4)		(0.165 2)	
命令型规制		0.105 8		0.121 5
		(0.077 9)		(0.080 7)
激励型规制		0.179 2*		−0.138 9
		(0.104 7)		(0.104 0)
引导型规制		0.225 9***		0.199 9**
		(0.081 0)		(0.085 3)
自愿型规制		−0.000 6		0.011 1
		(0.089 6)		(0.090 4)
风险认知×环境规制				
风险认知×命令型规制				−0.480 8***
				(0.150 4)
风险认知×激励型规制				0.422 3**
				(0.205 5)
风险认知×引导型规制				0.255 4
				(0.156 8)
风险认知×自愿型规制			−0.547 8**	−0.280 9
			(0.257 6)	(0.185 6)
控制变量	已控制	已控制	已控制	已控制
虚拟变量	已控制	已控制	已控制	已控制
Log - likelihood	−364.057 3	−360.561 7	−361.792 3	−352.944 8
LR - chi^2	55.80***	62.79***	60.33***	78.03***
Prob>chi^2	0.000 0	0.000 0	0.000 0	0.000 0
Pseudo - R^2	0.371 2	0.380 1	0.377 0	0.399 5
样本量	514	514	514	514

注：*、**、***分别表示在10%、5%和1%的统计水平上显著。

（3）风险认知在1%的统计水平上对维护食品安全存在正向显著影响

这种影响效应主要由食品和公共卫生安全风险认知贡献。环境规制总体上对维护食品安全的影响不显著，但是命令型规制对维护食品安全存在正向显著影响。同时，命令型规制在风险认知影响维护食品安全影响中存在调节效应。可能的解释为：一方面，病死猪处理存在严重的信息不对称，养殖户处理行为隐蔽性较强，病死猪出售是肉源性食品安全重要的风险源。由于病死猪入市，养殖户也可能是受害者，如果其食品安全风险认知水平较高，养殖户出售病死猪的概率较低。另一方面，政府对病死猪出售的态度历来以命令型强制措施为主，主要包括加强专业和规模养殖户监管，对出售和加工行为严厉处罚，并通过典型案例曝光等形式强化政策宣传，在社会各界形成强大舆论氛围。

表 8-9 风险认知、环境规制对食品安全影响的估计结果

变量名称	模型 13	模型 14	模型 15	模型 16
风险认知	0.526 7*** (0.139 2)		0.549 6*** (0.142 3)	0.653 6*** (0.153 8)
生态安全风险认知		0.178 4 (0.143 8)		
生产安全风险认知		0.002 6 (0.060 2)		
食品安全风险认知		0.162 1** (0.070 6)		
公共卫生安全风险认知		0.224 3*** (0.067 4)		
环境规制	−0.147 0 (0.149 9)		−0.169 6 (0.152 7)	
命令型规制		0.218 8*** (0.070 6)		0.253 0*** (0.073 4)
激励型规制		0.229 2 (0.196 1)		0.268 3 (0.195 0)
引导型规制		0.225 2 (0.176 9)		0.181 1 (0.148 4)
自愿型规制		−0.023 9 (0.079 7)		−0.022 5 (0.084 2)
风险认知× 环境规制		0.190 6 (0.246 3)		

（续）

变量名称	模型 13	模型 14	模型 15	模型 16
风险认知×命令型规制				0.602 2***
				(0.187 8)
风险认知×激励型规制				−0.064 7
				(0.136 5)
风险认知×引导型规制				0.282 7*
				(0.145 9)
风险认知×自愿型规制				0.196 7
				(0.174 4)
控制变量	已控制	已控制	已控制	已控制
虚拟变量	已控制	已控制	已控制	已控制
Log‑likelihood	−418.397 1	−403.733 4	−418.097 6	−395.140 4
LR‑chi^2	94.36***	123.69***	94.96***	140.87***
Prob>chi^2	0.000 0	0.000 0	0.000 0	0.000 0
Pseudo‑R^2	0.301 3	0.332 8	0.302 0	0.351 3
样本量	514	514	514	514

注：*、**、***分别表示在10%、5%和1%的统计水平上显著。

（4）风险认知在1%的统计水平上对公共卫生安全存在正向显著影响

并且这种影响效应主要由生产、食品和公共卫生安全风险认知贡献。除引导型规制外，其他类型规制措施对公共卫生安全的影响并不显著。同时，环境规制在风险认知对维护公共卫生安全影响中并没有发挥增强性的调节效应。可能的解释为：病死猪丢弃或出售等不当处理行为可能造成病原体暴露或迅速传播，甚至存在人畜共患传染病的风险，不仅危害猪业产能稳定，还可能损害周围群体生命财产安全。因此，病死猪如何处理关乎公共卫生风险防控与公共卫生安全维护。从内部因素来看，生产、食品和公共卫生安全风险认知均能促使养殖户及时报告病死猪，并增加无害化处理投入，以降低病死猪不当处理可能引致的安全风险；从外部因素来看，政策宣传是畜牧部门加强动物疫情疫病防控的重要措施，在维护公共卫生安全效果中发挥着重要作用。

表 8 - 10　风险认知、环境规制对公共卫生安全影响的估计结果

变量名称	模型 17	模型 18	模型 19	模型 20
风险认知	0.957 7*** (0.131 8)		0.966 7*** (0.134 2)	0.950 9*** (0.139 3)
生态安全风险认知		0.037 8 (0.060 9)		
生产安全风险认知		0.255 5*** (0.055 3)		
食品安全风险认知		0.327 2*** (0.064 1)		
公共卫生安全风险认知		0.387 0*** (0.076 3)		
环境规制	−0.050 5 (0.136 2)		−0.061 9 (0.139 8)	
命令型规制		−0.039 7 (0.063 5)		−0.097 1 (0.065 0)
激励型规制		−0.014 6 (0.085 6)		0.041 8 (0.083 6)
引导型规制		0.114 4* (0.067 4)		0.076 0 (0.069 2)
自愿型规制		−0.005 8 (0.071 3)		−0.032 9 (0.073 7)
风险认知× 环境规制			0.079 8 (0.223 4)	
风险认知× 命令型规制				−0.047 1 (0.121 2)
风险认知× 激励型规制				0.049 0 (0.164 8)
风险认知× 引导型规制				0.109 2 (0.123 4)
风险认知× 自愿型规制				−0.168 8 (0.148 4)
控制变量	已控制	已控制	已控制	已控制

（续）

变量名称	模型 17	模型 18	模型 19	模型 20
虚拟变量	已控制	已控制	已控制	已控制
Log - likelihood	−606.883 8	−598.159 1	−606.820 1	−603.374 5
LR - chi^2	171.31	188.76	171.44	178.33
Prob>chi^2	0.000 0	0.000 0	0.000 0	0.000 0
Pseudo - R^2	0.357 9	0.300 3	0.311 8	0.346 8
样本量	514	514	514	514

注：＊、＊＊、＊＊＊分别表示在10％、5％和1％的统计水平上显著。

五、稳健性检验

为进一步检验模型估计结果的稳健性，本章对主观与客观处理效果进行联立估计。借鉴蔡起华（2017）关于农户参与小型农田水利设施供给效果的测度方法，采用信度分析系数法测度养殖户无害化处理主观效果。信度分析是检验指标体系稳健或可靠性的重要分析方法，通过克朗巴赫系数（Cronbach's a）变动幅度以表征指标体系内部的一致性。具体公式为：

$$a = \frac{f}{1-f}\left(1 - \frac{\sum_{j=1}^{f}\mathrm{var}(j)}{\mathrm{var}}\right) \qquad (8-6)$$

式（8-6）中，f 表示项目总数，$\mathrm{var}(j)$ 表示第 j 个项目得分的表内方差，var 表示项目总得分方差，Cronbach's a 值为项目内在一致性系数。通常认为，一致性系数越高，可信度越强。在基础研究中，信度值至少应达到0.70 才可接受（Nunnally and Bernstein，1994）。本章中养殖户无害化处理主观效果 Cronbach's a 值为 0.752，说明指标信度较好，具备良好的代表性。根据公式可得，无害化处理主观效果指数是介于 0 到 1 之间的连续型变量。

考虑到被解释变量包括无害化处理客观和主观效果两部分，并且效果指数均处于 0 到 1 之间，属于双向受限归并数据。同时，从效果评价来看，无害化处理客观和主观效果相互佐证才能全面评价无害化处理效果，两者之间存在相互依赖关系；从效果表达来看，客观效果的评价指标"无害化处理率"，主要表现为养殖户实施无害化处理的现实结果，而病死猪无害化处理的生态、生产、食品和公共卫生安全效果需要主观效果予以直接表达。因此，传统单一受限 Tobit 模型无法对无害化处理效果进行评价。因此，Lee（1993）提出双变量 Tobit 模型来综合分析养殖户无害化客观和主观效果的影响因素。模型构建如下：

$$y_{1i}^* = x'_{1i}\alpha + \mu_{1i}$$

$$\begin{cases} \text{当 } y_{1i}^* > 0 \text{ 时}, y_{1i} = y_{1i}^* \\ \text{当 } y_{1i}^* \leqslant 0 \text{ 时}, y_{1i} = 0 \end{cases} \quad (8-7)$$

$$y_{2i}^* = x'_{2i}\beta + \mu_{2i}$$

$$\begin{cases} \text{当 } y_{2i}^* > 0 \text{ 时}, y_{2i} = y_{2i}^* \\ \text{当 } y_{2i}^* \leqslant 0 \text{ 时}, y_{2i} = 0 \end{cases} \quad (8-8)$$

其中，式（8-7）和式（8-8）分别代表养殖户无害化处理的客观效果和主观效果方程。i 表示样本观测值，y_{1i}^* 和 y_{2i}^* 代表方程潜变量，y_{1i} 和 y_{2i} 代表方程被解释变量，x'_{1i} 和 x'_{2i} 代表方程解释变量，α 和 β 代表待估计系数，μ_{1i} 和 μ_{2i} 代表残差项。假设（y_{1i}^*, y_{2i}^*）服从正态分布，相关系数 ρ 用于判断两个方程之间的关联关系。同时，借鉴 Schiappacasse 等（2013）研究，假设 $f(\cdot)$ 为（μ_1, μ_2）联合分布密度函数，可建立最大似然函数为：

$$\begin{aligned} L = &\prod_{\langle i \mid y_{1i} > 0, y_{2i} > 0 \rangle} f(y_{1i} - x_{1i}\alpha, y_{2i} - x_{2i}\beta) \\ &\prod_{\langle i \mid y_{1i} > 0, y_{2i} = 0 \rangle} \int_{-\infty}^{-x_{2i}\beta} f(y_{1i} - x_{1i}\alpha, \mu_2) d\mu_2 \\ &\prod_{\langle i \mid y_{1i} = 0, y_{2i} > 0 \rangle} \int_{-\infty}^{-x_{1i}\alpha} f(\mu_1, y_{2i} - x_{2i}\beta) d\mu_1 \\ &\prod_{\langle i \mid y_{1i} > 0, y_{2i} = 0 \rangle} \int_{-\infty}^{-x_{2i}\beta} \int_{-\infty}^{-x_{1i}\alpha} f(\mu_1, \mu_2) d\mu_1 d\mu_2 \quad (8-9) \end{aligned}$$

采用最大似然估计法对似然函数 L 值进行估计，可获取研究需要的估计量。此外，借鉴 Yoo（2005）的研究结论，重点对两组方程相关系数 ρ 进行检验，以判断双变量 Tobit 模型可适用性。模型估计结果如表 8-11 所示，ρ 值拒绝了 $\rho = 0$ 的原假设，并且与前述基准回归结果相比，风险认知、环境规制对养殖户无害化处理客观和主观处理效果依然显著。稳健性检验结果与基准回归差异较小，表明前述模型估计结果具备良好的稳健性。

表 8-11　稳健性检验结果

变量名称	客观处理效果	主观处理效果
风险认知	1.305 2***	0.892 2**
	(0.435 1)	(0.424 8)
环境规制	0.740 5**	1.002 7*
	(0.336 5)	(0.527 7)
控制变量	已控制	已控制
地区虚拟变量	已控制	已控制
Wald 卡方值	364.172 5	386.251 2
p 值	0.221 2	0.240 6
似然比检验值	76.251 2	78.404 5

注：*、**、***分别表示在10%、5%和1%的统计水平上显著。

六、本章小结

本章基于课题组 2018 年 7—8 月对全国生猪养殖密集地区的河北、河南和湖北 514 户调研数据，分别探讨了风险认知、环境规制对养殖户无害化处理效果的影响以及环境规制在风险认知影响效应中的调节效应。主要结论如下：

（1）生态、生产和公共卫生安全风险认知水平越高，养殖户越倾向于提高病死猪无害化处理率。环境规制能够显著提高养殖户无害化处理率，环境规制内部维度影响效应存在较强异质性。养殖户无害化处理客观效果是内部和外部因素共同作用的结果，应当注重各维度影响效应的异质性考察，这是提高无害化处理率的关键。

（2）环境规制没有在风险认知对养殖户无害化处理率的影响中发挥"增强剂"作用。然而，这种调节效应存在较强遮蔽效应，即引导型规制对风险认知影响养殖户无害化处理率中存在正向调节效应，自愿型规制对风险认知影响养殖户无害化处理率中存在负向调节效应。风险认知高组比低组养殖户无害化处理率提高了 17.86%，环境规制高组比低组养殖户无害化处理率提高 16.22%。

（3）风险认知对生态安全具有正向显著影响，并且这种影响效应主要由生态和公共卫生安全风险认知贡献。激励型规制对生态安全存在正向显著影响，同时激励型规制在风险认知影响生态安全中存在调节效应。风险认知对生产安全存在正向显著影响，这种影响效应主要由生产和公共卫生安全风险认知贡献。环境规制对生产安全具有正向显著影响，并且这种规制效应主要由激励型和引导型规制引起。同时，引导型规制在风险认知影响生产安全中存在调节效应。

（4）风险认知对食品安全存在正向显著影响，这种影响效应主要有食品和公共卫生安全风险认知贡献。命令型规制对食品安全存在正向显著影响，同时命令型规制在风险认知影响食品安全中发挥调节效应。风险认知对公共卫生安全存在正向显著影响，并且这种影响效应主要由生产、食品和公共卫生安全风险认知贡献。引导型规制对公共卫生安全存在正向显著影响。此外，环境规制在风险认知对公共卫生安全影响中并没有发挥增强性的调节效应。

第九章 结论与政策建议

农户行为是内部因素和外部因素共同作用的结果。按照养殖户无害化处理流程，本书从无害化报告行为、无害化决策行为、无害化实施行为和无害化处理效果四个方面分解无害化处理行为，并重点探讨风险认知、环境规制对养殖户无害化处理行为的影响。第三章对养殖户无害化处理行为现状进行分析，得出养殖户无害化处理中存在现实困难。第四章对风险认知和环境规制进行测度，从生态、生产、食品和公共卫生安全风险认知四个方面刻画风险认知；从命令型、激励型、引导型和自愿型四个方面表征环境规制工具，重点分析不同省份和不同规模养殖户的风险认知水平与环境规制强度。第五章到第八章从机理和实证两个方面分析风险认知、环境规制对养殖户无害化报告行为、无害化决策行为、无害化实施行为和无害化处理效果的影响。在此基础上得出本书的主要结论，并提出促进养殖户病死猪无害化处理、提高无害化处理率以及增强无害化处理效果的政策和建议。

一、主要结论

(一) 养殖户无害化处理行为现状的分析结果

(1) 病死猪属于畜禽养殖废弃物，养殖户是生产环节病死猪无害化处理的责任主体；如何约束、激励或引导养殖户无害化报告行为、决策行为和实施行为成为政府制定无害化处理政策的基本依据；委托处理和资源化处理是病死猪无害化处理的基本趋势。

(2) 在无害化报告行为中，各省份报告户占比序次为：河南＞河北＞湖北，不同规模报告户占比序次为：规模养殖户＞专业养殖户＞散养户。

48.25%的养殖户立刻报告病死猪信息；46%的养殖户通过上门报告、他人转告等传统信息传递渠道报告病死猪信息；72.75%的养殖户认为报告非常困难、困难和一般。

（3）在无害化决策行为中，河北、河南和湖北选择无害化处理的养殖户占各省样本量的93.81%、91.66%和94.16%，序次为：湖北＞河北＞河南；散养户、专业养殖户和规模养殖户选择无害化处理的占不同规模养殖户的88.17%、88.72%和98.67%，序次为：规模养殖户＞专业养殖户＞散养户。

（4）在无害化实施行为中，河北、河南和湖北委托户占各省实施户的82.42%、65.73%和56.55%，序次为：河北＞河南＞湖北；委托处理率的均值次序为：河北＞河南＞湖北。选择委托处理的散养户、专业养殖户和规模养殖户占不同规模实施户的59.06%、77.46%和70.27%，序次为：专业养殖户＞规模养殖户＞散养户。各省份资源化处理户数占各省实施户的70.88%、53.85%和52.41%，序次为：河北＞河南＞湖北；资源化处理率的均值序次为：河北＞河南＞湖北。选择资源化处理的散养户、专业养殖户和规模养殖户占不同规模实施户的51.01%、51.45%和79.05%，序次为：规模养殖户＞专业养殖户＞散养户。

（5）在无害化处理效果中，表征客观处理效果的无害化处理率，指标均值为0.722 4。主观处理效果包括对生态、生产、食品和公共卫生安全的影响，指标均值序次为：生产安全影响（4.465 0）＞食品安全影响（4.396 9）＞公共卫生安全影响（3.544 8）＞生态安全影响（3.138 1）。总体上看，各省份无害化处理客观效果序次为：湖北＞河南＞河北；同时湖北养殖户的主观处理效果最强。专业和规模养殖户的客观处理效果较好，但不同规模养殖户主观处理效果异质性较强。

（6）养殖户无害化处理中存在诸多问题，如无害化报告的时效性比较差、部分养殖户仍选择不当处理、委托和资源化处理率还不高及无害化处理效果还有待增强等，通过实证研究对上述问题提出针对性的对策建议是本研究的重要价值。

（二）风险认知与环境规制测度与解析的结果

（1）不同省份养殖户风险认知水平存在明显的异质性。河北、河南和湖北养殖户的风险认知水平均值分别为-0.223 8、0.028 9和0.237 3,表明湖北养殖户风险认知水平最高,河南养殖户次之,河北养殖户最低。湖北养殖户风险认知水平较高主要表现为养殖户的生产、食品和公共卫生安全风险认知较高;而河北养殖户风险认知水平较低主要表现为养殖户的生态、食品和公共卫生安全风险认知水平较低。

(2)不同规模养殖户的风险认知水平存在显著差异。散养户、专业养殖户和规模养殖户的风险认知水平均值分别为-0.054 2、0.120 3和-0.095 4,表明专业养殖户的风险认知水平最高,散养户次之,规模养殖户最低。专业养殖户的风险认知水平较高主要表现为专业养殖户的生态、生产和食品安全风险认知较高;而规模养殖户的风险认知水平较低主要表现为规模养殖户的生态、食品和公共卫生安全风险认知水平较低。

(3)不同省份环境规制强度在不同区域具有明显的异质性。河北、河南和湖北环境规制强度均值分别为-0.092 8、0.167 1和-0.049 2,表明河南养殖户无害化处理行为受到环境规制的强度最高,湖北强度次之,河北强度最低。河南环境规制强度较高主要表现为命令型、激励型和自愿型规制强度较高;而河北环境规制强度较低主要表现为激励型和引导型规制强度较低。

(4)不同规模养殖户受到环境规制强度存在显著差异。散养户、专业养殖户和规模养殖户受到环境规制的强度均值分别为-0.266 9、0.087 8和0.186 7,表明规模养殖户受到环境规制的强度最高,专业养殖户次之,散养户最低。规模养殖户受到环境规制强度较高主要表现为规模养殖户受到激励型和引导型规制的强度较高;而散养户受到环境规制强度较低主要表现为散养户受到命令型、激励型、引导型和自愿型规制的强度较低。可见,散养户应成为政府推进病死猪无害化处理的重点规制对象。

(三)风险认知、环境规制对养殖户无害化报告行为的影响结果

(1)风险认知对养殖户报告决策的影响效应不明显,但对报告时效存在促进作用。其中,生产和公共卫生安全风险认知对养殖户报告决策存在正向促进作用,但对报告时效的影响并不显著;生态和食品安全风险认知对养殖

户报告决策的影响不明显，但对报告时效发挥促进作用。

（2）环境规制能够约束养殖户做出无害化报告决策，但对报告时效的影响效应较弱。因此，养殖户做出报告决策的动因是环境规制，但报告的时效性依赖于养殖户的内在驱动因素风险认知，也验证了养殖户行为是内外部因素共同作用的结果。环境规制在风险认知与养殖户无害化报告之间发挥正向调节作用，这种调节效应主要由激励型和引导型规制贡献，命令型规制和自愿型规制并未增强风险认知对养殖户无害化报告行为的影响。

（3）在传统信息报告渠道样本组中，风险认知和环境规制以及二者之间交互项的影响效应与未分组之前并没有显著差别，即传统信息报告渠道的调节效应并不显著。在现代信息报告渠道样本中，风险认知和环境规制对养殖户无害化报告决策和报告时效均存在正向显著影响，并且环境规制在风险认知与养殖户无害化报告行为之间发挥调节作用。因此，现代通信设备普及能够促进养殖户实施无害化报告行为。

（4）风险认知对散养户无害化报告决策和报告时效存在正向促进作用；环境规制对散养户无害化报告行为的影响不显著，并且环境规制在风险认知与散养户无害化报告行为之间并没有发挥调节作用。风险认知能够约束专业养殖户及时报告病死猪信息，环境规制能够约束专业养殖户做出无害化报告决策，并且环境规制在风险认知与专业养殖户无害化报告行为之间发挥调节效应。风险认知和环境规制对规模养殖户报告行为存在正向促进作用，并且环境规制正向调节风险认知对规模养殖户无害化报告行为的影响。可见，风险认知和环境规制对不同规模养殖户的影响效应具有较强的异质性。

（四）风险认知、环境规制对养殖户无害化决策行为的影响结果

（1）风险认知总体上能够推动养殖户做出无害化处理决策，并且这种影响效应主要由生产安全风险认知贡献；生态安全风险认知对养殖户无害化决策行为具有较强抑制作用。环境规制总体上能够约束养殖户做出无害化处理决策，并且这种促进作用主要由命令型和引导型规制引起，激励型和自愿型规制的影响效应并不明显。

（2）环境规制并没有在风险认知对养殖户无害化决策行为影响中发挥调

节作用，但这种调节效应存在遮蔽效应，其中自愿型规制正向调节风险认知对养殖户无害化决策行为的影响。命令型、激励型和引导型规制在风险认知影响效应中并没有发挥增强性的调节效应。

（3）风险规避在风险认知影响养殖户无害化决策行为中发挥中介效应，且中介效应占总效应的比重为 26.75%。环境规制对风险规避程度低组养殖户无害化决策行为的影响不明显，但这种影响效应存在遮蔽效应，其中引导型规制对低组养殖户无害化决策行为存在正向显著影响。环境规制对风险规避程度高组养殖户无害化决策行为具有显著促进作用，这种促进作用主要由命令型和激励型规制贡献。

（4）风险认知能够推动散养户做出无害化处理决策。引导型规制在风险认知影响散养户无害化决策行为中发挥正向调节作用。风险认知能够推动专业养殖户做出无害化处理决策。同时，命令型和激励型规制正向调节风险认知对专业养殖户无害化决策行为的影响。风险认知和环境规制对规模养殖户无害化决策行为存在显著促进作用。同时，环境规制正向调节风险认知对规模养殖户无害化决策行为的影响，其中命令型、激励型和自愿型规制正向调节风险认知对规模养殖户无害化决策行为的影响。

（五）风险认知、环境规制对养殖户无害化实施行为的影响结果

（1）风险认知能够推动养殖户将自家病死猪委托给无害化处理厂（点）或处理中心进行处理，这种影响效应主要由生态和公共卫生安全风险认知贡献。然而，风险认知不能激励养殖户提高委托处理程度。环境规制能够约束养殖户选择将病死猪委托给无害化处理厂（点）或处理中心进行处理，并不断提高委托处理程度，这种影响效应主要由于命令型和自愿型规制引起，激励型和引导型规制的促进作用并不明显。同时，自愿型规制能够增强风险认知对养殖户委托处理行为的影响效应。

（2）风险认知是组织参与户实施委托处理行为的重要动因，并且这种内生动力来源于生态、生产和公共卫生安全风险认知。同时，风险认知仅对参与户委托处理决策存在积极促进作用，对处理程度的影响效应并不明显。环境规制能够约束组织参与户实施委托处理行为，并且这种促进作用源于命令

型、激励型和自愿型规制。

（3）环境规制是散养户做出委托处理决策的重要因素，其中命令型和自愿型规制分别对散养户委托处理决策和处理程度发挥促进作用。公共卫生和生态安全风险认知对专业养殖户委托处理决策存在正向显著影响，命令型和自愿型规制能够约束专业养殖户实施委托处理行为。生态、生产和公共卫生安全风险认知能够促进规模养殖户实施委托处理行为，命令型、激励型和自愿型规制能够约束规模养殖户实施委托处理行为。

（4）风险认知对养殖户资源化处理行为存在正向显著影响，但是这种促进作用主要由生产和公共卫生安全风险认知贡献，食品和生态安全风险认知对养殖户资源化处理行为的影响不显著。环境规制在风险认知对养殖户资源化处理行为的影响中发挥"增强剂"的调节作用，但是这种促进效应主要由命令性、引导型和自愿型规制引起。

（5）在考虑养殖规模异质条件下，自愿型规制正向调节风险认知对散养户资源化处理行为的影响，命令型和自愿型规制正向调节风险认知对专业养殖户资源化处理行为的影响，引导型和自愿型规制正向调节风险认知对规模养殖户资源化处理行为的影响。在考虑技术属性异质条件下，引导型规制在风险认知影响养殖户碳化法等资本密集型技术采用中发挥激励作用，命令型和自愿型规制在风险认知影响养殖户堆肥发酵法等劳动密集型技术采用中发挥促进作用，引导型和自愿型规制在风险认知影响养殖户化制法等中性技术采用中发挥促进作用。

（六）风险认知、环境规制对养殖户无害化处理效果的影响结果

（1）生态、生产和公共卫生安全风险认知水平越高，养殖户越倾向于提高无害化处理率。环境规制能够显著提高养殖户无害化率，环境规制内部维度影响效应存在较强异质性。养殖户无害化处理客观效果是内部和外部因素共同作用的结果，应当注重分析"木桶"或"短板"效应，这是提高病死猪无害化处理率的关键。

（2）环境规制没有在风险认知对养殖户无害化处理率的影响中发挥"增强剂"效应。然而，这总调节效应存在较强遮蔽效应，即引导型规制在风险

认知影响养殖户无害化处理率中发挥正向调节效应，自愿型规制在风险认知影响养殖户无害化处理率中存在负向调节作用。风险认知高组比低组养殖户无害化处理率提高了17.86%，环境规制高组比低组养殖户无害化处理率提高了16.22%。

（3）风险认知对生态安全具有正向显著影响，并且这种影响效应主要由生态和公共卫生安全风险认知贡献。激励型规制对生态安全存在正向显著影响，引导型和自愿型规制存在负向显著影响。同时，激励型规制在风险认知影响生态安全中存在调节效应。风险认知对生产安全存在正向显著影响，这种影响效应主要由生产和公共卫生安全风险认知贡献。环境规制对生产安全具有正向显著影响，并且这种规制效应主要由激励型和引导型规制引起。同时，引导型规制在风险认知影响生产安全中存在调节效应。

（4）风险认知对食品安全存在正向显著影响，这种影响效应主要由食品和公共卫生安全风险认知贡献。命令型规制对食品安全存在正向显著影响。同时，命令型规制在风险认知影响食品安全中存在调节效应。风险认知对公共卫生安全存在正向显著影响，并且这种影响效应主要由生产、食品和公共卫生安全风险认知贡献。除引导型规制外，其他类型规制措施对公共卫生安全的影响并不显著。同时，环境规制在风险认知对公共卫生安全影响中并没有发挥增强性的调节效应。

二、政策建议

养殖户行为是内外因素共同作用的结果，政策建议坚持以"内生驱动和制度诱导"为基础原则，不断提高养殖户风险认知水平，同时强化环境规制强度，以增强主客观因素共同影响效应，最终扩大养殖户无害化处理效果。

（一）加强养殖户安全风险教育

加强安全风险教育，提高养殖户风险认知水平，是从根源上推动养殖户实施无害化处理的根本措施。具体而言：一是要加强生态安全教育。以乡村振兴战略实施为契机，基层畜牧和环保部门应通过入户宣传、专题培训、标语宣誓等方式开展生态教育，促使养殖户关注生活环境和生态质量，村委会组织、新兴经营主体和养殖协会等组织应将生态教育写入组织规章制度，充分发挥带动和引导作用，不断提高养殖户的生态素养，从而促使其主动实施无害化处理行为。二是要加强生产和公共卫生安全教育。畜牧和卫生部门应通过告知书等方式促使养殖户明晰病死猪不当处理需要承担的行政处罚；同时，在畜禽技能培训课程中增加疫情疫病风险警示教育，不断提高养殖户安全生产意识，引导养殖户实施无害化处理行为。三是加强食品安全教育。出售病死猪是肉源性食品安全的重要诱因。畜牧部门和行业协会等组织应通过移动通信、电脑网络、入户告知等方式促使养殖户明晰出售病死猪引致的安全风险及应承担的法律责任，让食品安全意识深入人心，从根源上杜绝出售病死猪等不当处理行为。

（二）完善病死猪信息报告体系

完善病死猪信息报告体系是提高报告时效性的基础条件。具体而言：一是明确报告主体。尽管《中华人民共和国动物防疫法》《畜禽规模养殖污染防治条例》明确养殖户负责生产环节病死猪报告，但是对于被丢弃的病死猪由谁来报告尚未明确规定。实践调研发现，乡镇畜牧部门负责无主病死猪处理任务，但仍需要发现者上报。因此，建议立法部门修改相关法律法规，明确无主病死猪由乡镇畜牧部门负责勘验、报告以及无害化处理，可由村委会等基层自治组织具体实施；同时，鼓励任何人发现被丢弃病死猪，应及时向当地畜牧部门报告。二是确定报告对象。调研中发现，养殖户不知道向谁报告。建议确立属地管辖原则，畜牧部门作为报告对象，负责登记和收储报告信息，并组织技术人员现场勘验。同时，在实施无害化集中处理地区，推行养殖户向无害化处理中心报告，这种做法在提高无害化处理时效同时，可能忽视疫情疫病诊治程序。因此，建议确立畜牧部门作为唯一报告对象，由畜牧部门组织技术人员（在无害化集中处理地区，畜牧部门通知无害化处理中心进行收集处理）进行勘验，并监督养殖户（无害化处理中心）标准化实施无害化处理。三是畅通报告渠道。报告渠道畅通是病死猪信息报告体系的重要组成部分。建议设置病死猪信息与疫情疫病报告专用号码，完善网络报告平台，畜牧部门安排专职人员负责信息收录与反馈。四是设置报告补贴。出台病死猪信息报告补贴政策，通过测算养殖户受偿标准，确定信息报告补贴强度。同时，补贴范围扩大至所有报告者而非仅限于养殖户。

（三）加强无害化处理监管制度

病死猪不当处理属于违法行为，加强无害化处理监管是遏制不当处理的首要措施。按照"变被动执法到主动出击"以及"责任一揽到属地下沉"的思路，完善无害化处理监管制度，不断增强监管的持续性。具体而言：一是落实网格化管理责任。病死猪无害化处理监管应实施畜牧部门、村委会组织和新型农业经营主体等多主体共同参与的监管责任，在生猪养殖密集地区划分网格，每个网格落实县、乡镇和村级负责人，并且严格落实网格管理责任。二是培育技术监管员。病死猪不当处理与无害化处理过程均有严格标准，技术监管员制度可以缓解畜牧部门监管力量薄弱。可通过培育并壮大乡村兽医队伍，提高基层兽医技术水平，通过疫情疫病初步诊断培训、无害化处理技术培训以及疾病诊治技术专项培训，促使乡镇畜牧兽医成为无害化处理中的重要监管力量。三是加强不当处理曝光惩戒力度。对出售和丢弃病死猪等不当处理行为曝光，对收购和加工病死猪工厂严厉处罚，构成食品安全刑事犯罪的要追究刑事责任。畜牧部门应联合公安、质检、食监等部门成立联合执法组，对病死猪不当处理重点群体、重点环节、重点范围进行抽查与随机检查，提高养殖户违法成本，并不断扩大无害化处理监管范围。

（四）完善无害化处理激励制度

病死猪信息在多主体之间存在严重信息不对称，养殖户拥有绝对的信息优势，这也是推进无害化处理最大的现实障碍。从国外实践经验来看，如何设计良好的激励政策是实现无害化处理的关键。具体来看：一是完善无害化处理补贴政策。以养殖户受偿意愿为最高标准，按照公平合理的基础原则，优化无害化处理 80 元/头补贴政策。补贴不应以头数为标准进行计算，而应以病死猪重量为依据，同时兼顾病死猪种类（仔猪、母猪和成猪），因为重量是成本投入的直接反映；而病死猪种类是市场价格基准的依据。二是完善保险挂钩政策。保险挂钩政策是当前推进病死猪无害化处理的主要措施，即对于认定无害化处理的病死猪，保险公司才给予生猪保险理赔。实践上，存在认定主体不清晰、保险机构不认可、理赔效率较低等诸多问题。因此，构建智能信息化网络理赔平台，确立畜牧部门以及下设机构（乡镇兽医）拥有病死猪无害化处理认定资格，新型经营主体、无害化集中处理中心等其他主体不享有认定资格。同时，畜牧部门将认定信息传送至保险机构，保险机构审核通过后承担理赔义务。病死猪给养殖户造成较大经济损失，理赔速度较慢会影响养殖户无害化处理决策，无害化认定主体和理赔主体均应优化工作流程，不断提高工作效率。此外，保险公司理赔标准应与无害化处理补贴标准一致，而非仅采用尸长测量法。三是完善无害化处理设施补助政策。实践上，无害化处理设施不同，补助标准差异较大，各地应因地制宜推广无害化处理技术或设施，并对技术或措施给予补助。

（五）优化无害化处理引导制度

加强无害化处理政策宣传和技术推广是推进无害化处理的重要保障。具体而言：一是加强政策宣传。无害化处理政策涉及内容较多、专业性较强，畜牧部门和基层自治组织应该成为无害化处理政策的宣传推广力量，采用线上线下、点面结合等多种途径宣传无害化处理政策。二是推广无害化委托处理。针对小规模养殖户无害化处理不规范以及设施配给不足等诸多问题，应重点鼓励小规模养殖户通过委托新兴经营主体或无害化处理中心实施无害化处理，以提高无害化处理的规范性和技术效率。三是强化无害化处理技术推广。对于政府服务供给来说，采用专题培训和现场示范等路径不断提高服务范围、服务频次及服务实效，保障养殖户获取无害化处理技术；对于其他组织服务供给来说，应以养殖户服务需求为导向，市场化供给技术服务，提高无害化处理效果。此外，在技术服务供给中，应着重面向小规模养殖户供给社会化服务，不断降低政府无害化处理成本。同时，以养殖规模和技术属性为依据分类制定规制措施。将散养户纳入无害化处理技术服务的供给范围，面向散养户开展堆肥发酵法等劳动密集型技术培训，同时支持合作社等新型经营主体开展技术帮扶，不断增强引导型规制实效。鼓励和支持专业养殖户向适度规模养殖转型升级，不断提高标准化养殖程度，逐步推进病死猪减量化、无害化和资源化；开展化制法等中性技术推广，不断提高专业养殖户无害化处理效率。实施无害化处理与税收挂钩的优惠支持政策，重点培育规模养殖户在碳化法处理中的引领作用，鼓励其发展无害化处理相关产业，延长产业链条，提高产品竞争力，促进废弃物向资源产品根本转变。

（六）完善无害化处理自治制度

如何强化无害化处理承诺书的约束力是推进病死猪无害化处理的重要内容。具体而言，政府或畜牧部门与养殖户签订的承诺书不仅应该明确养殖户报告义务、处理规范承诺以及杜绝不当处理承诺等内容，还应该明确政府无害化处理技术支持、补贴补助发放等承诺；同时，在现有"公私"合作的基础上，政府应从政策支持、业务指导、经费保障方面培育并发挥村委会等基层自治组织、合作社等新型经营主体及行业协会等社会组织在病死猪无害化处理中的约束和带动作用，培育并使其成为推进病死猪资源化处理的重要参与力量。养殖户之间签订的承诺书具有较强的关系网络约束作用，能够形成邻里监督机制，有助于养殖户能够遵从无害化处理标准进而实施无害化处理行为。然而，对于无害化处理承诺约束力较弱问题，建议各地将无害化处理承诺以村规民约性质予以规范，违约者在无害化处理补贴、无害化处理设施补助以及信贷贴息等优惠政策方面给予减免或列入黑名单，最终提高病死猪无害化处理自治效果。

三、研究局限与未来展望

本书通过阐释风险认知、环境规制对养殖户无害化处理行为的影响机理，在对风险认知和环境规制测度的基础上，实证分析风险认知、环境规制对养殖户无害化报告行为、无害化决策行为、无害化实施行为和无害化处理效果的影响。研究结论对于提高无害化处理效果具有重要的理论和实践指导意义。然而，受专业和精力所限，本研究仍存在一些不足：

（1）本研究仅以514户养殖户为基础研究数据，并且覆盖范围限于3个省份，研究对象和区域应进一步拓展，以保证数据的典型性和代表性。调研中，深切感受养殖户调研难度较大，本书仅对河北、河南和湖北等生猪养殖密集地区进行了调研。但是，西南地区、东北地区和东南沿海地区的养殖户风险认知水平与环境规制强度可能存在较大差异，病死猪无害化处理情况可能不同，最终可能影响研究结论。因此，下一步应重点扩大调研范围，通过较大样本量重点分析全国范围内病死猪无害化处理的影响因素以及风险认知和环境规制的影响效应。

（2）关于风险认知和环境规制的测度，进一步提高代理变量的表达与设计，提高实证分析的科学性。本研究在对风险认知和环境规制测度时，限于问卷数据获取的障碍，采用较多的主观指标，可能会影响实证结果的合理性。同时，在对无害化处理效果进行评价时，也存在客观评价指标单一以及主观评价指标较多等问题，在一定程度上可能会影响模型估计结果的稳健性。因此，在未来研究中，应注重多学科交叉指标设计方法运用，选取更为客观的测度指标，以保证估计结果的客观性。

（3）养殖户无害化处理过程存在病原体暴露风险，尤其是在资源化处理过程中。因此，在无害化处理方式选择或技术采用中，规范性法律文件对简易处理和资源化处理的态度不同，即养殖户必须实施简易处理行为，即消灭病死猪可能携带的病原体等有害物质。然而，考虑到无害化处理存在技术瓶颈、公共卫生安全风险和实施成本较大，政府应鼓励养殖户实施资源化处理行为。同时，养殖户行为决策主要受成本收益影响，因此在未来研究中应重点对不同处理方式或技术采用的成本收益进行分析。

（4）在部分实证章节模型运用中，尚未考虑样本选择问题或者自变量与因变量之间可能存在的因果关系，从而出现内生性问题。本研究曾尝试选取部分工具变量，但是这些工具变量效果并不理想，同时受限于数据已经获取，工具变量选取难度较大。在未来的研究中，应进一步提高模型运用的科学性，进行内生性相关检验，以保证模型估计结果的稳健性。

阿西木果，2014. 我国重大动物疫情报告工作存在的问题及对策［J］. 当代畜牧（27）：28 - 29.

爱观哈特·施密特·阿斯曼，2006. 德国行政法读本［M］. 北京：高等教育出版社.

毕朝斌，唐晓秋，邹冰，2015. 博白县病死猪无害化集中处理模式与运行机制［J］. 兽医导刊（11）：27 - 28，30.

陈传波，丁士军，舒振斌，2001. 农户收入及其差异的影响因素分析——对湖北农户调查的统计分析［J］. 农业技术经济（4）：11 - 15.

陈佩文，付琴，许结红，等，2013. 一起随意丢弃动物尸体事件引发的思考［J］. 兽医导刊（12）：15 - 16.

陈剩勇，于兰兰，2012. 网络化治理一种新的公共治理模式［J］. 政治学研究（2）：108 - 119.

陈先勇，周洋，施思，2007. 农村专业合作经济组织对农民福利水平的影响研究——从收入、风险和收入分配三方面进行分析［J］. 华中农业大学学报（社会科学版）（5）：48 - 54.

陈晓贵，陈禄涛，朱辉鸿，等，2010. 一起经营病死猪肉案的查处与思考［J］. 上海猪兽医通讯（6）：52 - 53.

陈振，郭杰，欧名豪，2018. 资本下乡过程中农户风险认知对土地转出意愿的影响研究——基于安徽省 526 份农户调研问卷的实证［J］. 南京农业大学学报（社会科学版）（2）：129 - 137.

仇焕广，严健标，蔡亚庆，等，2012. 我国专业猪养殖的污染排放与治理对策分析——基于五省调查的实证研究［J］. 农业技术经济（5）：29 - 35.

仇焕广，栾昊，李瑾，等，2014. 风险规避对农户化肥过量施用行为的影响［J］. 中国农村经济（3）：85 - 96.

崔亚飞，Bluemling B，2018. 农户生活垃圾处理行为的影响因素及其效应研究——基于拓展的计划行为理论框架［J］. 干旱区资源与环境，32（4）：37 - 42.

代三妹，谢云，2018. 病死猪无害化处理政策实施困境及对策研究［J］. 黑龙江畜牧兽医（22）：31-35.

邓衡山，徐志刚，应瑞瑶，等，2016. 真正的农民专业合作社为何在中国难寻？——一个框架性解释与经验事实 [J]. 中国农村观察（4）：72-83，96-97.

丁焕峰，孙小哲，2017. 禁烧政策真的有效吗——基于农户与政府秸秆露天焚烧问题的演化博弈分析 [J]. 农业技术经济（10）：79-92.

丁士军，陈传波，2001. 农户风险处理策略分析 [J]. 农业现代化研究（6）：27-30.

方焕森，2012. 浅谈对病死猪无害化处理过程中存在的问题及对策 [J]. 中国猪兽医文摘，27（5）：1-2.

费威，2015. 食品供应链回收处理环节安全问题博弈分析——以"弃猪"事件为例 [J]. 农业经济问题（4）：94-101.

冯良宣，2013. 公众对转基因食品的风险认知研究 [D]. 武汉：华中农业大学.

冯淑怡，罗小娟，张丽军，等，2013. 养殖企业猪粪尿处理方式选择、影响因素与适用政策工具分析——以太湖流域上游为例 [J]. 华中农业大学学报（社会科学版）（1）：12-18.

傅京燕，2016. 环境成本转移与西部地区的可持续发展 [J]. 当代财经（6）：102-106.

高延雷，刘尧，王志刚，2017. 风险认知对农户参保行为的影响分析——基于安徽省阜阳市195份问卷调查 [J]. 农林经济管理学报（6）：731-738.

耿宁，李秉龙，2016. 标准化农户规模效应分析——来自山西省怀仁县肉羊养殖户的经验证据 [J]. 农业技术经济（3）：36-44.

巩前文，穆向丽，田志宏，2010. 农户过量施肥风险认知及规避能力的影响因素分析——基于江汉平原284个农户的问卷调查 [J]. 中国农村经济（10）：66-77.

郭进安，谷石榜，2000. 对落实动物疫情报告的看法 [J]. 中国动物检疫（11）：11-12.

郭清卉，李昊，李世平，等，2019. 个人规范对农户亲环境行为的影响分析——基于拓展的规范激活理论框架 [J]. 长江流域资源与环境（5）：1176-1184.

郭锡铎，2001. 世界肉类工业发展趋势以及我国现状与思考 [R]. 肉类科技交流会暨中国畜产品加工研究会肉类科技大会：6-10.

韩中华，付金方，2010. 西方政府规制理论的发展及其对我国的启示 [J]. 中国矿业大学学报（社会科学版），1（3）：38-39.

何冉娅，2015. 重庆市合川区病死猪无害化处理情况的调查及发展对策建议 [J]. 中国猪兽医文摘，31（12）：41-41.

何正光，1982. 病死、毒死的猪肉不能吃 [J]. 中原医刊（3）：106.

胡浩，张晖，黄士新，2009. 规模养殖户健康养殖行为研究——以上海市为例 [J]. 农业经济问题（8）：25-31.

胡威，2016. 环境规制与碳生产率变劝——兼论中国产业低碳转型［D］. 武汉：武汉大学.

扈映，2017. 网络化治理视角下的病死猪无害化处理机制［J］. 中国畜牧杂志，53（1）：142-145.

黄高明，张源，王兴强，等，2010. 养猪业病死猪处理的现状和对策［J］. 猪业科学（6）：22-25.

黄琴，徐剑敏，2013. "黄浦江上游水域漂浮死猪事件"引发的思考［J］. 中国动物检疫（7）：13-14.

黄泽颖，王济民，2016. 养殖户的病死禽处理方式及其影响因素分析——基于6省331份肉鸡养殖户调查数据［J］. 湖南农业大学学报（社会科学版），17（3）：12-19.

黄祖辉，2015. 谁是农业结构调整的主体？——农户行为及决策分析［M］. 北京：中国农业出版社.

贾康，孙洁，2014. 公私合作伙伴关系理论与实践［M］. 北京：经济科学出版社.

江激宇，柯木飞，张士云，等，2012. 农户蔬菜质量安全控制意愿的影响因素分析——基于河北省藁城市151份农户的调查［J］. 农业技术经济（5）：35-42.

蒋颖，郑文堂，2014. "空壳合作社"问题研究［J］. 农业部管理干部学院学报（4）：24-26.

金书秦，韩冬梅，吴娜伟，2018. 中国畜禽养殖污染防治政策评估［J］. 农业经济问题（3）：119-126.

金喜新，刘凡，孟伟，等，2019. 河南省病死猪无害化集中处理体系建设实践［J］. 中国动物检疫，36（7）：36-39.

孔凡斌，张维平，潘丹，2018. 农户畜禽养殖污染无害化处理意愿与行为一致性分析——以5省754户生猪养殖户为例［J］. 现代经济探讨（4）：125-132.

雷华，2003. 规制经济学理论研究综述［J］. 当代经济科学（11）：85-86.

李宾，周向阳，2013. 环境治理的新思路：自主治理［J］. 华东经济管理，27（5）：38-41.

李海，张绍河，朱俊刚，2018. 东乡区无害化集中处理体系建设监管建议［J］. 江西畜牧兽医杂志（3）：20-22.

李华强，范春梅，贾建民，等，2009. 突发性灾害中的公众虱险感知与应急管理——以5·12汶川地震为例［J］. 管理世界（6）：52-60.

李立清，许荣，2014. 养殖户病死猪处理行为的实证分析［J］. 农业技术经济（3）：26-32.

李乾，王玉斌，2018. 畜禽养殖废弃物资源化利用中政府行为选择——激励抑或惩罚 [J]. 农村经济（9）：55-61.

李晓庆，郑逸芳，2017. 农户参与农村公共产品供给意愿及其影响因素分析——基于福建省南平市 380 份调研数据 [J]. 石家庄铁道大学学报（社会科学版），11（3）：20-24.

李卫平，2016. 循环经济法律制度的比较法研究 [J]. 郑州大学学报（哲学社会科学版）（5）：43-46.

李燕凌，车卉，等，2014. 无害化处理补贴公共政策效果及影响因素研究——基于上海、浙江两省（市）14 个县（区）773 个样本的实证分析 [J]. 湘潭大学学报（哲学社会科学版），38（5）：42-47.

李智，李静，汪以真，2018. 美国兽用抗生素管控措施的评价及思考 [J]. 农业经济问题（6）：137-144.

连海明，2010. 规模化养猪场粪污处理的成本与效益分析 [D]. 北京：中国农业科学院.

连俊雅，2013. 从法律角度反思"死猪江葬"生态事件 [J]. 武汉学刊（3）：29-32.

林建，2018. 风险认知对农地经营权抵押贷款供给意愿的影响——基于信贷员认知的视角 [J]. 经济问题（3）：47-51.

林丽梅，刘振滨，杜焱强，等，2018. 生猪规模养殖户污染防治行为的心理认知及环境规制影响效应 [J]. 中国生态农业学，26（1）：156-166.

刘殿友，2012. 生猪保险的重要性.存在问题及解决方法 [J]. 养殖技术顾问（2）：281-281.

刘刚，罗千峰，张利庠，2018. 畜牧业改革开放 40 周年：成就、挑战与对策 [J]. 中国农村经济（12）：19-36.

刘金平，黄宏强，周广亚，2006. 城市居民风险认知结构研究 [J]. 心理科学，29（6）：1439-1441.

刘军弟，王凯，季晨，2009. 养猪户防疫意愿及其影响因素分析——基于江苏省的调查数据 [J]. 农业技术经济（4）：74-81.

刘瑞新，2016. 消费者对食品安全的风险认知及防范研究 [D]. 无锡：江南大学.

刘万利，胡培，2010. 创业风险对创业决策行为影响的研究——风险感知与风险倾向的媒介效应 [J]. 科学学与科学技术管理，31（9）：163-167.

刘小红，王健，刘长春，等，2013. 我国生猪标准化养殖模式和技术水平分析 [J]. 中国农业科技导报，15（6）：72-77.

刘雪芬，杨志海，等，2013. 畜禽养殖户生态认知及行为决策研究——基于山东、安徽等 6 省养殖户的实地调研 [J]. 中国人口·资源与环境，23（10）：169-176.

刘铮，周静，宋宝辉，2019. 肉鸡养殖户兽药减量使用行为及其影响因素分析［J］. 华中农业大学学报（社会科学版）（3）：79-87，162.

龙冬平，李同昇，芮旸，等，2015. 特色种植农户对不同技术供给模式的行为响应——以陕西省周至县猕猴桃种植示范村为例［J］. 经济地理，35（5）：135-142.

娄昌龙，2016. 环境规制、技术创新与劳动就业［D］. 重庆：重庆大学.

路剑，李小北，2005. 关于农户信息化问题的思考［J］. 农业经济问题（5）：53-56.

罗小娟，冯淑怡，黄挺，等，2014. 测土配方施肥项目实施的环境和经济效果评价［J］. 华中农业大学学报（社会科学版）（1）：86-93.

马云泽，2008. 规制经济学［M］. 北京：经济管理出版社.

蒙旭辉，2011. 关于动物食品卫生安全存在问题的探讨［J］. 中国乳业（9）：50-51.

米建伟，黄季焜，陈瑞剑，等，2012. 风险规避与中国棉农的农药施用行为［J］. 中国农村经济（7）：62-73，85.

莫海霞，仇焕广，王金霞，等，2011. 我国猪排泄物处理方式及其影响因［J］. 农业环境与发展，28（6）：59-64.

农业部. 2013. 病死及病害动物无害化处理技术规范［EB/OL］. （2013-10-21）［2018-06-02］. http：//www. moa. gov. cn/govpublic/SYJ/201310/t20131021_3635297. htm.

农业部. 2017. 病死及病害动物无害化处理技术规范［EB/OL］. （2017-07-05）［2018-06-02］. http：//jiuban. moa. gov. cn/zwllm/tzgg/tz/201707/t20170705_5738413. htm.

农业部. 2017. 对十二届全国人大五次会议第4390号建议的答复［EB/OL］. http：//www. gov. cn/xinwen/2017-08/28/content_5220927. htm.

潘丹，孔凡斌，2015. 养殖户环境友好型猪粪便处理方式选择行为分析——以生猪养殖为例［J］. 中国农村经济（9）：17-29.

潘丹，2016. 基于农户偏好的牲畜粪便污染治理政策选择——以生猪养殖为例［J］. 中国农村观察（2）：68-83，96-97.

彭新宇，2016. 畜禽养殖污染防治的沼气技术采纳行为及绿色补贴政策研究［D］. 北京：中国农业科学院.

浦华，白裕兵，2014. 养殖户违规用药行为影响因素研究［J］. 农业技术经济（3）：40-48.

钱文荣，应一逍，2014. 农户参与农村公共基础设施供给的意愿及其影响因素分析［J］. 中国农村经济（11）：39-51.

乔娟，刘增金，2015. 产业链视角下病死猪无害化处理研究［J］. 农业经济问题（2）：102-109.

乔娟，舒畅，2017. 养殖场户病死猪处理的实证研究：无害化处理和方式选择 [J]. 中国农业大学学报，22（3）：179 - 187.

饶静，张燕琴，2018. 从规模到类型：生猪养殖污染治理和资源化利用研究——以河北 LP 县为例 [J]. 农业经济问题（4）：121 - 130.

沈生泉，梁英香，2014. 杭州市余杭区生猪产业发展现状与对策措施调查 [J]. 浙江猪兽医，39（6）：23 - 24.

沈生泉，闻人秋群，2015. 余杭区病死动物尸体无害化处理现状与对策探讨 [J]. 浙江猪兽医（3）：16 - 19.

石磊，石银亮，康美红，等，2012. 规范化处理病死猪是生态文明建设不可忽视的内容——病死猪的无害化处理现状、存在问题及解决对策探讨 [J]. 中国畜牧兽医文摘（11）：127 - 128.

舒畅，乔娟，2016. 养殖保险政策与病死猪无害化处理挂钩的实证研究——基于北京市的问卷数据 [J]. 保险研究（4）：109 - 119.

舒朗山，2011. 农户生猪养殖废弃物处置模式选择行为实证分析 [D]. 杭州：浙江大学.

司瑞石，陆迁，张淑霞，等，2019. 畜禽禁养政策对替代生计策略与养殖户收入的影响 [J]. 资源科学，41（4）：643 - 654.

司瑞石，陆迁，张强强，等，2018. 病死猪废弃物资源化利用研究——基于中外立法脉络的视角 [J]. 资源科学，40（12）：66 - 74.

司瑞石，陆迁，张淑霞，2019. 畜禽养殖废弃物处理技术供给模式创新研究——以病死猪无害化处理技术为例 [J]. 农村经济（2）：117 - 122.

司瑞石，陆迁，张淑霞，2020. 环境规制对养殖户病死猪资源化处理行为的影响——基于河北、河南和湖北的调研数据 [J]. 农业技术经济（7）：47 - 60.

宋燕平，滕瀚，2016. 农业组织中农民亲环境行为的影响因素及路径分析 [J]. 华中农业大学学报（社会科学版）（3）：53 - 60.

孙铁珩，宋雪英，2008. 中国农业环境问题与对策 [J]. 农业现代化研究（6）：646 - 648，652.

孙世民，满广富，李娟，2008. 养猪专业户加盟优质猪肉供应链的意愿与动机分析——基于对山东省的 239 份调查问卷 [J]. 中国食物与营养（4）：15 - 18.

孙新章，张新民，2010. 农业产业化对农户环保行为的影响及对策 [J]. 生态经济（中文版）（5）：26 - 28.

唐林，罗小锋，张俊飚，2019. 社会监督、群体认同与农户生活垃圾集中处理行为——基于面子观念的中介和调节作用 [J]. 中国农村观察（2）：18 - 33.

田璞玉，郑晶，孙红，2019. 信息不对称、养殖户重大动物疫病防控与政策激励——基于委托代理理论视角 [J]. 农业技术经济 (1)：54 - 68.

万雪，崔金光，李颖，等，2013. 病死动物的无害化处理建议 [J]. 中国猪业 (4)：66 - 68.

王常伟，顾海英，2012. 农户环境认知、行为决策及其一致性检验——基于江苏农户调查的实证分析 [J]. 长江流域资源与环境，21 (10)：1204 - 1208.

王冲，张秀娟，陈爽，等，2017. 病死动物无害化处理与保险联动工作模式探讨 [J]. 中国动物检疫，34 (3)：39 - 41.

王德鑫，郑炎成，李谷成，等，2018. 环境规制条件下我国规模化生猪生产效率的测度与分析——兼论生猪养殖的适度规模经营 [J]. 农业现代化研究，36 (5)：818 - 825.

王欢，乔娟，李秉龙，2019. 养殖户参与标准化养殖场建设的意愿及其影响因素——基于四省 (市) 生猪养殖户的调查数据 [J]. 中国农村观察 (4)：111 - 127.

王海涛，王凯，2012. 养猪户安全生产决策行为影响因素分析——基于多群组结构方程模型的实证研究 [J]. 中国农村经济 (11)：23 - 32, 45.

王建华，邓远远，刁寒钰，2018. 农业生产者病死猪无害化处理的行为逻辑与可为路径 [J]. 农村经济 (10)：105 - 110.

王建华，刘苗，等，2016. 政策认知对生猪养殖户病死猪不当处理行为风险的影响分析 [J]. 中国农村经济 (2)：56 - 69.

王建华，马玉婷，李俏，2015. 农业生产者农药施用行为选择与农产品安全 [J]. 公共管理学报，12 (1)：117 - 126, 158.

王建华，杨晨晨，唐建军，2019. 养殖户损失厌恶与病死猪处理行为——基于 404 家养殖户的现实考察 [J]. 中国农村经济 (4)：130 - 144.

王丽丽，张晓杰，2017. 城市居民参与环境治理行为的影响因素分析——基于计划行为和规范激活理论 [J]. 湖南农业大学学报 (社会科学版)，18 (1)：92 - 98.

王瑜，应瑞瑶，2008. 养猪户的药物添加剂使用行为及其影响因素分析——基于垂直协作方式的比较研究 [J]. 南京农业大学学报 (社会科学版)，8 (2)：48 - 54.

王瑜，2009. 养猪户的药物添加剂使用行为及其影响因素分析——基于江苏省 542 户农户的调查数据 [J]. 农业技术经济 (5)：46 - 55.

王兆林，杨庆媛，范垚，2013. 农户土地退出风险认知及规避能力的影响因素分析 [J]. 经济地理，33 (7)：133 - 139.

王珍，罗锐，2013. 病死猪的无害化处理现状、存在困难及解决建议 [J]. 饲料博览 (10)：63 - 64.

王政，2011. 国内风险认知研究文献综述 [J]. 济宁学院学报，32 (5)：95-99.

温忠麟，侯杰泰，张雷，2005. 调节效应与中介效应的比较和应用 [J]. 心理学报 (2)：268-274.

翁贞林，2008. 农户理论与应用研究进展与述评 [J]. 农业经济问题 (8)：95-102.

吴林海，裘光倩，许国艳，等，2017. 病死猪无害化处理政策对生猪养殖户行为的影响效应 [J]. 中国农村经济 (2)：58-71.

吴林海，许国艳，王晓莉，2014. 基于 DANP 法识别影响养殖户病死猪处理行为的关键因 [J]. 中国农学通报，31 (11)：23-32.

吴林海，许国艳，HU Wuyang，2015. 生猪养殖户病死猪处理影响因素及其行为选择——基于仿真实验的方法 [J]. 南京农业大学学报 (社会科学版)，15 (2)：90-101.

吴明隆，2010. 问卷统计分析实务 [M]. 重庆：重庆大学出版社.

吴惟予，肖萍，2015. 契约管理：中国农村环境治理的有效模式 [J]. 农村经济 (4)：98-103.

吴昕桐，梅祖宜，宋瑞玲，等，2019. 消费者风险感知与消费意愿的关系——基于风险态度的中介作用 [J]. 中国商论，777 (2)：98-101.

吴志坚，吴志勇，徐晓云，等，2015. 病死猪无害化处理效果初探 [J]. 江西畜牧兽医杂志 (3)：9-13.

伍麟，张璇，2012. 风险感知研究中的心理测量范式 [J]. 南京师大学报 (社会科学版) (2)：95-102.

肖和良，王志伟，2019. 对病死猪无害化处理方式的调查——以湖南省洞口县为例 [J]. 猪业科学，36 (2)：88-89.

肖阳，李云威，朱立志，2017. 基于 SEM 的农户施肥行为及其影响因素实证研究 [J]. 中国土壤与肥料 (4)：167-174.

谢晓非，陆静怡，2014. 风险决策中的双参照点效应 [J]. 心理科学进展，22 (4)：571-579.

谢晓非，徐联仓，1995. 风险认知研究概况及理论框架 [J]. 心理科学进展 (2)：17-22.

谢先雄，李晓平，赵敏娟，等，2018. 资本禀赋如何影响牧民减畜——基于内蒙古 372 户牧民的实证考察 [J]. 资源科学，40 (9)：1730-1741.

熊道国，丁超，石志华，等，2019. 浅谈病死猪无害化集中处理的优点 [J]. 江西畜牧兽医杂志 (2)：51.

徐美芳，2012. 合作社农户风险管理策略比较分析 [J]. 上海经济研究，24 (2)：85-93.

徐卫青，雷胜辉，2013. 对规模化猪场病死猪无害化处理的再思考 [J]. 今日养猪业

（3）：33 - 34.

徐旭初，2005. 中国农民专业合作经济组织的制度分析［M］. 北京：经济科学出版社.

许国艳，2016. 生猪养殖户病死猪处理行为选择及影响因素研究［M］. 无锡：江南大学.

许晖，许守任，王睿智，2013. 网络嵌入、组织学习与资源承诺的协同演进——基于 3 家外贸企业转型的案例研究［J］. 管理世界（10）：142 - 155，169，188.

许荣，肖海峰，2017. 农户病死猪处理方式及其影响因素差异比较——基于 1167 个样本调查数据［J］. 湖南农业大学学报（社会科学版），18（2）：29 - 34.

薛瑞芳，2012. 病死猪无害化处理的公共卫生学意义［J］. 猪业（11）：54 - 57.

闫胜鸿，韩燕，韩杰，等，2018. 河北省病死猪无害化处理与保险联动机制建设取得的实效及意义［J］. 北方牧业（17）：9 - 10.

闫振宇，陶建平，徐家鹏，2012. 养殖农户报告动物疫情行为意愿及影响因素分析——以湖北地区养殖农户为例［J］. 中国农业大学学报，17（3）：185 - 191.

杨卫忠，2018. 风险感知、风险态度对农村土地经营权流转的影响研究——以浙江省嘉兴市农村土地经营权流转为例［J］. 中国土地科学，32（9）：35 - 42.

杨延忠，裴晓明，马彦，2002. 合理行动理论及其扩展理论——计划行为理论在健康行为认识与改革中的应用［J］. 中国健康教育（18）：872 - 784.

姚伟，2014. 简述欧盟动物副产品卫生规则［J］. 中国猪业，23（17）：49 - 50.

叶明华，2012. 政策性农业保险的国际借鉴：制度演进与操作范式［J］. 改革（3）：103 - 110.

于铁山，2015. 食品安全风险认知影响因素的实证研究——基于对武汉市食品安全风险认知调查［J］. 华中农业大学学报（社会科学版）（6）：101 - 107.

于康震，2015. 努力实现现代畜牧业建设和猪规模养殖污染治理的"双赢"［J］. 中国猪业（11）：9 - 10.

于丽萍，康京丽，陈向前，2013. 疫情报告对动物源性食品安全的影响［J］. 中国动物检疫，30（7）：32 - 34.

于艳丽，李桦，姚顺波，2017. 林权改革、市场激励与农户投入行为［J］. 农业技术经济（10）：93 - 105.

余学荣，李峨，2010. 基层养殖环节病死猪无害化处理现状［J］. 四川猪兽医，37（1）：17 - 18.

虞祎，张晖，胡浩，2012. 排污补贴视角下的养殖户环保投资影响因素研究——基于沪、苏、浙生猪养殖户的调查分析［J］. 中国人口·资源与环境（2）：159 - 163.

原毅军，谢荣辉，2014. 环境规制的产业结构调整效应研究——基于中国省际面板数据

的实证检验 [J]. 中国工业经济 (8): 57-69.

远德龙, 宋春阳, 2013. 病死猪尸体无害化处理方式探讨 [J]. 猪业科学 (6): 82-84.

展玉琴, 2013. 生猪规模化养殖场病死猪无害化处理补助实施中的问题及建议 [J]. 中国动物检疫 (3): 45-47.

张凤琴, 王庭照, 方俊明, 2006. 生态学视野下的现代认知心理学研究 [J]. 陕西师范大学学报 (哲学社会科学版) (1): 109-114.

张伏, 王唯, 邱兆美, 等, 2015. 基于 MCGS 组态软件的机械手控制系统设计 [J]. 机床与液压, 399 (21): 30-34.

张桂新, 张淑霞, 2013. 动物疫情风险下养殖户防控行为影响因素分析 [J]. 农村经济 (2): 105-108.

张海明, 沈丹, 段晓冬, 等, 2014. 病、死猪肉对人体的危害 [J]. 今日养猪业 (12): 77-79.

张红凤, 杨慧, 2011. 规制经济学沿革的内在逻辑及发展方向 [J]. 中国社会科学 (6): 56-66.

张红凤, 张细松, 等. 2012. 环境规制理论研究 [M]. 北京: 北京大学出版社.

张红凤, 2005. 激励型规制理论的新进展 [J]. 经济理论与经济管理 (8): 63-64.

张平, 张鹏鹏, 蔡国庆, 2016. 不同类型环境规制对企业技术创新影响比较研究 [J]. 中国人口·资源与环境, 26 (4): 8-13.

张雅燕, 2013. 养猪户病死猪无害化处理行为影响因素实证研究——基于江西养猪大县的调查 [J]. 生态经济 (2): 183-186.

张玉梅, 乔娟, 2014. 生态农业视角下养猪场 (户) 环境治理行为分析——基于北京郊区养猪场 (户) 的调研数据 [J]. 技术经济, 33 (7): 75-81.

张跃华, 邬晓撑, 2012. 食品安全及其管制与养猪户微观行为——基于养猪户出售病死猪及疫情报告的问卷调查 [J]. 中国农村经济 (7): 72-83.

赵佳佳, 刘天军, 魏娟, 2017. 风险态度影响苹果安全生产行为吗——基于苹果主产区的农户实验数据 [J]. 农业技术经济 (4): 95-105.

赵丽平, 邱雯, 王雅鹏, 等, 2015. 农户生态养殖认知及其行为的不一致性分析——以水禽养殖户为例 [J]. 华中农业大学学报 (社会科学版) (6): 44-50.

赵敏, 2013. 环境规制的经济学理论根源探究 [J]. 经济问题探索 (4): 152-155.

赵玉民, 朱方明, 贺立龙, 2009. 环境规制的界定、分类与演进研究 [J]. 中国人口·资源与环境, 19 (6): 85-90.

郑文金, 2013. 病死猪处理模式综合效益的比较及优化研究 [D]. 福州: 福建农林大学.

植草益，2012. 微观规制经济学 [M]. 北京：中国发展出版社.

周红彬，2014. 试论养殖户病死猪处理行为的实证分析 [J]. 科技致富向导 (11)：248.

周晶，陈玉萍，丁士军，2015. "一揽子"补贴政策对中国生猪养殖规模化进程的影响——基
  于双重差分方法的估计 [J]. 中国农村经济 (4)：29 - 43.

周开锋，2014. 病死猪无害化处理技术浅析 [J]. 猪业观察，19 (12)：87 - 93.

周力，郑旭媛，2012. 基于低碳要素支付意愿视角的绿色补贴政策效果评价——以生猪
  养殖业为例 [J]. 南京农业大学学报 (社会科学版)，12 (4)：85 - 91.

周玉新，2014. 影响农户环保型农业生产行为的因素分析——基于江苏样本的调查 [J].
  生态经济，30 (1)：128 - 131.

周忠良，苏敏，司亚飞，等，2017. 城镇基本医疗保险制度对居民健康相关生命质量公
  平性的影响研究— 基于广义精确匹配方法 (CEM) 对陕西省的调查 [J]. 北京行政
  学院学报 (6)：1 - 9.

卓志，2007. 实体派与建构派风险理论比较分析 [J]. 经济学动态 (4)：97 - 101.

邹伟，杨平，徐德，2008. 基于 MCGS 组态软件的上位机控制系统设计 [J]. 制造业自
  动化 (12)：107 - 112.

Abhilash P C，Singh N，2009. *Pesticide Use and Application：an Indian Scenario* [J].
  Journal of Hazardous Materials，165 (1)：1 - 12.

Ajzen I，Timko C，2010. *Correspondence Between Health Attitudes and Behavior* [J].
  Basic & Applied Social Psychology，7 (4)：259 - 276.

Ajzen I，1991. *The Theory of Planned Behavior* [J]. Organizational Behavior and Hu-
  man Decision Processes，50 (2)：179 - 211.

Andrade S，Anneberg I，2014. *Farmers Under Pressure：Analysis of the Social Condi-
  tions of Cases of Animal Neglect* [J]. Journal of Agricultural & Environmental Eth-
  ics，27 (1)：103 - 126.

Animal and Plant Health Inspection Service，2007. *USDA Animal and Plant Health In-
  spection Service - about APHIS - History of APHIS* [EB/OL]. http：// www.
  aphis. usda. gov/about _ aphis/history. shtml，10 - 8.

Arezes P M，Miguel A S，2007. *Risk Perception and Safety Behavior：a Study in an
  Occupational Environment* [J]. Safety Science，46 (6)：900 - 907.

Armitage C J，Conner M，2002. *Efficacy of the Theory of Planned Behavior：a Meta -
  analytic Review* [J]. British Journal of Social Psychology (40)：471 - 499.

Asfaw A，Admassie A，2004. *The Role of Education on the Adoption of Chemical Ferti-*

liser Under Different Socioeconomic Environments in Ethiopia [J]. Agricultural Economics 30 (3): 215 – 228.

Atreya K, 2007. *Pesticide use Knowledge and Practices: a Gender Differences in Nepal* [J]. Environmental Research (104): 305 – 311.

Barr S, 2003. *Strategies for Sustainability: Citizens and Responsible Environmental Behavior* [J]. Area, 35 (3): 227 – 240.

Bauer R A, 1960. *Consumer Behavior as Risk Taking. In: Hancock, R. S. , Ed. , Dynamic Marketing for a Changing World , Proceedings of the* 43rd [J]. Conference of the American Marketing Association, 389 – 398.

Beck L, Ajzen I, 1991. *Predicting Dishonest Actions Using the Theory of Planned Behavior* [J]. Journal of Research in Personality, 25 (3): 285 – 301.

Becker R, Pasurka Jr, Shadbegian R, 2013. *Do Environmental Regulations Disproportionately Affect Small Businesses? Evidence from the Pollution Abatement Costs and Expenditures Survey* [J]. Journal of Environmental Economics and Management, 66 (3): 523 – 538.

Beedell J, Rehman T, 1999. *Explaining Farmers' Conservation Behavior: why do Farmers Behave the Way They do?* [J]. Journal of Environmental Management, 57 (3): 165 – 176.

Berge A, Glanville T, Millner P, et al, 2009. *Methods and Microbial Risks Associated With Composting of Animal Carcasses in the United States* [J]. Journal of the American Veterinary Medical Association, 234 (1): 47 – 56.

Berman E, Bui L, 2001. *Environmental Regulation and Productivity: Evidence From oil Refineries* [J]. The Review of Economics and Statistics, 83 (3): 498 – 510.

Bernoth E M, 2008. *The Role of OIE Aquatic Standards and OIE Reference Laboratories in Aquatic Animal Disease Prevention and Control* [J]. Revue Scientifique Et Technique, 27 (1): 39.

Bryan B A, Kandulu J M, 2011. *Designing a Policy Mix and Sequence for Mitigating Agricultural Non——Point Source Pollution in a Water Supply Catchment* [J]. Water Resources Management (25): 875 – 892.

Burton R, 2014. *The Influence of Farmer Demographic Characteristics on Environmental Behavior: A review* [J]. Journal of Environmental Management, 135 (4): 19 – 26.

Cardenas J C, Carpenter J, 2005. *Three Themes on Field Experiments and Eeconomic De-*

velopment [J]. Field experiments in economics, JAIPress, Greenwich, 71 - 124.

Cartwright G, 2006. *Composting Dead Poultry: In Proceedings of the NZ Poultry Industry Conference* [J]. The NZ poultry industry conference, 141 - 146.

Chadwick D, Jia W, Tong Y, et al, 2015. *Improving Manure Nutrient Management Towards Sustainable Agricultural Intensification in China* [J]. Agricultural Ecosystems & Environment, 209 (11): 34 - 36.

Chakravorty U, Fisher D, Umetsu C, 2007. *Environ - mental Effects of Intensification of Agriculture: Livestock Production and Regulation* [J]. Environmental Economics and Policy Studies, 8 (4): 315 - 336.

Corbett B, Ioannou S, Key A, et al, 2019. *Disposal Effects in Social Cognition and Behavior following a Theater - based Intervention for Youth with Autism* [J]. Developmental Neuropsychology, 1 - 14.

Cragg J G, 1971. *Some Statistical Models for Limited Dependent Variables with Application to the Demand for Durable Goods* [J]. Econometrica (5): 829 - 844.

Damania R, Fredriksson P, List J, 2003. *Trade Liberalization, Corruption, and Environmental Policy Formation: Theory and Evidence* [J]. Journal of Environmental Economics and Management, 46 (3): 490 - 512.

Dasgupta S, Meisner C, Huq M, 2010. *A Pinch or a Pint? Evidence of Pesticide Overuse in Bangladesh* [J]. Journal of Agricultural Economics, 58 (1): 91 - 114.

De Brauw A, Eozenou P, 2014. *Measuring Risk Attitudes Among Mozambican Farmers* [J]. Journal of Development Economics (111): 61 - 74.

Dohmen T, Falk A, Huffman D, et al, 2008. *Are Risk Aversion and Impatience Related to Cognitive ability* [J]? American Economic Review, 100 (3): 1238 - 1260.

Elbakidze L, Mccarl B A, 2006. *Animal Disease Pre - event Preparedness Versus Post - event Response: When is it Economic to Protect* [J]. Journal of Agricultural and Applied Economics, 38 (2): 327 - 336.

Fielding K S, Terry D J, Masser B M, et al, 2008. *Integrating Social Identity Theory and the Theory of Planned Behavior to Explain Decisions to Engage in Sustainable Agricultural Practices* [J]. British Journal of Social Psychology, 47 (1): 23 - 48.

Fulton, M, 1995. *The Future of Canadian Agricultural Cooperatives: A Property Rights Approach* [J]. American Journal of Agricultural Economics, 77 (5): 1144 - 1152.

Futch M D, Mcintosh C T, 2009. *Tracking the Introduction of the Village Phone Prod-*

uct in Rwanda [J]. Information Technologies &. International Development, 5 (3): 54 - 81.

Glanville T D, 2000. *Impact of Livestock Burial on Shallow Groundwater Quality. In Proceedings of the American Society of Agricultural Engineers, Mid - central Meeting* [J]. American Society of Agricultural Engineers, St. Joseph, Michigan. Google Scholar.

Guagnano G A, Stern P C, Dietz T, 1995. *Influence on Attitude - behavior Relationships: a Natural Experiment with Curbside Recycling* [J]. Environment and Behavior (27): 699 - 718.

Han H, Hwang J, Kim J, et al, 2015. *Guests' Pro - environmental Decision - Making Process: Broadening the Norm Activation Framework in a Lodging Context* [J]. International Journal of Hospitality Management (47): 96 - 107.

Harland P, Staats H, Wilke H, 2010. *Explaining Pro - Environmental Intention and Behavior by Personal norms and the Theory of Planned Behavior* [J]. Journal of Applied Social Psychology, 29 (12): 2505 - 2528.

Hein T V, Noelle A, Woerkum C V, 2002. *Dealing with Ambivalence: Farmers and Consumers Perceptions of Animal Welfare in Livestock Breeding* [J]. Journal of Agricultural and Environmental Ethics, 15 (2): 203 - 219.

Hendrickson M K, James H S J, 2005. *The Ethics of Constrained Choice: how the Industrialization of Agriculture Impacts Farming and Farmer Behavior* [J]. University of Missouri Columbia, Department of Agricultural Economics, 269 - 291.

Hennessy D A, Wolf C A, 2015. *Asymmetric Information, Externalities and Incentives in Animal Disease Prevention and Control* [J]. Journal of Agricultural Economics, 68 (1): 7 - 23.

Hillson D A, Murray - Webster R, 2005. *Understanding and Managing Risk Attitude* [J]. Aldershot, UK: Gower, 39 - 49.

Isin S, Ismet Y, 2007. *Fruit - growers' Perceptions on the Harmful Effects of Pesticides and Their Reflection on Practices: The Case of Kemalpasa, Turkey* [J]. Crop Protection (26): 917 - 922.

Jacoby J, Kaplan L B, 1972. *The Components of Perceived Risk* [J]. Advances in Consumer Research (3): 382 - 383.

Johnstone N, Haščič I, Popp D, 2010. *Renewable Energy Policies and Technological In-*

novation: *Evidence Based on Patent Counts* [J]. Environmental and Resource Economics, 45 (1): 133 – 155.

Just R E, Zilberman D, 1983. *Stochastic Structure, Farm Size and Technology Adoption in Developing Agriculture* [J]. Oxford Economics Papers, 35 (2): 307 – 328.

Kaida N, Kaida K, 2016. *Facilitating Pro – environmental Behavior: The Role of Pessimism and Anthropocentric Environmental values* [J]. Social Indicators Research, 126 (3): 1 – 18.

Katherine P, Ng D, Pasman H J, et al, 2010. *Risk Measure Constituting a Risk Metrics Which Enables Improves Decision Making: Value – at –Risk* [J]. Journal of Loss Prevention in the Process Industries, 23 (6): 211 – 219.

Keener H M, Elwell D L, Monnin, M J, 2000. *Procedures and Equations for Sizing of Structures and Windrows for Composting Animal Mortalities* [J]. Applied Engineering in Agriculture, 16 (6): 681 – 692.

Kim J, Goldsmith P, Thomas M H, 2010. *Economic Impact and Public Costs of Confined Animal Feeding Operations at the Parcel Level of Craven County, North Carolina* [J]. Agriculture & Human Values, 27 (1): 29 – 42.

Larson S, De Freitas D M, Hicks C C, 2013. *Sense of Place as a Determinant of People's Attitudes Towards the Environment: Implications for Natural Resources Management and Planning in the Great Barrier Reef, Australia* [J]. Journal of Environmental Management (117): 226 – 234.

Launio C C, Asis C A, Manalili R G, et al, 2014. *What Factors Influence Choice of Waste Management Practice? Evidence From Rice Straw Management in the Philippines* [J]. Waste Management& Research, 32 (2): 140 – 148.

Lee L, 1993. *Multivariate Tobit Models in Econometrics. In: Handbook of Statistics* [J]. Elsevier, 145 – 173.

Lennart Sjöberg, 2000. *Factors in Risk Perception* [J]. Risk Analysis, 20 (1): 1 – 12.

Levinson A, 1996. *Environmental Regulations and Manufacturers'Location Choices: Evidence from the census of manufactures* [J]. Journal of Public Economics, 62 (1 – 2): 5 – 29.

Li P J, 2009. *Exponential Growth, Animal Welfare, Environmental and Food Safety Impact: the Case of China's Livestock Production* [J]. Journal of Agricultural and Environmental Ethics, 22 (3): 217 – 240.

Linton P J，Van B J，2006. *The Development of Dynamic Flux Chamber System for the Collection of Gaseous Emission During on - farm Composting of Animal Mortalities* [J]. In proceedings of CSBE/SCGAB Annual Conference. Edmonton Alberta：CSBE/SCGAB Annual Conference.

Liu E M，Huang J K，2013. *Risk Preferences and Pesticide Use by Cotton Farmers in China* [J]. Journal of Development Economics（103）：202 - 215.

Lynne G D，Casey C F，Hodge A，et al，1995. *Conservation Technology Adoption Decisions and the Theory of Planned Behavior* [J]. Journal of Economic Psychology，16（4）：581 - 598.

Malthus T R，1959. *Essay on the Principle of Population* [J]. University of Michigan Press，114 - 115.

McMahon M，2011. *Standard Fare or Fairer Standards：Feminist Reflections on Agri - food Governance* [J]. Agriculture and Human Values，28（9）：401 - 412.

Miranda A，Rabe - Hesketh S，2006. *Maximum Likelihood Estimation of Endogenous Switching and Sample Selection Models for Binary，Ordinal，and Count Variables* [J]. The Stata Journal：Promoting communications on statistics and Stata，6（3）：285 - 308.

Mitehell V W，1999. *Consumer Perceived Risk：Conceptualizations and Models* [J]. European Journal of Marketing，33（1/2）：163 - 195.

Notani A S，1998. *Moderators of Perceived Behavioral Control's Predictiveness in the Theory of Planned Behavior：A Meta - analysis* [J]. Journal of Consumer Psychology，7（3）：247 - 271.

Nowak P J. 1987. *The Adoption of Agricultural Conservation Technologies：Economic and Diffusion Explanations* [J]. Rural Sociology，52（2）：208 - 220.

Nunnally J C，Bernstein I H，1994. Psychometric theory. 3th [M]. New York：McGraw - Hill.

O'Fallon M J，Butterfield K D，2005. *A Review of the Empirical Ethical Decision - making Literature：1996 - 2003* [J]. Journal of Business Ethics，59（4）：375 - 413.

Odhiambo F. 2015. *Market in their Palms? Exploring Smallholder Farmers' Use of Existing Mobile Phone Farming Applications：A Study in Selected Counties in Kenya* [J]. CTA Working Paper.

Oh S H，Paek H J，Hove T，2015. *Cognitive and Emotional Dimensions of Perceived Risk Characteristics，Genre - Specific Media Effects，and Risk Perceptions：the Case of H1N1 Influenza in South Korea* [J]. Asian Journal of Communication, 25 (1): 14 – 32.

Pagiola S, 2010. *Environmental and Natural Resource Degradation in Intensive Agriculture in Bangladesh* [J]. American Historical Review, 118 (4): 1052 – 1076.

Peter J L. 2009. *Exponential Growth, Animal Welfare, Environmental and Food Safety Impact: the Case of China's Livestock Production* [J]. Journal of Agricultural and Environmental Ethics, 22 (3): 217 – 240.

Petrolia D R, Landry C E, Coble K H, 2013. *Risk Preferences, Risk Perceptions, and Flood Insurance* [J]. Land Economics, 89 (2): 227 – 245.

Piet Strydom, 2002. *Risk, Environment and Society* [M]. Buckingham: Open University Press.

Piguo A C, 1920. *The Economics of Welfare* [M]. London: Macmillan.

Price J C, Leviston Z, 2014. *Predicting Pro – Environmental Agricultural Practices: the Social, Psychological and Contextual Influences on Land Management* [J]. Journal of Rural Studies, 34 (34): 65 – 78.

Qi, Wei Y, 2013. *Cooperative Game Analysis on Regional Economic Development and Environmental Governance* [J]. Applied Mechanics and Materials (448 – 453): 4184 – 4187.

Roselius T, 1971. *Consumer Rankings of Risk Reduction Methods* [J]. Journal of Marketing, 35 (1): 56 – 61.

Roche – Cerasi I, Rundmo T, Sigurdson J F, et al, 2013. *Transport Mode Preferences, Risk Perception and Worry in a Norwegian Urban Population* [J]. Accident Analysis&Prevention (50): 698 – 704.

Rosenzweig M R, 1993. *Women, Insurance Capital, and Economic Development in Rural India* [J]. The Journal of Human Resources, 28 (4): 735 – 758.

Ruto E, Garrod G, 2009. *Investigating Farmers' Preferences for the Design of Agri – environment Schemes: a Choice Experiment Approach* [J]. Journal of Environmental Planning and Management, 52 (5): 631 – 647.

Schwartz S H, Howard J A, 1981. *A Normative Decesion Making Model of Altruism* [J]. Altruism and Helping Behavior, 189 – 211.

Schwartz S H, 1977. *Normative Influence on Altruism* [J]. Advances in Experimental Social Psychology (10): 222 – 275.

Sexton, R J, 1986. *The Formation of Cooperatives: A Game – theoretic Approach with*

Implications for Cooperative Finance，*Decision Making*，*and Stability* [J]. American Journal of Agricultural Economics，68 (2)：423 – 433.

Shu F C，Chan K S，Wong S Y，1999. *Reexamining the Theory of Planned Behavior in Understanding Wastepaper Recycling* [J]. Environment &. Behavior，31 (5)：582 – 612.

Si R S，Wang M Z，Lu Q，Zhang S X. 2019. *Assessing Impact of Risk Perception and Environmental Regulation on Householdcarcass Waste Recycling Behaviour in China* [J]. Waste Management &. Research (12)：1 – 9.

Slovic P. 1987. *Perception of Risk* [J]. Science，236 (4799)：280 – 285.

Stem P C，Oskamp S，1987. *Managing Scarce Environmental Resources* [M]. Handbook of Environmental Psychology. Mew York：Wiley.

Stefano M，Iacus，G K，Giuseppe P，et al，2012. *Causal Inference Without Balance Checking：Coarsened Exact Matching* [J]. Political Analysis，20 (1)：1 – 24.

Stern P C，Dietz T，Abel T，et al，1999. *A Value –belief –norm Theory of Support for Social Movements：The Case of Environmentalism* [J]. Hum. Ecol. Rev. (6)：81 – 97.

Stone R N，Grønhaug K. 1993. *Perceived Risk：Further Considerations for the Marketing Discipline* [J]. European Journal of marketing，27 (3)：39 – 50.

Vanslembrouck I，Huylenbroeck G V，Verbeke W，2010. *Determinants of the Willingness of Belgian Farmers to Participate in Agri –environmental Measures* [J]. Journal of Agricultural Economics，53 (3)：489 – 511.

Velde H T，Aarts N，Woerkum C V，2002. *Dealing with Ambivalence：Farmers' and Consumers' Perceptions of Animal Welfare in Livestock Breeding* [J]. Journal of Agricultural &. Environmental Ethics，15 (2)：203 – 219.

Wang Haojun，2006. *Major Civil Law Countries French and German animal health legal system studies* [D]. Inner Mongolia University.

Wyckhuys K A G，Bentley J W，Lie R，et al，2018. *Maximizing Farm – level Uptake and Diffusion of Biological Control Innovations in Today's Digital Era* [J]. BioControl，63 (1)：133 – 148.

Wyn and PMM，Van de Ven，Praag B，1981. *The Demand for Deductibles in Private Health Insurance：A probit Model with Sample Selection* [J]. Journal of Econometrics，17 (2)：229 – 252.

Yates F J，Stone E R，1992. *The Risk Construct，Risk Taking Behavior* [J] .New York：John Willey&. Sons.

Yeung R M W, Morris J, 2001. *Food Safety Risk: Consumer Perception and Purchase Behavior* [J]. British Food Journal, 103 (3): 170-187.

Yoo S H, 2005. *Analysing Household Bottled Water and Water Purifier Expenditures: Simultaneous Equation Bivariate Tobit model* [J]. Applied Economics Letters, 12 (5): 297-301.

Zheng C, Bluemling B, Liu Y, et al, 2014. *Managing Manure from China's Pigs and Poultry: the Influence of Ecological Rationality* [J]. Ambio, 43 (5): 661-672.

图书在版编目（CIP）数据

风险认知、环境规制与养殖户病死猪无害化处理行为研究／司瑞石，陆迁著. —北京：中国农业出版社，2022.2

（中国"三农"问题前沿丛书）

ISBN 978-7-109-29177-5

Ⅰ.①风… Ⅱ.①司… ②陆… Ⅲ.①猪病－传染病－尸体－处理－无污染工艺 Ⅳ.①S851.2

中国版本图书馆 CIP 数据核字（2022）第 037140 号

中国农业出版社出版

地址：北京市朝阳区麦子店街 18 号楼

邮编：100125

责任编辑：王秀田

版式设计：王　晨　责任校对：周丽芳

印刷：北京中兴印刷有限公司

版次：2022 年 2 月第 1 版

印次：2022 年 2 月北京第 1 次印刷

发行：新华书店北京发行所

开本：700mm×1000mm　1/16

印张：16.25

字数：280 千字

定价：78.00 元
